COLLECTION HISTORIQUE DES GRANDS PHILOSOPHES

LES
PHILOSOPHES GÉOMÈTRES
DE LA GRÈCE
PLATON ET SES PRÉDÉCESSEURS

PAR

GASTON MILHAUD

Ancien professeur de mathématiques spéciales
Professeur de philosophie à l'Université de Montpellier

Μηδεὶς ἀγεωμέτρητος εἰσίτω.....

PARIS
ANCIENNE LIBRAIRIE GERMER BAILLIÈRE ET Cie
FÉLIX ALCAN, ÉDITEUR
108, BOULEVARD SAINT-GERMAIN, 108

1900

LES
PHILOSOPHES-GÉOMÈTRES
DE LA GRÈCE

DU MÊME AUTEUR

Traduction de la **Théorie générale des fonctions**, de Paul du Bois Reymond (en collaboration avec A. Girot). (Hermann, 1887).

Leçons sur les origines de la science grecque. 1 vol. in-8° (Alcan, 1893) . . . . 5 fr. »

Essais sur les conditions et les limites de la certitude logique. 1 vol. in-12 de la *Bibliothèque de Philosophie contemporaine*. (2ᵉ édition. — Alcan, 1898). . . . . 2 fr. 50

Le Rationnel. 1 vol. in-12 de la *Bibliothèque de philosophie contemporaine*. (Alcan, 1898). . . . . 2 fr. 50

Num Cartesii Methodus tantum valeat in suo opere illustrando quantum ipse senserit. (Coulet, Montpellier, 1894). . . 1 fr. »

LES
PHILOSOPHES-GÉOMÈTRES
DE LA GRÈCE

PLATON ET SES PRÉDÉCESSEURS

PAR

GASTON MILHAUD

Ancien professeur de mathématiques spéciales
Professeur de philosophie à l'Université de Montpellier

Μηδεὶς ἀγεωμέτρητος εἰσίτω.....

PARIS
ANCIENNE LIBRAIRIE GERMER BAILLIÈRE & Cie
FÉLIX ALCAN, ÉDITEUR
108, BOULEVARD SAINT-GERMAIN, 108

1900
Tous droits réservés

LES PHILOSOPHES-GÉOMÈTRES DE LA GRÈCE

INTRODUCTION

MATHÉMATIQUE ET PHILOSOPHIE

Nous voulons essayer de montrer quelle fut sur les premiers penseurs grecs et particulièrement sur Platon l'influence de leur éducation mathématique. Personne ne doute de la trace profonde que peut laisser dans une âme humaine la culture intellectuelle qu'elle a reçue. Il est possible de retrouver dans les manifestations les plus diverses de l'activité psychique certaines empreintes ineffaçables, certaines tendances, certaines habitudes qu'y a laissées une éducation spéciale. Comment n'en serait-il pas ainsi en particulier pour un ordre d'idées si intéressant en lui-même, si original, dont on se sent ordinairement si fort éloigné ou rapproché par tempérament, qui nous laisse si peu indifférents en tout cas? Comment le fait, pour la plupart des philosophes grecs, de s'être adonnés à la géométrie et de l'avoir cultivée avec passion, n'aurait-il pas contribué à donner un aspect particulier à leur pensée?

Avant d'entreprendre l'étude historique de leurs idées, pour y chercher précisément les marques de cette influence, posons-nous d'une manière générale, et en nous bornant aux grandes lignes, la question de savoir quelles directions principales peut imprimer à la réflexion philosophique le contact prolongé des sciences mathématiques.

Tout d'abord il paraît impossible que le géomètre ne garde pas quelque tendance dogmatique. La science, en énonçant une série toujours croissante de vérités, apporte évidemment, qu'on y réfléchisse ou non, l'argument le plus puissant contre le scepticisme. A cet égard, la mathématique joue un rôle spécial par l'évidence que revêtent toutes ses propositions, par la satisfaction complète que donnent ses démonstrations à notre soif de comprendre. Il y a là un domaine où s'exerce d'une façon idéale la pensée en quête de clarté, d'évidence, de lumière. Partout ailleurs, la discussion est permise sur le droit de proclamer comme certaine une vérité qu'on énonce, et l'accord est lent à se faire sur la valeur et la légitimité de chaque connaissance : en mathématique, il n'en est pas ainsi. Si, pour le choix des axiomes, on se livre volontiers à des recherches philosophiques dont les conclusions varient, au fond il n'est personne qui songe à abandonner les postulats de la géométrie ancienne, et, en tout cas, la question ne se fût même pas posée pour les Grecs.

Quant aux démonstrations, il semble impossible que deux esprits, si différents qu'ils soient, ne s'accordent bien vite, en écartant au besoin quelque malentendu facile à dénoncer, sur la rigueur du raisonnement, et par conséquent sur la rigueur des conclusions. Que l'on en ait conscience ou non, l'habitude d'un pareil mouvement de pensée crée une confiance naïve en la puissance de notre entendement, et ce sera miracle si le philosophe géomètre n'en témoigne pas par quelque endroit, apportant parfois sous les conceptions les plus pénétrantes un dogmatisme qui déconcerte. Sans parler des Grecs, dont il sera particulièrement question dans notre étude, — Descartes, Malebranche, Leibniz, Aug. Comte, M. Renouvier, ne sont-ils pas là pour justifier notre assertion? Pour Descartes, personne n'a pu croire que son doute ait eu, ne fût-ce qu'un instant, la moindre réalité. C'est quelque peu dénaturer les choses que de rapprocher ce doute de celui du savant, qui, ne faisant que soupçonner une hypothèse, attend véritablement pour s'y rallier d'en recevoir une confirmation sérieuse. Descartes n'a pas cessé de croire avec la dernière énergie à toutes les conclusions où devait le conduire sa méthode. Et de plus voyez la confiance qu'il a dans cette méthode. Ce n'est pas seulement quelques problèmes de mathématiques, quelques questions de dioptrique ou de mécanique qu'il veut mener à bien, c'est toute la métaphysique, toute la physique, toute la médecine, le système intégral des connaissances humaines qu'il se propose de reconstituer, s'il en a seulement le temps, sur des fondements solides et définitifs. Malebranche et Leibniz, par leur dogmatisme métaphysique, rappellent l'audace d'un Platon. Aug. Comte est loin d'échapper à cette loi. Qui ne serait frappé du ton si naïvement confiant qu'il prend, soit pour marquer les limites précises où s'arrête la connaissance dans tout ordre de questions, et pour rejeter d'avance toute tentative de changer trop radicalement ce qui est déjà constitué, soit pour attribuer au système de connaissances scientifiques déjà acquises le pouvoir d'organiser immédiatement la société elle-même sur des bases inébranlables, soit enfin pour prescrire, une fois la société organisée, la soumission de tous à celui ou à ceux qui détiendront la direction rationnelle de l'humanité. Ce n'est pas seulement au scepticisme que s'oppose le dogmatisme de Comte, c'est même à l'esprit de libre examen. Enfin M. Renouvier, en dépit de sa profondeur de pensée, et de son sens critique si élevé, ne donne-t-il pas l'exemple du dogmatisme le plus naïf, quand, au nom de sa loi du nombre, il démontre péremptoirement en quelques mots que le monde a commencé, que l'univers est limité, que la matière est formée d'atomes, répondant ainsi définitivement par la réflexion d'un instant à quelques-unes des plus graves questions que depuis tant de siècles l'humanité se pose ?

.*.

Après le dogmatisme, l'idéalisme. — Ce serait une banalité d'insister sur ce que le géomètre ne va pas prendre dans le monde concret qui l'entoure les objets mêmes de ses études. Ses figures sont distinctes des choses sensibles, puisque toute qualité matérielle en est exempte. Si, pour les tracer, il faut bien leur donner une forme, une épaisseur, une couleur, personne ne s'y trompe : l'objet propre du géomètre est dégagé par hypothèse de tous ces caractères saisissables par les organes des sens. Mais il y a plus, si les choses qu'étudie le mathématicien sont différentes de celles qui composent le monde sensible, elles n'en sont pas non plus dégagées par des opérations logiques qui se contenteraient de séparer certains caractères pour ne conserver que certains autres ; elles ne sont pas fournies par un simple procédé d'abstraction ou de généralisation. Le cercle du géomètre, qui ne se confond avec aucun rond en bois ou en métal, n'est pas non plus le rond abstrait qui pourrait s'en tirer par effacement de la couleur, de l'épaisseur, de la matière qui le constitue, et se réduire à un contour idéal infiniment mince. Certes s'il en était ainsi, il serait permis déjà d'affirmer qu'on se trouve à une distance bien grande des premières impressions sensibles : en particulier cette vue d'infinie minceur, à laquelle on parviendrait en poussant jusqu'à son extrême limite la diminution progressive d'une épaisseur, impliquerait de la part de l'esprit une certaine spontanéité originale qui en fin de compte n'autoriserait pas à dire de l'image ainsi formée qu'elle est simplement extraite de la sensation. Mais pourtant celle-ci serait bien le point de départ du chemin qui y conduit, et ce chemin ne présenterait ni lacune ni interruption depuis son origine jusqu'au terme où il aboutirait, depuis la représentation concrète jusqu'à l'image géométrique. Pour n'être pas identique au monde des sens, le champ où s'exerce la pensée mathématique n'en serait pas séparé. En fait la distance est plus grande encore de la notion du géomètre au contenu primitif de la perception, et ce n'est pas seulement une différence de degré qui peut en rendre compte. Pour parvenir à cette notion, l'esprit doit procéder par un acte spontané à une sorte de création. Les images fournies par une intuition, qui s'est peut-être simplement dégagée d'une expérience continue, peuvent le guider plus ou moins, il ne les accepte pas telles qu'elles s'offrent à lui, il veut y substituer ses propres constructions. Et, dans son effort incessant pour s'attacher, dans les choses mathématiques, à une sorte d'essence intelligible, pour s'éloigner de tout ce qui est confus, de tout ce dont il ne pourrait rendre un compte suffisant aux yeux de la raison, ce n'est pas seulement du monde sensible qu'il se sépare, c'est de tout ce qui le rappelle à quelque degré : c'est de toute qualité concrète, intuitive, qu'il cherche à se dégager, essayant d'atteindre à des concepts qui reçoivent tout leur être du mouvement de la pensée. Sans doute le géomètre n'y réussit jamais qu'imparfaitement, et vise par de semblables efforts un but toujours inaccessible : mais, qu'il en ait conscience ou non, la préoccupation de l'atteindre accompagne toujours sa réflexion. Il devine instinctivement que c'est là pour lui la condition de cette intelligibilité parfaite, de cette rigueur idéale qui est le cachet de la science : et en même temps il sent qu'en allégeant ainsi l'objet de ses études de tout ce qui apporte, avec les qualités concrètes de l'intuition sensible, des conditions spéciales et restrictives, il renverse plus aisément les obstacles, accélère sa marche, donne des ailes à sa pensée. Intelligibilité et étonnante facilité du progrès, voilà les caractères miraculeusement associés par la mathématique grâce à l'*idée* que seule et toute pure veut manier le géomètre. Comment ne s'habituerait-il pas ainsi à mettre au-dessus du monde sensible le monde de l'idée, comment surtout n'en garderait-il pas quelque tendance à s'élever vers le second, comme réalisant les conditions suprêmes de la connaissance la plus parfaite ?

L'histoire de la philosophie grecque n'est qu'une longue confirmation de cette remarque. A mesure que naît et se développe la géométrie rationnelle, s'accentue aussi le rationalisme de la pensée réfléchie, et, de Thalès à Platon, le progrès de la mathématique peut presque servir de mesure au progrès de l'idéalisme. Mais laissons les Grecs, et, pour ne remonter qu'au xviie siècle, à l'époque où la géométrie renaît avec tant d'éclat, Descartes, Malebranche, Leibniz, ne donnent-ils pas l'exemple le plus édifiant ? Les deux premiers ne sont-ils pas avant tout des philosophes de l'idée claire, de l'essence intelligible? Dans tous les domaines de la connaissance Descartes veut que certaines notions absolues, premières, intelligibles d'elles-mêmes, servent de point de départ au mouvement de la pensée ; l'expérience lui paraît utile seulement lorsque l'esprit, en vertu de sa fécondité, surpris par la multiplicité des voies qu'il vient d'entr'ouvrir, se demande quelle est celle de la réalité. Malebranche renouvelle Platon et veut voir dans l'idée une parcelle de l'entendement divin saisie dans une intuition immédiate. Leibniz ne sépare pas radicalement le monde de la sensibilité confuse et celui de l'idée claire, mais l'évolution de la monade n'a pas d'autre but que de faire tendre l'un vers l'autre, et de transformer à la limite, c'est-à-dire dans l'entendement de Dieu, les raisons des réalités contingentes en nécessités intelligibles. Dans notre siècle. Aug. Comte semble tout d'abord une exception. Étudié de plus près, il donne au contraire toutes les marques d'un idéalisme inconscient, par la séparation radicale qu'il veut faire entre la théorie et l'application, quand il classe les sciences proprement dites, et par l'importance qu'il attribue dans sa philosophie scientifique à la connaissance rationnelle.

.'.

Si d'une manière générale un esprit qui a reçu une culture mathématique profonde se trouve assez naturellement attiré par l'idée, et frappé du rôle qu'elle peut jouer dans notre activité intellectuelle, ne se demandera-t-il pas aussi ce qu'elle vaut en elle-même? Tous les caractères par lesquels la notion géométrique se sépare du monde concret qui nous entoure tendent peut-être à nous faire grossir la ligne de démarcation entre les choses sensibles et les concepts. La science parfaite va donc se développer en dehors des objets qui forment la réalité visible et tangible? Le géomètre pose à tout instant une définition nouvelle, il semble l'établir comme par un décret de sa pensée : n'aura-t-il pas l'impression que son imagination créatrice va peupler la science de ses chimères? — Ce qui paraît certain, c'est que cette impression, pour se produire avec quelque netteté, et conduire le géomètre, ne fût-ce qu'un moment, à séparer vraiment ses idées de la réalité des choses, demande une maturité d'esprit qui manquait aux premiers philosophes grecs. Un jour viendra, mais seulement à partir du XVII° siècle, où il conviendra de chercher la part de l'éducation mathématique dans la tendance à saisir le caractère subjectif et formel de la pensée ; et ce sera un des côtés par où la philosophie moderne nous intéressera particulièrement depuis Descartes jusqu'à Kant et au néocriticisme, en passant par Malebranche, Berkeley et Hume. Mais, à considérer des temps plus anciens, où pouvait aboutir l'idéalisme de la géométrie rationnelle? D'une part c'était lui manifestement qui faisait de la géométrie une science parfaite, rigoureuse : l'idée, c'était la fixité, l'immutabilité, l'essence éternelle, claire, intelligible, au lieu de la confusion, de la diversité, de l'obscurité, et de la contradiction même des choses sensibles. Grâce à elle, des propositions étaient énoncées que devaient nécessairement comprendre et approuver tous les hommes : grâce à elle, le vrai était victorieusement atteint et proclamé, — le vrai, c'est-à-dire bien entendu, pour les Grecs le réel. Mais ensuite et surtout, cette science rationnelle qui se constitue et progresse par ses notions définies, par ses êtres conceptuels, nombres et idées, cette science n'oblige pas le savant à s'isoler du monde de la vie et des sens. Bien au contraire, les êtres idéaux qu'elle l'amène à considérer ont cela de remarquable que toutes les relations claires et précises qui les relient entre eux s'appliquent du même coup aux choses sensibles. Essayez de calculer, par une construction théorique, la distance où vous êtes d'un point inaccessible, ou la hauteur d'un édifice, sans vous élever jusqu'au faîte : mesurez, en utilisant les propriétés des surfaces et des solides géométriques, l'aire d'un champ circulaire, le volume de ce cylindre en métal ; appliquez le théorème de l'hypoténuse à la construction d'un angle droit sur le terrain, en partageant une corde en trois morceaux dont les longueurs soient entre elles comme les nombres 3, 4, 5.. ; bref, projetez sans hésitation dans le monde imparfait des sens tous les éléments de la pensée mathématique, et une vérification de tous les instants, un accord permanent de tous les détails dont l'ensemble forme la trame de la vie courante, empêcheront de songer à une séparation réelle entre ces deux mondes distincts. Il y a plus : la géométrie s'applique avec succès à une foule de choses qui tout d'abord peuvent en paraître plus ou moins éloignées. Elle donne le secret des mouvements des astres, et permet de constituer déjà, avec la sphérique des anciens, une astronomie théorique ; les nombres et les proportions permettent, avec les Pythagoriciens, de formuler les lois des accords musicaux. Il semble que, loin de former un domaine isolé ou perdu dans les hauteurs de la pensée, la mathématique rationnelle apporte avec elle, partout où elle pénètre, la lumière, la clarté, la connaissance la plus rigoureuse et la plus sûre. Comment ne pas songer qu'elle atteint véritablement l'essence profonde des choses ? et, de fait, c'est à une affirmation de ce genre qu'aboutit chez les Grecs la double tendance dogmatique et idéaliste. La connaissance se fait par les idées auxquelles s'élève l'intelligence humaine, donc elles sont la réalité même, elles sont ce qui existe le plus véritablement, elles sont l'essence immuable des choses. Depuis le temps des premiers Pythagoriciens, on pourrait croire que la réflexion a définitivement ruiné cette conception naïve ; il ne serait pourtant pas difficile d'en trouver des traces chez quelques penseurs de ce siècle, et particulièrement chez ceux, comme M. Renouvier et Aug. Comte, qui se distinguent par l'éducation mathématique de leur esprit. Le premier ne nous fait-il pas assister à une renaissance du pythagorisme lui-même par son affirmation de la loi du nombre, — le second, pour expliquer le caractère positif de la connaissance rationnelle, et particulièrement de la géométrie et de la dynamique, n'a-t-il pas une tendance à voir les concepts utiles *réalisés* dans la nature ?

.˙.

Mais si ces considérations générales visent surtout les Grecs, comment expliquer l'attitude d'un Protagoras, d'un Pyrrhon ou d'un Carnéade, qui semblent avoir pris plaisir à accumuler les arguments les plus sérieux contre la science humaine ?

Tout d'abord il convient de distinguer ceux, comme

Pyrrhon, dont il est difficile d'affirmer qu'ils se soient positivement élevés contre la possibilité de la connaissance. On sait[1] que la tradition relative à son scepticisme ne commence guère qu'au IIe siècle de notre ère avec Aristoclès, dont Eusèbe nous a conservé quelques fragments, et se précise surtout avec Diogène Laërce et Sextus Empiricus au siècle suivant. A en juger, au contraire, par le témoignage de Cicéron, Pyrrhon semble avoir été préoccupé uniquement de la question du souverain bien. Il est alors si naturel d'entendre dans un sens pratique, relatif à la conduite de la vie et non pas à la valeur logique de la connaissance, la plupart des formules qui accompagnent son nom dans la tradition sceptique : οὐδὲν μᾶλλον, τί μᾶλλον, οὐδὲν ὁρίζω, ἀπάθεια, ἀδιαφορία... Pyrrhon avait voyagé en Asie, à la suite d'Alexandre, et y avait connu les gymnosophistes ; comme ces sages indiens, il refusait toute importance aux accidents de la vie humaine ; l'idéal à ses yeux était l'indifférence à l'égard de tout, l'absence d'émotion, l'apathie. Il n'eût pas dit : La science est impossible, la raison humaine est impuissante à rien connaître ; mais bien plutôt : je refuse de m'intéresser à la science, et à tout ce qu'elle me ferait connaître. Une semblable attitude ne doit pas se confondre avec le vrai scepticisme, dont elle n'a que l'apparence extérieure.

1. Cf. Victor Brochard, *Les sceptiques grecs*.

D'autre part, les thèses sceptiques contiennent une série d'arguments qui, loin de venir à l'encontre du dogmatisme rationnel, peuvent au contraire servir à l'affirmer davantage : ce sont tous les griefs classiques, entassés depuis Héraclite contre la connaissance sensible, mobilité fuyante des sensations, erreurs des sens, contradictions de leurs témoignages. Protagoras sur ce chapitre n'en dit pas plus au fond, quelle que soit l'originalité de sa doctrine, que Parménide, que Démocrite ou que Platon ; et c'est sans doute cette similitude de langage qui fait si souvent ranger des penseurs tels que ceux-là parmi les sceptiques. La défiance à l'égard des sens peut être le commencement d'un doute systématique et universel ; mais elle peut aussi bien servir de point de départ à l'abandon le plus confiant dans la connaissance rationnelle.

Enfin il est juste, pour apprécier l'attitude de quelques-uns tels qu'Arcésilas et Carnéade, de tenir compte des circonstances où ils eurent à prendre parti. On sait avec quel entêtement les Stoïciens soutenaient, dans leur logique, le sensualisme le plus grossièrement dogmatique. C'est contre eux que sont dirigés tous les coups de la Nouvelle Académie ; et rien n'est plus naturel que de voir leurs adversaires, dans la lutte opiniâtre qu'ils ont engagée, garder parfois peu de mesure et parler comme de vrais sceptiques. Au fond, s'ils n'opposent pas, comme aurait fait Platon, de qui ils se réclament, au dogmatisme matérialiste des stoïciens, un rationalisme naïvement confiant, du moins ils refusent de déclarer l'intelligence désarmée pour la vérité. Ils parlent de probabilité et les éléments qui les guident pour la reconnaître, absence de contradiction, accord harmonieux de toutes les représentations entre elles, apparence raisonnable (εὔλογον), semblent impliquer de leur part pour la raison humaine plus d'estime qu'on pourrait croire.

Ces réserves diminuent passablement la liste de ceux qu'il faut considérer comme sceptiques, au sens propre du mot. Quoi qu'il en soit, nous affirmons qu'aucun d'eux n'a été véritablement au courant des sciences théoriques de son temps. De fait, ni Protagoras, ni Gorgias, ni Timon, ni Énésidème, ni Agrippa, ni les médecins empiristes n'ont eu leur nom inscrit dans l'histoire des sciences abstraites; aucun même n'est donné par les biographes de l'antiquité comme s'étant adonné avec quelque ardeur à leur étude. Ce n'est pas qu'ils n'aient fait assez souvent des allusions directes aux mathématiques. Mais nous pouvons juger par ces allusions elles-mêmes de leur connaissance incomplète, quand ce n'est pas de leur ignorance grossière. Protagoras, par exemple, se plaît à dire (c'est Aristote qui le mentionne) que les lignes du géomètre ne sont pas celles qui sont tracées dans le ciel. Qu'on songe au sens profond et tout à fait invraisemblable qu'il faudrait donner à cette remarque si l'on supposait connue de Protagoras l'astronomie de son temps. Le géomètre, en traçant ses cercles, ne parvenait-il pas à donner déjà de certains phénomènes célestes une représentation exacte, ainsi que le prouvait la concordance des observations? Le navigateur qui utilisait ses connaissances astronomiques ne réussissait-il pas à se diriger sur mer avec précision? Si donc Protagoras le savait, son affirmation n'aurait pu signifier que ceci : le monde du savant n'est pas celui de la réalité, quoiqu'ils se correspondent merveilleusement ; les idées du géomètre sont des fictions, quoiqu'elles s'accordent admirablement avec les choses ; et il eût fallu pour parler ainsi, concevoir ou bien une harmonie préétablie entre deux domaines radicalement séparés, ou bien quelque idéalisme transcendental à la manière de celui de Kant, ou bien simplement la possibilité de quelque mystère impénétrable, devant lequel on s'arrêtât confondu. Cette dernière attitude n'est pas celle d'un Grec, et les autres hypothèses impliqueraient un anachronisme par trop choquant. N'est-il pas infiniment plus naturel d'admettre que Protagoras n'était pas un savant ; et il en est de même de tous ceux qui, contestant *a priori* la possibilité de la connaissance rationnelle, ne se sont même pas posé cette question si simple : si la science rationnelle est une chimère, pourquoi les prédictions qu'elle formule se réalisent-elles sans cesse? Cela devient plus saisissant à mesure que les progrès de la connaissance spéculative rendent ces prédictions de plus en plus rigoureuses et précises. Et le langage d'un Sextus Empiricus semble à cet égard particulièrement édifiant : il nous donne, en les prenant d'ailleurs pour son compte, tous les arguments déjà formulés (surtout peut-être par Énésidème et Agrippa) contre les mathématiques. Aucune notion fondamentale, nombre, ligne, lieu, ne paraît devoir résister à une analyse, ridicule à force de subtilités ; aucune démonstration ne peut rester debout ; et, quand il en arrive à un ordre d'idées tel que l'astronomie, il échappe à la difficulté d'avouer cependant toute l'efficacité des notions géométriques et de la démonstration en déclarant que l'observation seule dicte à l'astronome ses prédictions. Après Apollonius, Hipparque et Ptolémée, cette affirmation suffirait à prouver l'ignorance où se trouve Sextus Empiricus à l'égard de l'astronomie théorique de son temps.

Qu'on ne dise pas d'ailleurs que nous jouons sur les mots en refusant des connaissances sérieuses en mathématiques aux sophistes et aux sceptiques, sous prétexte qu'ils paraissent ignorer les mathématiques appliquées. Cette distinction n'aurait été comprise chez les Grecs que comme théorique elle même. L'intérêt de l'Arithmétique, de la Géométrie, de la Sphérique (ou Astronomie géométrique), de la Musique, était bien plus grand aux yeux de Platon, par exemple, pour le philosophe qui fixait son attention sur le côté spéculatif de ces études, que pour l'artisan qui voulait n'en retenir que les applications ; mais en réalité il n'eût pas été possible d'admettre que le premier pût écarter de son savoir ce que le second voulait retenir. C'est ainsi que, si désintéressée que soit la géométrie d'Euclide, si abstraite qu'elle paraisse, on ne comprendrait pas un homme intelligent qui en possédât à fond toutes les théories, et qui ne sût pas en tirer les formules nécessaires à la mesure pratique des surfaces et des volumes.

D'un mot, par conséquent, nous ne pensons pas que l'histoire du scepticisme puisse fournir un argument sérieux contre nos premières observations : les sophistes et les sceptiques n'ont jamais possédé profondément l'ensemble des connaissances rationnelles qui constituaient chez les Grecs les sciences mathématiques.

*
* *

Pour exprimer que l'éducation mathématique nous attache à l'idée et nous éloigne du fait concret et de l'image, nous aurions pu dire qu'elle nous dispose à poursuivre l'intelligible, et à restreindre dans nos conceptions la part du sensible. Or cette opposition, intelligible-sensible, fait songer à plusieurs autres : quantité-qualité et homogène-hétérogène, mécanisme-dynamisme, évolutionisme-spécification, causalité-finalité, infini-fini. Il importe de les considérer avec quelque précision et de montrer dans quelle mesure et dans quelle signification, par ses tendances et par la nature de ses concepts, la mathématique peut nous diriger vers l'un ou l'autre terme de ces oppositions générales.

Ce qui caractérise pour nous la quantité, c'est la possibilité de parler avec une entière clarté d'*égalité* et d'*addition*. Nous avons le droit de voir une quantité dans la longueur, parce que 1° nous savons ce que c'est que deux longueurs égales ; 2° l'addition de deux longueurs en fournit une troisième clairement définie. Il en est de même pour l'aire, le volume, le poids... La qualité, c'est toute propriété des choses qui se présente à nous dans une sensation, dans une image, dans une intuition. Il arrive pour certaines qualités de ne pouvoir admettre dans aucun sens le plus ou le moins : ainsi la droite, le plan, le cercle ne sauraient avoir à des degrés divers[1] la forme rectiligne, plane ou circulaire ; une figure ne saurait être de même plus ou moins un décagone, etc. Mais en général il n'en est pas ainsi, et c'est au contraire une des propriétés naturelles de la qualité de varier en intensité. Ce qui distingue la quantité de la qualité, ce n'est donc pas seulement la possibilité de comparaison dans le sens du plus ou du moins, c'est la précision rigoureuse qu'apportent dans

1. Cf. Duhem, *L'Évolution des théories physiques* (*Revue des questions scientifiques*, octobre 1896)

ces comparaisons la notion de l'*égal* et celle de la *somme*. La douleur que nous fait éprouver une piqûre est plus ou moins forte, la chaleur qui nous vient d'un objet est plus ou moins élevée, un bruit est plus ou moins considérable, une couleur est plus ou moins vive; mais d'une part il nous serait impossible de nous entendre sur ce que seraient, par exemple, deux douleurs également fortes, deux impressions de chaleur identiques, etc., et d'autre part quel sens aurait pour nous la somme de deux douleurs, le double ou le triple d'une sensation de chaleur?

Il n'est pas difficile de comprendre quel élément d'intelligibilité se trouve être la quantité, comparée à la qualité. Si nous considérons les différents états d'une qualité qui nous semble répondre à un ordre déterminé de phénomènes, par exemple les diverses sensations que nous donne le contact d'objets plus ou moins chauds, y a-t-il au moins quelque unité dans cette série de sensations? A part certaines circonstances analogues qui correspondent à ces cas distincts, de quel droit reconnaîtrions-nous quelque caractère commun à des états différents? Chacun d'eux apparaît comme quelque chose de spécifique, tel qu'il est tout entier au moment où il s'offre à notre connaissance. J'ai devant moi un fourneau porté au rouge et un baquet d'eau glacée: je touche le fourneau, puis je plonge la main dans le baquet; j'éprouve deux sensations distinctes. Au nom de quel terme moyen puis-je raisonnablement dire que ce sont des sensations d'un même ordre, d'une même série ? A la rigueur, si l'on veut tenir compte d'une analogie que présentent des états plus *voisins*, tout au moins faudra-t-il considérer comme spécifiquement distinctes trois sortes d'impressions : chaud, froid, ni chaud ni froid. Quant aux états voisins, l'analogie est tout extérieure. L'effort serait vain d'essayer de retrouver dans l'un ce qui était l'autre et ce qui est nouveau, ce sont choses hétérogènes ; l'unité n'est pas le moins du monde réalisée pour notre entendement dans cette multitude infinie de représentations irréductibles entre elles.

Au contraire, avec une seule longueur, il est fort aisé d'en composer une série illimitée, en la reportant à la suite d'elle-même autant de fois qu'on veut. L'homogénéité, la similitude, l'unité, sont ici frappantes. C'est le même élément, — étranger sans doute à l'esprit, en ce sens que celui-ci ne le crée pas, — qui suffit en tout cas pour rendre compte, par un simple mouvement de la pensée, d'une suite infinie de représentations diverses.

Platon semble avoir très bien marqué cette opposition de la qualité sensible, à propos de laquelle il est permis de parler très vaguement de plus et de moins, mais non point de faire disparaître l'hétérogénéité des divers états, et de la quantité qui, avec l'égal et le double (le double est l'addition dans le cas le plus simple), apporte l'intelligibilité, l'homogénéité, l'unité. Les caractères de ce qu'il nomme le πέρας dans le Philèbe sont « premièrement l'égal et l'égalité, ensuite le double, et tout ce qui est comme un nombre est à un autre nombre, une mesure à une autre mesure... » — « Quels sont encore une fois, demande Protarque, les phénomènes qui caractérisent le πέρας?... J'entends, répond Socrate, ceux de l'égal, du double, et tout ce qui fait cesser l'inimitié entre les contraires, et produit entre eux la proportion et l'accord en y introduisant le nombre. »

Le monde nous apparaît comme une multiplicité de qualités spécifiquement distinctes : jusqu'à quel point l'esprit humain, qui veut le connaître, jugera-t-il nécessaire de poursuivre par le nombre l'unité et l'homogénéité à travers la diversité infinie des phénomènes? Dans quelle mesure recherchera-t-il au contraire, pour atteindre à la réalité des choses, les éléments qui se poseront comme irréductibles à la quantité? Suivant son tempérament, ses tendances générales, ses habitudes de pensée, on ne répondra pas de même à de semblables questions. Entre Aristote et Descartes, qui sont aux limites extrêmes, il y a place pour une infinité de positions intermédiaires. Est-il besoin de dire que l'éducation mathématique, par le seul fait qu'elle habitue à la poursuite de l'intelligible et du clair, pourra tout naturellement pousser le penseur aux conceptions quantitatives? Mais de plus et surtout, elle l'y poussera pour la raison fort simple que, maniant elles-mêmes la quantité, les mathématiques donnent, par leur simple existence et par leurs progrès incessants, l'exemple le plus frappant de ce que peut pour la science la réduction de la qualité à la quantité.

Déjà dans leur domaine propre, dans ce qu'on nomme plus particulièrement Mathématiques pures, il est merveilleux de voir disparaître par les relations quantitatives tout ce qui faisait la diversité hétérogène des êtres géométriques, longueurs, angles, surfaces, volumes, polygones, cercles, pyramides, sphères, cylindres... On dit quelquefois encore que l'application de la quantité à la géométrie date du XVIIe siècle, et que Descartes, en créant la géométrie analytique, a substitué la quantité à la forme : rien n'est plus inexact. Dès les débuts de la géométrie grecque, pas une des courbes que le langage cartésien a permis d'exprimer à l'aide d'équations ne se définissait par des considérations exclusives de forme et de position. Le géomètre n'a jamais cessé de chercher dans des propriétés quantitatives l'essence des êtres figurés qu'il étudie, réduisant à la longueur seule le substratum qualitatif nécessaire, et faisant par là l'homogénéité dans le champ de sa science. — Hors de ce domaine, le mathématicien ne change pas de méthode, quand, se trouvant en présence des phénomènes physiques de l'univers, il poursuit des relations quantitatives liant les éléments en apparence les plus hétérogènes, volumes, pressions, températures, durées, hauteurs de son, etc. Partout il cherche à ramener les variations spécifiques à celles d'une longueur, de façon à fondre la diversité des choses dans l'homogénéité de l'étendue rectiligne, et par suite à porter de la façon la plus simple et la plus claire l'accord, la similitude, l'unité, dans le dissemblable, le multiple, l'hétérogène. Les progrès des sciences semblent marquer ainsi les progrès de la pénétration incessante de la quantité dans la qualité. N'y a t-il pas là de quoi expliquer cette sorte de vertige dont les Pythagoriciens donnent l'exemple, et qui est aussi la marque caractéristique de la physique cartésienne ?

Et pourtant est-il fatal que la culture approfondie des mathématiques aboutisse à ôter, pour ainsi dire, le sens de la qualité ? Celle-ci ne s'évanouit pas par les progrès des explications quantitatives : l'intuition spatiale subsiste sous les savantes définitions du géomètre ; la forme des lignes et des surfaces reste avec tous ses détails, disposition des éléments, délimitation de régions dans le plan ou dans l'espace, courbure, torsion, symétrie ; le plaisir que nous font éprouver les accords harmonieux ne disparaît pas par la connaissance des rapports numériques qui en rendent compte à l'intelligence ; la chaleur, le son, la lumière, ne perdraient pas leurs différences spécifiques et ne cesseraient pas d'impressionner diversement notre sensibilité, même si les phénomènes qui y correspondent dépendaient tous un jour d'équations identiques. Et ce fonds qualitatif qu'on ne saurait en aucun cas supprimer suffira toujours pour fixer l'attention d'un esprit qui s'attache naturellement aux manifestations concrètes de la réalité.

Bien plus, non seulement la mathématique ne détruit pas la qualité, mais on peut dire encore à certains égards que c'est la qualité elle-même, sous ses apparences infinies, qui vient sans cesse exciter l'entendement et appeler de nouveaux progrès des sciences de la quantité. Cela est particulièrement sensible de notre temps, où la physique suggère sans cesse au géomètre la considération de fonctions ou d'équations spéciales. Mais déjà chez les anciens et pour nous borner au domaine primitif des nombres et des figures, n'est-ce pas l'étude de quelque forme remarquable, comme de tel polyèdre régulier, ou la solution d'un problème concret comme la duplication du cube, qui sans cesse viennent enrichir la mathématique abstraite de relations nouvelles? Et enfin ce n'est pas seulement en servant d'occasions à des applications plus ou moins intéressantes, que l'intuition concrète a toute son efficacité dans les sciences mathématiques, c'est encore plus peut-être parce qu'elle contribue à transformer la notion même de quantité de façon à lui donner une signification de plus en plus féconde. C'est au point que, dans ce qu'on est convenu d'appeler les mathématiques pures, deux tendances contraires se font jour. Pour les uns la quantité intelligible est l'élément fondamental, essentiel, celui qui fournit toute la charpente de l'édifice mathématique, et que recouvre, comme une mince couche plus ou moins commode, l'intuition géométrique : les autres au contraire placent dans celle-ci le fonds primordial, nécessaire peut-être à toute notion quantitative, indispensable en tous cas aux premières généralisations du concept de nombre. Les uns ont une tendance continue à rejeter toute image, tout ce qui rappelle à quelque degré le concret, le sensible ; les autres estiment illusoires les efforts qui peuvent être faits pour écarter l'intuition, et considèrent comme artificiels et fictifs les résultats obtenus par une semblable méthode. Les uns veulent que la mathématique ne formule que des jugements analytiques, dont l'évidence se manifeste avec clarté à la lumière de définitions précises posées par l'esprit, les autres ont le sentiment qu'ils énoncent des jugements synthétiques pour traduire les données irréductibles de l'intuition.

Il faut reconnaître d'ailleurs qu'avec le temps, et par une élaboration incessante de la pensée mathématique, les notions nouvelles d'abord acceptées sur le sentiment plus ou moins confus de leur importance tendent à prendre un autre aspect. L'esprit cherche à les reconstruire en n'utilisant que des éléments déjà maniés, et à les définir par un simple mouvement de l'intelligence qui continuera, sans sortir d'elle-même pour ainsi dire, à donner l'existence à ses concepts. Cette élaboration plus ou moins consciente date des efforts des premiers géomètres et se poursuit sans trêve, mais on comprend qu'un temps parfois assez long s'écoule entre le moment où certaines conceptions pénètrent dans le domaine mathématique, apportant un élément nouveau de progrès et de fécondité, et celui où peut disparaître ce qui en elles semblait irréductible. C'est pourquoi, quand on se demande quel courant va suivre la pensée philosophique de tel géomètre, il est impossible de négliger l'état momentané où se trouve parvenue la mathématique, dans son évolution continue. Au xviie siècle, quand la science de la force, la dynamique rationnelle, achevait de se constituer par les travaux de Huyghens et de Newton, et aussi quand la notion de la différentielle, semblait transformer radicalement l'esprit de l'analyse mathématique, nous ne sommes pas surpris de voir la philosophie rompre avec le mécanisme cartésien et évoquer avec Leibniz la pensée même d'Aristote. Rien cependant n'eût empêché Descartes, s'il fût revenu cent cinquante ans plus tard, de voir dans l'objet de la dynamique autre chose que des lignes et des vitesses, et de reconnaître dans le calcul infinitésimal les suites naturelles de sa géométrie.

*
* *

Nous touchons là d'ailleurs à l'opposition générale du mécanisme et du dynamisme, qui au fond se ramène à celle de la quantité et de la qualité. La différence est tout au plus une différence de degré dans les exigences d'intelligibilité. C'est ainsi qu'il ne saurait plus être ici question d'éliminer les images intuitives, mais seulement de savoir avec quelle facilité nous sommes capables de les construire. Les conceptions mécanistes sont celles où tout peut être représenté à l'imagination avec une clarté parfaite, où tout s'explique par division et recomposition additive, où chaque chose apparaît comme la somme, le total d'une série d'éléments, dans des conditions telles que l'énumération de ces éléments et l'indication de leurs positions réciproques donnent une idée adéquate de la chose. Au contraire, les explications dynamistes sont celles où tout n'est pas retrouvé par l'analyse, où tout n'est pas reconstitué par une simple addition d'éléments, où quelque chose échappe à la représentation claire, à la construction intuitive, où le tout est autre chose encore que la somme et la disposition des parties.

Qu'on se rappelle, si l'on veut un exemple précis, la définition que Kant veut substituer, pour la *densité*, à la conception mécaniste. « Celle-ci, dit-il, consistait à admettre une absolue impénétrabilité de la matière primitive, une absolue homogénéité de cette étoffe où ne subsistent que les seules différences de figures, et une indestructibilité absolue de la cohésion de la matière dans les corpuscules premiers. C'étaient là les matériaux qui engendraient les corps spécifiquement différents... Ils permettaient d'expliquer mécaniquement les actions multiples de la nature par la configuration des particules premières, considérées comme des machines auxquelles rien ne manque si ce n'est une force imprimée du dehors[1] »... « La matière, ajoute-t-il ailleurs pour poser sa conception dynamiste, ne remplit pas l'espace par une impénétrabilité absolue (comme le croient les purs mécanistes), mais par une force répulsive dont le degré peut être différent en matières différentes. » Les corps sont de densités diverses, aux yeux de Kant, parce qu'ils remplissent inégalement l'espace qu'ils occupent, ils le remplissent avec des intensités différentes pour ainsi dire. Mais qu'advient-il ? C'est que cette conception lui paraît destinée seulement au philosophe de la nature, qui fera ce qu'il pourra, et tâchera d'arriver par elle le mieux possible à une liaison rationnelle des explications. Mais « tous les moyens nous font défaut pour construire ce concept de la matière, et pour représenter comme possible dans l'intuition ce dont nous avions l'idée générale..... »

[1] *Premiers principes métaphysiques de la science de la nature*, traduction Andler et Chavannes, p. 66.

Cet exemple, appuyé des réflexions qu'il suggère à Kant, est particulièrement capable de faire sentir le rapport étroit qui peut lier la mathématique aux conceptions mécanistes. En tant qu'elle nous attache à la quantité, à la composition additive de la grandeur homogène, et qu'ainsi elle nous fait trouver la clarté, la rigueur, la précision sous les phénomènes les plus complexes, la mathématique nous incite à expliquer toutes choses par des relations qui se dégagent d'une intuition d'espace et de mouvement. Les grandes hypothèses scientifiques de la Nébuleuse, et des ondulations de l'éther lumineux, calorifique, électrique, s'inspirent assurément de cette tendance, et réciproquement l'encouragent en raison même de leurs succès. Pour l'attraction newtonienne elle-même, il a semblé souvent dans notre siècle, par un retour à la physique de Descartes, qu'elle devait se ramener plutôt à un mouvement dans le plein qu'à une action à distance.

Mais il ne faut pas s'exagérer cette dépendance étroite de la mathématique et du mécanisme. Peu de mathématiciens penseraient aujourd'hui comme Kant que les conceptions dynamistes de sa philosophie de la nature, échappant à l'intuition claire des conceptions géométriques, échappent aussi par cela même à la science de la quantité. A cet égard il se peut que les efforts tentés par les mathématiciens pour chasser toute image intuitive et atteindre à une intelligibilité idéale qui essaie d'exclure même la vue de toute grandeur homogène, nous fassent plus radicalement séparer l'instrument que perfectionne la pensée pure et le monde infiniment varié où il pourra pénétrer ensuite, de façon à supprimer du même coup nos exigences sur les conditions trop restrictives d'applicabilité. C'est là d'ailleurs de quoi n'être pas surpris outre mesure. Tout ce qui dégage l'idée des éléments concrets qui l'enveloppent, la conditionnent et lui conservent un attachement trop étroit à quelque forme particulière, tout ce qui épure l'idée, loin d'en faire une chimère inutile, augmente prodigieusement le champ de sa fécondité.

Quoi qu'il en soit, si nous passons de ces considérations théoriques à des observations de fait, et que nous demandions aux savants de notre temps si décidément les progrès merveilleux de la mathématique, et sa pénétration de plus en plus profonde dans la science générale de l'univers, ont eu pour effet de détourner à jamais des conceptions dynamistes, nous constaterons au contraire que la philosophie de la nature refuse aujourd'hui de se fonder sur des postulats exclusivement mécanistes. On peut appeler de ce dernier nom les principes par lesquels on affirme dans le monde la fixité invariable d'une certaine somme. Lucrèce réclame à travers tous les changements apparents la constance de la somme des choses. Descartes précisait ce langage en proclamant l'immutabilité de la quantité de mouvement. Après lui, Leibniz voulut substituer la force vive à la quantité de mouvement ; et finalement, dans notre siècle, les savants ont dû s'élever à la notion de l'énergie pour affirmer sa permanence quantitative. Il est clair que sous ces formes diverses se retrouve la secrète tendance à assimiler l'univers à une somme exacte d'éléments, à un tout dont on ne comprendrait pas qu'une partie disparût ou qu'une nouvelle vînt miraculeusement s'introduire. Sous les postulats de ce genre se trouve évidemment l'idée qu'on échappera à toute création, à tout devenir inexpliqué, si l'on pose le monde comme étant, de certaine manière, tout ce qu'il doit être, de toute éternité. Or est-ce là le dernier mot de la physique mathématique de notre siècle? — Non, à côté du principe de la conservation de l'énergie, les savants sont amenés à entrevoir, comme conséquence du principe de Carnot, une sorte de détérioration qualitative, de telle sorte qu'une certaine quantité d'énergie supérieure se perde par sa transformation en énergie de qualité inférieure : c'est ainsi, par exemple, que la chaleur et la vie pourraient disparaître un jour. Nous n'avons nullement l'intention de discuter ici la valeur de semblables théories : mais elles paraissent significatives pour montrer que les préoccupations mécanistes ne dominent pas nécessairement et exclusivement les conceptions générales sur la nature, même quand elles procèdent directement de la pensée mathématique.

Cette dernière consultation, demandée aux sciences théoriques de notre siècle, porte d'ailleurs, à propos de mécanisme et de dynamisme, sur l'idée de transformation et d'évolutionisme, avec conservation d'un tout qui se transforme et évolue, opposée à l'idée de création, ou de déperdition, et plus généralement à l'idée d'une génération quelconque, impossible à expliquer par une simple transformation. C'est qu'en réalité la transformation est une sorte de mouvement, comme les Grecs l'ont si bien vu, se servant du même mot κίνησις pour tout changement d'état, de sorte qu'avec le mécanisme et le dynamisme nous n'étions pas bien loin de ces modes de penser. Le premier, c'est-à-dire la tendance à dégager des phénomènes une chose permanente qui se transforme sans cesse, s'oppose à l'acceptation facile des commencements absolus, et des objets spécifiquement distincts. Dans un rapport particulièrement étroit avec l'esprit mathématique, ce penchant entraînera de préférence le penseur, qui médite sur la nature, à quelque conception moniste, panthéistique ou évolutioniste. Dans la philosophie de la connaissance, il le conduira à réduire au moindre nombre possible les catégories de la pensée, à faire rentrer les unes dans les autres les notions fondamentales des sciences. Leibniz pourrait à cet égard passer pour une prodigieuse exception. Mais, à y regarder de près, ses monades en nombre infini répondent à un type unique : il n'y a même pas pour lui esprit et matière, mais seulement deux degrés différents dans le développement de la monade, et de plus ce développement n'est autre chose qu'un évolutionisme continu et progressif. Il reste sans doute qu'il s'agit avant tout pour Leibniz de forces et d'âmes qui accroissent leur être, qui s'enrichissent en se développant ; mais du moins, dans l'aspect particulier de ce dynamisme, dans l'évolution continue de la substance, — évolution tout interne, procédant par degrés infinitésimaux, — puis dans le déterminisme qui relie les états successifs de la monade, nous retrouvons suffisamment les tendances générales que semblait tout d'abord exclure la monadologie.

*
* *

Le mot déterminisme est naturellement venu sous notre plume : du mécanisme et du transformisme, nous voici amenés à la causalité, qu'on oppose d'ordinaire à la finalité. Dans leur sens primitif, la cause et la fin répondent au sentiment que nous avons de notre activité personnelle, et désignent l'un l'agent qui fait une chose, l'autre le but qui est poursuivi : il serait malaisé en vérité de chercher ce que de semblables notions ont de commun avec la culture mathématique. Mais ces notions se sont transformées, pour s'éloigner de plus en plus de l'anthropomorphisme naïf d'où elles dérivent.

Chez les Grecs, qui ne séparaient pas encore le domaine de la connaissance de celui de l'être, la cause prenait un sens plus intelligible. Ce qu'Aristote appelle la cause matérielle et la cause formelle désigne non point un agent qui produit, mais un ensemble de conditions qui contribuent à déterminer une chose, de telle façon qu'en les énumérant nous rendions compte de la chose, au moins en partie, que nous en donnions une explication, que nous répondions partiellement, si l'on veut, au désir de l'esprit d'en connaître les raisons.

Les sciences d'observation ne contredisent pas cette signification de la cause. Elles cherchent à noter des successions constantes de phénomènes, des concordances fixes, pour pouvoir énoncer quelles sont les conditions nécessaires et suffisantes où se produit tel événement. Quand, à la suite d'observations méthodiquement poursuivies, le savant déclare qu'il tient la cause d'un phénomène, cela veut dire qu'il est parvenu à noter certaines circonstances sans lesquelles il ne l'a jamais vu se produire, et dont la réalisation est toujours au contraire accompagnée de l'apparition du phénomène.

Mais si c'était là le type définitif de la relation causale que la méthode expérimentale doit substituer à la causalité efficiente, il faut bien avouer que notre raison n'aurait pas lieu d'en être complètement satisfaite. Ne veut-elle pas comprendre en même temps qu'elle enregistre ? Ne demande-t-elle pas, quand elle constate la fixité d'une relation, à voir en même temps pourquoi cette fixité s'impose ? Ce qu'il lui faut, en fin de compte, c'est la raison des choses ; il faut qu'entre les circonstances où se produit un phénomène et le phénomène lui-même apparaisse un lien intelligible. Alors seulement la cause prend pour nous une signification plus élevée, plus pleine, et nous ne regrettons plus la causalité agissante, créatrice, que la pensée à ses débuts avait répandue dans le monde, et qui, en dépit de sa naïveté toute primitive, nous montrait du moins un rapport étroit entre un fait quelconque et ses antécédents. Mis en présence du lien intelligible, nous rendons toute sa valeur à la méthode qui recherchait d'abord les successions et les concordances, avec la pensée d'arriver par là à des notions claires et à des lois générales. Nous avons alors l'impression que la science, c'est bien essentiellement la recherche des causes, en ce sens que par elles, nous pouvons non seulement prévoir, mais aussi comprendre. C'est ainsi, par exemple, que le phénomène des marées dont on note d'abord les concordances avec la marche de la lune, le fait de la chute des corps, tous les détails de la marche des planètes autour du soleil, trouvent un jour leur cause dans la loi fondamentale de la gravitation, d'où ils se déduisent avec nécessité. Certes il est rare que la science de l'univers parvienne à de tels résultats, mais elle s'efforce sans cesse d'y atteindre, de sorte que la causalité concrète dont elle semble parfois se contenter a quelque chose de provisoire, et n'est qu'un échelon inférieur qui lui permet de s'élever, au moins en espérance, à la causalité abstraite[1].

Mais où enfin, dans quel domaine de pensée, se trouve posé à cet égard le terme idéal d'un semblable processus, sinon dans la mathématique elle-même, où la cause semble réaliser sa perfection, en devenant vraiment la raison intelligible ?

D'une part en effet la démonstration mathématique doit sa rigueur à ce que pas une affirmation n'est formulée sans être en même temps justifiée. Suivez un géomètre au cours d'un de ses raisonnements, et, à chaque proposition qu'il énonce, demandez-lui pourquoi elle est vraie : il répondra invariablement qu'elle s'impose au nom d'une définition ou d'une vérité déjà admise ou démontrée. C'est évidemment ce qu'a voulu dire Aristote quand, à propos du syllogisme de la première figure, constamment manié dans les mathématiques, il déclare qu'il sert à fonder la démonstration la plus scientifique, parce qu'il est au plus haut degré le syllogisme de la cause[2]. — Mais d'autre part et surtout, la préoccupation constante du géomètre n'est-

1. Cf. Goblot, *Essai sur la classification des sciences*, p. 45 et sq.
2. *Derniers analytiques*, l. I, ch. xiv.

elle pas de déterminer avec précision un élément à l'aide d'un ou plusieurs autres ? Les lois, les relations, qui possèdent déjà ce caractère de nécessité et d'intelligibilité idéale dont nous parlions, nous permettent en outre, de rendre compte de chaque être mathématique de la façon la plus rigoureuse, la plus exacte; la plus complètement déterminée, en fonction de divers éléments. La surface d'un cercle, le triangle équilatéral ou le carré inscrits dans ce cercle, et toutes les grandeurs qui s'y rattachent, sont entièrement connus, autant qu'ils peuvent l'être, dès que nous connaissons le rayon du cercle. Dans ce sens on peut dire que ce rayon est la cause de toute une infinité de choses qui non seulement dépendent de lui, varient avec lui, mais encore dont on connaît exactement tout l'être quand on sait ce qu'est le rayon. De même les deux axes d'une ellipse sont, si l'on veut, la cause intégrale de toute la série des faits géométriques relatifs à l'ellipse, en ce sens que, eux connus, chacun de ces faits se trouve rigoureusement déterminé. Dans cette sorte de causalité qu'est en somme la *fonction* mathématique, nous retrouvons réalisés au plus haut degré les caractères que cherche toute science dans l'explication des phénomènes. C'est déjà d'ailleurs la fonction que poursuivait le physicien ou le naturaliste qui construisait ses tables de présence, d'absence et de variations. Mais que nous étions loin de la fonction idéale ! Celle-ci, celle du géomètre, supprime de la notion concrète de cause jusqu'à l'intuition du temps qui permettait de parler d'antécédent et de conséquent, et définit A cause de B à la clarté d'une relation telle que B s'en trouve aussitôt défini cause de A. Bref, si le besoin de causalité est pour la connaissance une des formes de notre besoin de comprendre, en réalisant l'unité dans le multiple, en poursuivant sans cesse les liens qui peuvent rattacher les choses les unes aux autres, et les déterminent les unes par les autres, nulle part ce besoin n'est aussi pleinement satisfait que dans le domaine mathématique. Il faut s'attendre par conséquent à ce que l'esprit y devienne exigeant, à ce qu'il y contracte plus encore que dans tout autre ordre d'idées l'habitude de chercher, de demander la cause, la tendance à n'apprécier les faits qu'en raison de leurs causes générales, au point de négliger parfois ce qu'ils peuvent avoir d'intéressant par eux-mêmes.

Mais si la culture mathématique, loin d'être indifférente à la recherche de la cause, doit ainsi devenir un excitant parfois dangereux en raison de son intensité même, est-ce à dire qu'elle éloigne nécessairement l'esprit de la finalité? Oui, s'il était question de cette finalité primitive qui évoque la pensée d'une volonté intelligente extérieure aux choses et disposant chacune pour le mieux. Mais à côté de cette finalité, il en est une autre, d'ordre esthétique, si l'on veut, qui se traduit à nos yeux par l'ordre, l'élégance, la simplicité, la beauté, et qui exerce par elle-même une action sur notre intelligence. C'est de celle-là que l'on peut songer à rapprocher la connaissance mathémathique. Certes jamais le géomètre ne considérera comme rigoureux un raisonnement où une seule proposition serait justifiée par une préoccupation de beauté, d'ordre ou d'élégance. Jamais il ne dira : cela est parce que de la sorte les choses sont plus simples ; ou : cela est parce qu'ainsi se trouve réalisé l'ordre qui nous séduit le plus. Toute raison de finalité devra être exclue impitoyablement et laisser la place à la seule causalité intelligible, si l'on veut que les démonstrations soient d'une rigueur véritablement mathématique. Mais d'autre part il est bien vrai que le géomètre vit dans un monde d'images, dont la régularité, la pureté, l'ordre ont de quoi exercer sur lui un charme spécial. Les lignes d'une minceur achevée, les surfaces complètement dépourvues de rugosités, les figures circulaires, sphériques, les polygones et les polyèdres réguliers, donnent l'impression d'une beauté particulière, faite d'ordre et de régularité parfaite. En outre, comment n'être pas frappé de la simplicité de certains résultats, de la concordance parfois merveilleuse de certains autres? Il est naturel que le côté de l'hexagone régulier inscrit dans un cercle soit déterminé quand on connaît le rayon, mais quelle simplicité dans la formule qui fixera cette dépendance :

le côté de l'hexagone est justement égal au rayon ; ou, en d'autres termes, partez d'un point quelconque de la circonférence, et, avec une ouverture de compas égale au rayon, appuyez alternativement les pointes du compas sur le contour du cercle, vous reviendrez exactement au point de départ, après avoir tracé un hexagone. — Le plus court chemin entre deux points est la droite qui les joint. — Le plus grand quadrilatère dont le périmètre ait une longueur donnée, c'est le carré. — Ajoutez les nombres impairs successifs, 1, 3, 5,... les résultats des additions forment la suite des carrés des nombres entiers. — Il est d'ailleurs merveilleux de voir comme, à chaque instant, les recherches mathématiques dirigées dans des voies toutes différentes, géométrie, science du calcul, optique, etc., jettent tout à coup les unes sur les autres un jour inattendu. La loi de la réflexion de la lumière que connaissaient bien les Grecs était précisément celle qui donnait le plus petit chemin à parcourir au rayon qui va de l'objet lumineux à notre œil. Et, détail curieux, c'est par une exigence du même ordre, en voulant que la lumière qui passe d'un milieu dans un autre y parvînt dans le temps minimum, que Fermat a retrouvé la loi des sinus. — Les rapports simples correspondent seuls en musique aux accords agréables... Bref il semble bien qu'un mathématicien ne doive pas rester insensible à toute préoccupation de simplicité, d'élégance, de régularité, d'ordre, et il est naturel que, sans jamais donner à de tels soucis une valeur démonstrative, il se laisse parfois instinctivement guider par eux dans ses recherches.—Pour peu que son tempérament l'y pousse, pour peu qu'il ait en lui l'étoffe d'un artiste, il s'habituera même à cette idée que la vérité ne va pas sans quelque simplicité, qu'on peut rejeter *a priori* les solutions compliquées et dissymétriques, et enfin que les conceptions les plus harmonieuses ont le plus de chances de saisir la réalité, — l'harmonie, la simplicité, l'unité, étant sans doute des conditions de l'être.

*
* *

Du mécanisme, qui fait correspondre à la série des phénomènes l'image d'un mouvement continu se prolongeant à l'infini dans les deux sens, et de la causalité, dont l'application veut être indéfinie et repousse toute limite, il est permis de rapprocher ce qu'on pourrait nommer l'*infinitisme*, c'est-à-dire l'acceptation de l'infini dans les conceptions qu'on se forme de la réalité. Au contraire, du dynanisme, qui autorise l'idée de véritables créations, de commencements absolus des choses, il est permis de rapprocher le *finitisme*.

Il suffit de songer aux antinomies cosmogoniques relatives aux grandes questions du commencement du monde, de la limitation de l'univers, de la continuité de la matière, pour saisir l'opposition des deux tendances finitiste et infinitiste. Depuis que ces questions sont débattues, c'est-à-dire depuis les origines de la réflexion philosophique, on peut diviser les penseurs en plusieurs catégories suivant la répugnance plus ou moins obstinée que leur inspire l'idée de l'infini réalisé, ou au contraire l'aisance avec laquelle ils le font entrer dans leurs conceptions. Les uns, comme aujourd'hui l'école néocriticiste, n'admettent pas qu'il puisse être question, dans un sens seulement intelligible, d'un passé infini, d'un univers illimité, d'une matière indéfiniment divisible; les autres repoussent au contraire toute limitation dans le temps ou dans l'espace, tout commencement absolu, toute limite à la divisibilité de la matière, comme étant choses incompréhensibles. D'autres, comme Kant, déclarent que la raison théorétique est impuissante à décider; et d'autres enfin, comme la plupart des penseurs grecs, ne croient pas devoir donner à ces problèmes une solution identique, acceptant tous sans hésitation l'infini du passé, mais proclamant ou condamnant suivant les cas l'infini spatial et le continu de la matière. Les études spéciales du géomètre sont-elles capables de diriger sa pensée philosophique d'un côté plutôt que de l'autre ?

Il est peu de mots qui reviennent aussi souvent, en mathématiques, que celui d'infini. Dès les premières notions d'arithmétique, à propos de la formation des nombres entiers, on est amené à déclarer que la suite de ces nombres est infinie. Dès les débuts de la géométrie la droite est posée comme se prolongeant à l'infini dans les deux sens, et cette propriété est utilisée bientôt d'une façon spéciale dans la définition des parallèles ; on peut dire d'ailleurs qu'avant la droite elle-même l'espace était donné comme infini dans tous les sens. C'est l'infiniment grand dont il s'agit ici. Quant à l'infiniment petit, il se trouve déjà impliqué dans la formation des fractions dont le dénominateur dépasse toute limite, ou plus simplement encore dans l'intuition de la longueur qui apparaît comme divisible à l'infini. Le maniement de tels concepts va-t-il nécessairement conduire le géomètre aux tendances infinitistes?

Non, répondront quelques-uns, car ce n'est pas l'infini, mais l'indéfini que manie le mathématicien. Quand il déclare infinie la suite des nombres entiers, cela signifie qu'après chaque nombre il peut en former un autre ; s'il déclare infinie la droite, cela veut dire qu'il n'est pas sur cette droite de points si éloignés qu'on n'en puisse trouver de plus éloignés encore ; s'il parle de la divisibilité infinie de l'espace, cela veut dire qu'il n'est pas de segment de droite si petit qu'on ne puisse le diviser encore, ou, si l'on veut, qu'il n'est pas sur une droite de points si voisins qu'on ne puisse en trouver d'autres entre eux. C'est en réalité le fini que considère toujours le mathématicien, sauf que ce fini peut devenir aussi petit ou aussi grand qu'on veut : c'est un fini auquel nulle limite restrictive n'est assignée : c'est l'infini en puissance, comme disait déjà Aristote, mais non pas l'infini en acte, celui que l'esprit pourrait songer à projeter dans ses conceptions sur le monde réel.

Tout cela est fort judicieux, et, en fait, si l'on ne tient compte que du sens précis des mots, en vue de la rigueur des raisonnements, si l'on ne se préoccupe que de la valeur logique des notions que manie le géomètre, tout cela est exact ; l'infini du mathématicien n'est, croyons-nous, qu'un mode de variabilité du fini. Mais il faut faire ici une distinction analogue à celle qui a été présentée à propos de la finalité : il faut songer à voir aussi chez le géomètre, à côté du logicien implacable, l'homme doué d'une certaine imagination. Pour celui-là la séparation que l'on fait de l'infini en acte et de l'infini en puissance est par trop radicale ; l'infini idéal ne reste pas toujours également éloigné de l'infini concret, il s'en rapproche plus ou moins, c'est ce qu'il est aisé de comprendre.

La formation des nombres entiers successifs nous met en présence d'un infini de pensée pure : nous avons fixé par une loi générale de construction un certain mouvement de la pensée (l'addition d'une unité au dernier nombre formé), et ce mouvement, toujours le même, pourra se répéter indéfiniment, à chaque fois nous donnerons l'existence à un nombre nouveau qui était en puissance dans la formule première. Celle-ci contenait donc en puissance l'infinité des nombres : c'est là le type le plus clair de l'infinité idéale. Mais passons à un exemple tiré de la géométrie. Autour du sommet A d'un triangle ABC on fait tourner une droite qui dans une quelconque de ses positions rencontre BC en un point D, et on considère la longueur AD. Quand la droite mobile passe par la position où elle est parallèle à BC, la longueur AD devient infinie. Cet infini est-il aussi idéal que le précédent ? — On peut dire : la longueur AD a cessé d'exister, parce que son extrémité D a disparu. Mais l'intuition que nous avons de la droite AD et du mouvement continu de rotation auquel nous la supposons assujettie peut-elle s'accommoder de semblables affirmations ? Disparue, la droite qu'on ne cesse de voir dans toutes ses positions ? disparue, cette image si claire d'une longueur dont une extrémité reste fixe et dont l'autre s'est éloignée sans cesse davantage ? — On répondra que l'image de la droite est toujours là, mais qu'elle ne fournit plus de quantité déterminée par sa longueur, en ce sens que, si grand que fût un nombre par lequel on essaierait de l'exprimer, le point D est plus loin encore que ne l'indiquerait ce nombre. En d'autres termes, on peut appliquer à cette chose relativement concrète qu'est la droite AD l'échelle des valeurs abstraites : on n'épuisera jamais la droite. Mais précisément cette application d'une échelle d'abstraits à une droite, matérialisée au moins par son image, ne fait-elle pas sentir qu'il y a là deux infinis distincts, l'un tout en puissance, sortant à notre gré d'une règle générale de formation numérique, l'autre qui se pose dans l'intuition spatiale, et que le premier ne peut épuiser? Le géomètre qui après avoir parlé de la suite infinie des nombres parle sur le même ton, avec la même aisance, sans plus d'hésitation, de la longueur infinie de la droite AD, a par là même accepté d'actualiser jusqu'à un certain point son infini.

Et enfin est-il alors si éloigné de l'un de ces cas où l'infini semble le plus réalisé? Supposons qu'il s'agisse de la grandeur infinie de l'univers matériel actuellement existant. Les difficultés qu'on tirerait de la nécessité de nombres infinis, pour exprimer les diverses mesures relatives à ce tout (volume, poids, distances, nombre des astres, etc.) tombent le plus facilement du monde, si nous entendons qu'aucune dimension ne sera épuisée par la quantité abstraite, que nous ne parvenons pas à voir dans l'univers, sans limite, un tout, une somme, un nombre, et qu'il n'est pour notre pensée qu'une occasion de compter indéfiniment. — En vain objectera-t-on que dans toutes les circonstances où l'esprit se met à compter, il y a nécessairement un nombre; le géomètre sera particulièrement disposé à rejeter un pareil postulat : n'a-t-il pas considéré lui-même à chaque instant des éléments relativement concrets auxquels il a renoncé à faire correspondre un nombre, — à moins, bien entendu, que l'on appelle de ce nom tel symbole dont la signification rappellera justement l'absence de tout nombre fini?

Ainsi les circonstances plus ou moins réelles où il peut être question d'infini ne semblent pas constituer deux domaines radicalement distincts, l'un idéal, l'autre concret, auxquels doivent nécessairement correspondre des attitudes opposées. L'habitude que le mathématicien acquiert de manier l'infini à divers degrés de réalité concrète, et les tendances qu'elle fait naître pourront le conduire tout naturellement à apporter le même état d'esprit dans ses vues générales sur le monde qui nous entoure : le plus ordinairement, il sera infinitiste, et optera pour les antithèses des antinomies kantiennes.

*
* *

Nous avons passé en revue un certain nombre de dispositions ou tendances générales capables d'orienter la réflexion philosophique dans telles directions de préférence à telles autres : nous n'avons certainement pas épuisé la liste des courants de quelque importance qui peuvent se manifester dans la pensée humaine.

D'autre part, l'action exercée sur une âme par la culture mathématique peut dépendre elle-même de conditions dont nous n'avons pas parlé et que d'ailleurs il serait impossible d'énumérer complètement : le tempérament personnel de l'homme, le milieu où il a vécu, la religion où il a été élevé, etc. Il n'y a dans ces sortes de catégories que nous avons examinées que des cadres pourvus de fort peu de matière : une foule de penseurs idéalistes présenteront des nuances infiniment variées ; les conceptions dynamistes de Kant, dans sa philosophie de la nature, ne ressemblent pas à celles d'Aristote, et ainsi de suite. Le résultat de cette étude est donc avant tout de nous guider à travers les recherches complexes que nous entreprenons en nous donnant d'avance, avec un programme commode, des indications capables non point de déterminer toutes nos conclusions, mais de jeter sur elles quelque lumière.

LIVRE PREMIER

LES PRÉDÉCESSEURS DE PLATON

LES IONIENS. — LES PYTHAGORICIENS. — LES ÉLÉATES
ANAXAGORE. — DÉMOCRITE

INTRODUCTION

LA GÉOMÉTRIE RATIONNELLE EST L'ŒUVRE DES GRECS

La mathématique des Grecs est autochtone, et c'est avec les Ioniens du VIe siècle que s'ouvre pour nous l'histoire de la géométrie. Les voyages qu'ils entreprirent ne furent certes pas sans action sur leurs recherches : les vieilles civilisations d'Orient et d'Égypte offraient à l'esprit jeune et audacieux des Hellènes une foule énorme de connaissances pratiques sur lesquelles il allait élever la spéculation théorique et rationnelle.

D'ailleurs sur cette part qui revient aux étrangers dans la science grecque nous pouvons aujourd'hui présenter plus que des conjectures. Parmi les documents que nous ont fournis les fouilles de ce siècle, et qui peuvent jeter un jour sur les connaissances mathématiques des Égyptiens, le plus important est le papyrus de Rhind[1]. On n'a pu en fixer la date, mais il y a de fortes raisons de penser qu'il remonte à la xviiie dynastie. Il contient un assez grand nombre de problèmes d'arithmétique et de géométrie. Les premiers présentent quelque intérêt par ce qu'ils nous apprennent de l'arithmétique pratique des Égyptiens et par les rapprochements qu'on en peut faire de certaines manières de calculer des Grecs, mais ils ont en vue des règles de la vie usuelle et ne manifestent aucune préoccupation de théorie pure. En géométrie il s'agit surtout de surfaces et de volumes à évaluer. Il a été à peu près impossible de rien comprendre aux règles suivies pour les volumes ; quant aux surfaces, l'aire d'un carré et celle d'un rectangle se calculent régulièrement ; celle d'un quadrilatère quelconque est déjà inexacte. En dehors de ces questions, il y a lieu de signaler quelques problèmes où l'on demande, à propos de certains solides, le rapport de deux longueurs, par exemple le rapport de l'arête d'une pyramide à la diagonale de la base : problèmes intéressants en ce qu'ils montrent quelque souci de la similitude, de la proportionnalité ; mais les calculs arithmétiques eux-mêmes donnaient déjà cette impression, et il est évident qu'il faut reconnaître là un

---

1. *Ein mathematisches Handbuch der Alten Ægypter*, übersetzt und erklärt von August Eisenlohr. Leipzig, 1877. — Cf. Rodet, *Sur un Manuel du calculateur découvert dans un papyrus égyptien* (*Bull. de la Soc. math. de France*, t. VI, 1878)

des faits les plus naturels, pouvant se retrouver dans une foule de manifestations de l'activité intellectuelle, sans qu'il soit permis d'y voir rien de commun avec la théorie de la similitude qu'exposera plus tard le Ve livre d'Euclide. En tous cas, le papyrus de Rhind ne porte pas véritablement la marque d'une tentative sérieuse de démonstration logique.

Clément d'Alexandrie nous a pourtant conservé un mot de Démocrite qui mérite d'appeler l'attention. « Pour la combinaison des lignes avec démonstration, aurait dit le philosophe d'Abdère, personne ne m'a dépassé, pas même ceux qu'on nomme en Égypte des *Harpedonaptes*[1] ». Les Égyptiens se seraient-ils livrés à des études de géométrie démonstrative? — Le sens du mot *Harpedonaptes* (ceux qui attachent le cordeau), quelques indications fournies par un vieux document de la collection de Berlin[2], et aussi certaines peintures égyptiennes, où l'on voit le roi lui-même, une corde et des piquets à la main, procéder à l'orientation d'un temple, laissent peu de doute sur la nature des fonctions de ces personnages que vise Démocrite. L'orientation d'un monument exigeait d'abord la détermination de la méridienne, de la ligne Nord-Sud, ce qui se faisait très simplement, puis celle de la ligne Est-Ouest, perpendiculaire à la précédente. C'est ici sans

1. Clément d'Alexandrie, éd. Potter, I, 357.
2. Cf. Cantor, *Vorlesungen*, I, p 57.

doute, suivant l'ingénieuse et très vraisemblable opinion de M. Cantor, qu'intervenait un procédé plus ou moins mystérieux, pouvant donner l'apparence d'un grand savoir, ou d'une théorie avancée, et qui devait consister en l'application de ce fait que le triangle de côtés 3, 4, 5, est rectangle. Il suffit de supposer la connaissance, dans un cas particulier, de ce que nous nommons le théorème de Pythagore. Cela nous est d'autant plus facile que quelques passages de livres chinois et hindous mentionnent, dès une époque assurément fort reculée, la propriété du fameux triangle 3. 4, 5 : et il n'y a vraiment aucune raison de rejeter la connaissance empirique d'une règle aussi commode et aussi simple chez des hommes que des constructions incessantes devaient exciter à rechercher de toutes façons des procédés ingénieux et pratiques. Rien d'ailleurs ne peut nous faire soupçonner chez les Harpédonaptes égyptiens, pas plus que chez les Chinois et les Hindous (avant la conquête d'Alexandre), la moindre tentative de démonstration du théorème de Pythagore.

À peine mentionnerons-nous certaines figures géométriques retrouvées parmi des peintures chaldéennes, représentant, par exemple, des cercles dont la circonférence est divisée en six parties égales, et nous n'insisterons pas sur le peu d'importance théorique de semblables dessins.

La tradition, il est vrai, pourrait donner à penser. Chez les auteurs anciens, la géométrie est ordinairement présentée comme étant d'origine égyptienne. Une critique prudente doit faire un choix parmi ces témoignages. Tous ceux qui ont voyagé en Égypte après la conquête d'Alexandre, et qui nous rapportent, comme Diodore de Sicile, l'opinion des prêtres égyptiens sur leur antique savoir, doivent nous être suspects. La géométrie grecque, quand elle pénétra en Égypte au IIIe siècle, avait déjà atteint un prodigieux développement, et les prêtres égyptiens furent trop tentés de la revendiquer comme leur propre bien pour que nous ajoutions foi à leurs assertions. Or, si nous remontons au delà du IIIe siècle, les témoignages relatifs aux Égyptiens sont très vagues. Hérodote dit que la géométrie est née en Égypte, et c'est cette tradition qui se transmet jusqu'à Platon et à Aristote. Mais de quelle géométrie s'agit-il ? On peut bien dire jusqu'à un certain point que les questions soulevées dans le papyrus de Rhind sont de la géométrie, géométrie assurément de beaucoup antérieure à Pythagore, mais, nous l'avons dit, c'est de la géométrie usuelle, où ne se trouve pas trace d'une théorie rationnellement constituée.

Les monuments anciens qui couvrent encore le sol de l'Égypte et de la Chaldée ne supposent à aucun degré l'existence d'une géométrie théorique, mais seulement une grande expérience, un grand art des architectes, une soumission passive et une énorme puissance de travail du personnel qu'ils dirigeaient.

Enfin les connaissances astronomiques des Chaldéens, pour citer les plus anciennes dont parle la tradition, n'exigeaient-elles pas des connaissances géométriques avancées ? Sans nous attarder aux détails et aux petits problèmes, dont on a pu longtemps s'exagérer la difficulté (détermination de la méridienne en un lieu, des solstices, des équinoxes, détermination sur la sphère céleste de l'écliptique, de l'équateur, etc...) allons droit à la question capitale, à celle des éclipses. Hérodote raconte[1] que Thalès avait prédit l'éclipse qui vint mettre fin à une bataille entre Lydiens et Mèdes. Or Thalès, un des premiers parmi les Ioniens, avait voyagé dans cette mystérieuse Égypte, qui venait de s'ouvrir tout à coup à la curiosité des Grecs : n'est-il pas naturel d'admettre qu'il y avait appris l'art de prédire les éclipses ?

Nous ne doutons plus aujourd'hui que, bien avant Thalès, Égyptiens et surtout Chaldéens ne s'essayassent couramment à des prédictions d'éclipses. Mais que faut-il en conclure ? Nous sommes bien sûrs que notre explication théorique du phénomène ne fut pas connue des Orientaux, et que leur méthode de prédiction ne reposait pas sur elle : car Thalès, Pythagore, Démo-

1. *Histoires*, I, 74.

crite, et tous ceux qui voyagèrent en Égypte ou en Orient l'auraient transmise en Grèce, et nous n'assisterions pas pendant plusieurs siècles, de Pythagore à Aristarque de Samos, aux tâtonnements progressifs des Grecs dans la recherche de l'explication des éclipses. D'autre part, il est facile de comprendre qu'il ait été possible de les prédire, en faisant abstraction de leur cause. Si les Chaldéens ont vraiment observé et noté les éclipses depuis de longs siècles, et il est impossible d'en douter, comment n'auraient-ils pas remarqué qu'au bout de dix-huit ans environ les éclipses de soleil et de lune se reproduisent périodiquement dans le même ordre et aux mêmes intervalles? Nous savons d'ailleurs positivement par des allusions trouvées dans quelques textes cunéiformes, que les prédictions ne se faisaient pas d'une façon rigoureuse, et que toutes ne se confirmaient pas.

Ainsi nous ne trouvons aucune trace réelle d'une géométrie théorique qui eût été transmise aux Grecs. Cette consultation est-elle bien décisive? Tant d'œuvres ont pu disparaître depuis des temps si reculés! tant de témoignages, sans être anéantis, peuvent encore être cachés à nos yeux! Sans doute, mais qu'on y songe; les inscriptions qui recouvrent les monuments, et les innombrables papyrus soigneusement enfouis dans les tombeaux nous ont fait pénétrer depuis le commencement de ce siècle dans les secrets les plus cachés de la civilisation égyptienne. Dans tous les ordres d'idées nous avons trouvé de quoi nous éclairer, de quoi répondre aux questions les plus indiscrètes, de quoi nous permettre de reconstituer les mœurs, les croyances, les lois des Égyptiens. Nous n'avons rien trouvé qui pût révéler l'existence d'une géométrie rationnelle et spéculative.

Et puis n'avons-nous pas aussi quelques témoignages positifs en faveur de notre opinion? Nous avons cité le mot de Démocrite; il prouve au moins que dès le v⁰ siècle les Grecs se sentaient supérieurs aux Égyptiens en géométrie. Un mot bien connu de Platon est aussi fort instructif à cet égard. Suivant lui, les Égytiens ne s'attachent qu'à la vie pratique: toutes leurs découvertes ou inventions ont un but utilitaire, ils sont indignes d'être appelés *Amis de la Science*. Et enfin, pour qui a pénétré la pensée hellène, n'y a t-il pas lieu d'être frappé de l'adaptation merveilleuse de la mathématique rationnelle aux tendances générales des Grecs, telles qu'elles apparaissent dans toutes les manifestations de leur activité intellectuelle?[1].

L'histoire des mathématiques que composa Eudème, disciple d'Aristote, achèverait probablement, si elle eût

1. Cf. notre étude sur la *Géométrie grecque, considérée comme œuvre personnelle du génie grec*. Rev. des Études grecques, 1ᵉʳ trimestre 1897. — Voir aussi dans nos *Leçons sur les origines de la Science grecque* tout ce qui concerne le part de l'Orient et de l'Égypte dans la Science grecque.

été conservée, d'ôter les derniers doutes, en nous faisant assister au développement progressif des connaissances géométriques chez les Grecs à partir du vi⁰ siècle. Du moins, nous pourrons nous reporter à ce qui reste du commentaire de Proclus sur Euclide. Bien que Proclus ne cite Eudème très probablement que par l'intermédiaire de Geminus, comme l'a montré M. P. Tannery[1] nous trouverons là les informations les plus précieuses sur les premiers travaux de géométrie de Thalès à Platon: or elles suffiront pour nous permettre de reconstituer historiquement tout le contenu des éléments d'Euclide, sans remonter au delà de Thalès.

1. *La géométrie grecque*, Gauthiers-Villars, 1887.

CHAPITRE PREMIER

LES PREMIERS IONIENS

1° La Mathématique.

« Thalès le premier, dit Proclus, ayant été en Égypte, en rapporta cette théorie (la géométrie) en Hellade. Lui-même fit plusieurs découvertes et mit ses successeurs sur la voie de plusieurs autres, par ses tentatives d'un caractère tantôt plus général (καθολικώτερον) tantôt plus restreint au concret (αἰσθητικώτερον)[1]. »

« Thalès fut, dit-on, le premier à poser et à dire que dans tout triangle isocèle, les angles à la base sont égaux ; au lieu d'*égaux* (ἴσας), il employait l'expression archaïque de *semblables* (ὁμοίας)[2]. »

« Ce théorème, quand deux droites se coupent, les angles opposés par le sommet sont égaux, a été découvert en premier lieu par Thalès, comme le dit Eudème : Euclide en a donné la démonstration scientifique[3]. »

« Eudème fait remonter à Thalès ce théorème que deux triangles sont égaux quand ils ont un côté égal

---

1. Procli commentarii, éd. Teubner, p. 65.
2. *Id.*, p. 250.
3. *Id.*, p. 299.

adjacent à deux angles égaux, car il dit que Thalès devait nécessairement s'en servir d'après la manière dont on rapporte qu'il déterminait la distance des vaisseaux en mer.¹ ...»

Ces quelques renseignements, fort précieux, (en ce qu'ils viennent plus ou moins directement d'Eudème,) montrent quelle est la nature des préoccupations géométriques que la tradition reconnaît à Thalès. C'est à l'occasion de problèmes pratiques qu'on lui attribue la connaissance de certains théorèmes. Le procédé auquel il est fait allusion pour déterminer la distance d'un point inaccessible est très vraisemblablement celui que décrit M. Tannery, et qu'il emprunte d'ailleurs à l'agrimenseur romain Marcus Junius Nipsus. ² « Soit à mesurer la distance du point A au point B inaccessible ; on élève, sur le terrain, à AB une perpendiculaire

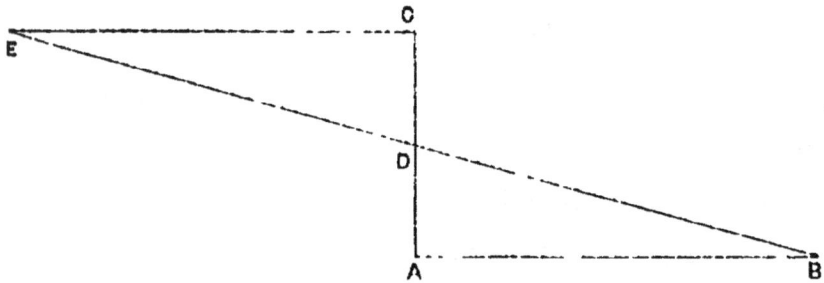

AC de longueur quelconque, que l'on divise en deux

---

1. *Id.*, p. 352.
2. *Géom. grecque*, p. 90.

parties égales au point D ; en C on élève à AC, dans la direction opposée à AB, la perpendiculaire CE jusqu'à sa rencontre en E avec la droite B D. La longueur CE que l'on mesure sera égale à la longueur cherchée. »

La justification d'un pareil procédé suppose bien connue l'égalité de deux triangles qui ont un côté égal adjacent à deux angles égaux ; mais il y a plus, le procédé repose en outre sur ce que les angles opposés par le sommet sont égaux. Or c'est là une des connaissances attribuées à Thalès par les fragments de Proclus ; et la façon même dont s'exprime celui-ci a une importance significative : « Thalès a découvert ce théorème, dit-il, mais c'est Euclide qui l'a démontré. » Ce n'est pas non plus par ce théorème une préoccupation théorique qu'on veut attribuer à Thalès. Comme le précédent, il est mentionné parce qu'il se rattache à un problème pratique. Tout, jusqu'aux expressions employées, confirme d'ailleurs ce caractère semi-spéculatif, semi-pratique des recherches de Thalès ; ὅμοιος, semblable, était employé pour ἴσος, égal : la nécessité n'apparaissait pas encore de désigner par des mots différents ces deux concepts si nettement distincts pour le géomètre, l'égalité et la similitude.

Quelques autres témoignages pourraient, il est vrai, présenter ces premières recherches sous un aspect plus désintéressé. Proclus dit, par exemple, que Thalès démontra l'égalité des deux portions en lesquelles on divise le cercle¹, mais faut-il prendre cette affirmation au sérieux ? Ce n'est pas même là un théorème d'Euclide ; dans les Eléments, cette proposition est mise au nombre des définitions. D'autre part Pamphila, d'après Diogène Laerce, aurait désigné Thalès comme ayant le premier inscrit le triangle rectangle dans un cercle. Il s'agit évidemment de cette propriété que les angles inscrits dans un demi-cercle sont droits. Les historiens des mathématiques, M. Cantor, par exemple, ont généralement conclu de ce témoignage de Pamphila à la connaissance chez Thalès de la valeur de la somme des angles d'un triangle. Eudème en attribue il est vrai la démonstration aux Pythagoriciens, mais un passage de Geminus, suivant lequel l'étude du cas général a été précédée de celle de quelques cas particuliers, a laissé croire que les cas praticuliers ont été le fait de Thalès. C'est là une opinion qui n'est rien moins que fondée, et, quant au théorème de l'angle droit, inscrit dans un demi-cercle, il n'exige pas théoriquement, pour être établi, la connaissance de la somme des angles d'un triangle. — Enfin Plutarque prétend que Thalès aurait mesuré la hauteur des pyramides d'après leur ombre comparée à celle d'un bâton. En réalité, le problème attribué à Thalès par une tradition plus ancienne est plus simple. Diogène Laerce

1. Procli commentarii, Teubner, p. 157.

nous permet de corriger Plutarque sur ce point, en invoquant lui-même le témoignage de Hieronyme de Rhodes, contemporain d'Eudème. « Hieronyme de Rhodes dit que Thalès mesura les pyramides en observant l'ombre, quand elle nous est égale. » La question se réduit au fond à cette remarque que lorsque l'ombre d'un objet lui est égale, il en est de même au même instant pour tous les objets ; ce qui n'implique en somme la nécessité d'aucune recherche théorique importante.

En astronomie, la tradition veut que Thalès ait mesuré le diamètre apparent du soleil, déterminé les saisons astronomiques, enfin et surtout prédit une éclipse, mais tout permet de supposer qu'il ne faisait en somme que vulgariser en Grèce des connaissances acquises en Égypte, « et dont le caractère pratique, dit M. Tannery, est en général assez nettement accusé ».

Bref, sans insister davantage, il semble que le caractère scientifique des recherches de Thalès ait été très clairement indiqué dans les quelques mots de Proclus relatifs à son œuvre géométrique. Les considérations abstraites qu'elles peuvent présenter se dégagent malaisément de préoccupations d'ordre pratique et concret.

Les données scientifiques relatives à Anaximandre et à Anaximène sont des plus vagues : ce que nous y trouvons de plus important c'est la tentative d'apprécier les distances de la terre aux astres errants et aux étoiles fixes, problème déjà passablement ardu, et pouvant comporter quelque méthode théorique sur laquelle nous ne possédons aucun renseignement.

D'une façon générale, les Ioniens ont été les initiateurs des recherches mathématiques chez les Grecs, mais c'est surtout en servant d'intermédiaires entre eux et les vieilles civilisations orientales. On ne peut déjà plus dire avec Thalès, Anaximandre et Anaximène, que la géométrie n'est qu'un ensemble de règles empiriques, ni que l'astronomie se réduit à une série de procédés et de préoccupations pratiques. L'élan est donné à des travaux de théorie et de spéculation, et la mathématique rationnelle va se constituer en Italie avec Pythagore et ses disciples.

2° Les Concepts

Les peuples orientaux trouvaient dans leurs livres sacrés et dans leurs mystères la réponse à toutes les questions qu'ils pouvaient se poser sur le monde. Les Ioniens semblent avoir été les premiers à chercher systématiquement une explication naturelle des choses.

Deux affirmations, répétées par tous les commentateurs, résument ce qui nous reste de la pensée de Thalès : « L'eau est le principe de toutes choses. — Le monde est plein de dieux. »

S'il faut en croire Aristote, Théophraste, et la plupart des doxographes grecs, Thalès fondait sa première affirmation sur une observation courante. « Il tira probablement son hypothèse, dit Aristote (Met., I, 3,), de ce fait d'observation que la nourriture de tous les êtres est toujours humide, que la chaleur même vient de l'humidité, et que c'est l'humidité qui fait vivre tout ce qui vit... Il ajouta cette observation que les germes de tous les êtres sont de nature humide, et que l'eau est le principe naturel de tous les corps humides. » « Les apparences sensibles le conduisaient à cette conclusion, dit Théophraste, (Simplicius, in Phys., 6 a), car et ce qui est chaud a besoin d'humidité pour vivre, et ce qui est mort se dessèche, et tous les germes sont humides, et tout aliment est plein de suc[1]...» Et ainsi de suite.

C'est déjà de l'audace de parler au nom de l'évidence, de quelque ordre qu'elle soit, et non point au nom d'une autorité qui s'impose du dehors à l'intelligence humaine : cela suffit pour que Thalès mérite la place qui lui est laissée dans l'histoire de la science et de la philosophie. Est-ce tout cependant? la thèse du penseur ionien ne présente-elle en elle même aucun intérêt ? A la regarder de près, n'y trouvons-nous pas déjà un mélange de préoccupations concrètes et de quelques tendances d'ordre plus abstrait, qui rappellent précisément les caractères de la mathématique

---

[1]. Trad. Tannery. *Pour la science hellène*, p. 76.

ionenne? C'est au monde sensible que sont empruntées les observations premières, et c'est à un élément sensible et concret, à un élément qui se voit et qui se touche, à l'eau, qu'on demande d'engendrer toutes choses ; mais en même temps, dans cette tentative de ramener la multiplicité infinie des phénomènes à un principe unique, dans ce désir d'atteindre à la cause de tout ce qui tombe sous nos yeux, et de la chercher dans une transformation générale qui a pour point de départ un élément primordial, n'y a-t-il pas la marque d'une pensée qui non seulement veut être indépendante, mais aussi qui veut prendre son essor par delà les bornes étroites où l'enserre le monde des sens ? A cet égard, c'est déjà un commencement d'idéalisme.

Le système d'ailleurs, si un terme semblable est permis pour Thalès, est encore vague et imprécis, puisque, à côté de l'unité idéale qui se cache sous la variété des choses, se trouve affirmée la multiplicité infinie des puissances de la nature. La tradition veut que Thalès le premier ait observé les propriétés attractives de certaines substances : il n'en fallait sans doute pas davantage pour lui faire dire que le monde est animé et plein de démons. Par là nous touchons au dynamisme le plus naïf, à celui qui est le plus voisin du primitif polythéisme, et qui devait trouver sa place dans les premiers tâtonnements de l'intelligence humaine cherchant à expliquer l'univers.

En résumé, et autant que permettent d'en juger les quelques fragments relatifs à Thalès, la pensée philosophique en est avec lui à ses premiers tâtonnements. Une confiance irréfléchie dans l'intelligence humaine s'y manifeste sans doute, mais c'est pour formuler des jugements où tout à la fois se trouvent impliquées des exigences contradictoires de multiplicité concrète et vivante, et d'unité sinon abstraite, du moins suffisante dans sa généralité pour servir de support à la production de toutes choses. Les tendances abstraites vont se préciser avec Anaximandre.

Le principe de toute matière que Thalès voyait dans l'eau, Anaximandre le trouve dans un élément qu'il nomme ἄπειρον. Que désigne-t-il par ce mot, comment a-t-il été conduit à un semblable élément? Théophraste, dans un fragment conservé par Simplicius, nous répond ainsi : « Anaximandre entend par l'ἄπειρον non pas l'eau ou quelque autre des éléments que nous reconnaissons, mais une certaine nature indéfinie différente, de laquelle se seraient formés tous les cieux et tous les mondes qu'ils ont contenus : c'est de là que proviennent les êtres, c'est en cela aussi qu'ils se dissipent suivant une loi nécessaire... Il est clair que, considérant la transformation réciproque des quatre éléments, il a jugé à propos de prendre comme substratum non pas l'un d'eux mais quelque chose de différent. D'ailleurs il n'attribue pas la génération au changement de l'élément, mais à la séparation des contraires, par suite du mouvement éternel[1]. » — Ces renseignements sont confirmés par un certain nombre d'allusions d'Aristote, et aussi par le témoignage de la plupart des commentateurs. Il s'en dégage avant tout que l'ἄπειρον n'est aucun des éléments connus tels que eau, terre, air, feu. Est-ce quelque chose d'intermédiaire entre deux de ces corps ? Zeller a montré qu'une affirmation semblable ne pourrait s'appuyer sur aucun texte d'Aristote. Le principe d'Anaximandre est une φύσις ἀόριστος, comme dit Théophraste, une nature indéterminée, sans propriété qualitative qui puisse se désigner avec précision, et d'où peuvent sortir toutes choses. C'était pour Thalès une matière visible et pr¹. able qui se trouvait à l'origine de toute génération, c'est pour Anaximandre une substance qui non seulement échappe à tous les sens, mais même dont on ne peut nommer aucune propriété sensible déterminée. Si nous voulons expliquer ce qu'est l'ἄπειρον, ce ne sera plus en désignant tel corps qu'il nous est donné de rencontrer, en décrivant les impressions diverses qu'il peut produire sur nous, mais seulement en définissant son rôle primitif et caché. C'est dire que le principe auquel s'élève le Milésien n'est plus un élément concret, c'est une idée, un concept. L'observation courante l'a sans doute suggéré : les transforma-

---

[1]. Traduction P. Tannery, *Pour la science hellène*, p. 115.

tions réciproques des quatre éléments, comme dit Théophraste, y ont conduit Anaximandre. Mais du moins ce n'est déjà plus, comme pour Thalès, une impression reçue qui reste pour servir de fondement aux autres, ce n'est déjà plus simplement un des éléments perçus qu'on sépare des autres par abstraction, pour lui attribuer une fonction prépondérante. La pensée philosophique aboutit dès maintenant à une conception suggérée par les faits, mais les dépassant pour les mieux expliquer.

Cette conception était destinée à un rôle important dans l'histoire de la philosophie grecque : ne la retrouvera-t-on pas plus tard, sous des aspects divers, chez Platon et chez Aristote ? Chez l'un elle se sera dépouillée de tout contenu et désignera une sorte de réceptacle capable de tout recevoir ; chez l'autre elle deviendra le principe métaphysique capable de revêtir, en se déterminant, les formes contraires. Mais au fond un lien étroit rattachera à l'ἄπειρον d'Anaximandre *le lieu, le réceptable, la nourrice de toute génération*, dont il est question dans le Timée, ainsi que *la matière* d'Aristote. Et c'est d'ailleurs ce que semblent avoir compris la plupart des commentateurs.

Du moins nous n'avons eu en vue jusqu'ici que la conception qualitative du premier principe. Lorsque le mot qui le désigne reviendra plus tard sous la plume de Platon, il prendra un autre sens. L'ἄπειρον est présenté dans le Philèbe comme s'appliquant à toute chose susceptible de plus ou de moins, mais d'une façon vague, sans précision rigoureuse : il désigne alors l'indétermination quantitative. Faut-il attendre Platon pour que cette évolution s'accomplisse dans le concept de l'ἄπειρον? Faut-il même attendre les Pythagoriciens, auxquels sur ce point Platon se rattachera directement? Est-ce que déjà, avec les Milésiens, il n'entre pas dans le concept de l'ἄπειρον quelque préoccupation quantitative?

D'abord rappelons cette hypothèse tant de fois mentionnée par Aristote, suivant laquelle la matière primitive, au point de vue de la densité, tiendrait le milieu entre l'eau et l'air, ou entre l'air et le feu. De nombreux commentateurs anciens et modernes ont vu là une allusion à Anaximandre : Zeller nous semble avoir victorieusement réfuté cette opinion. Mais il n'en reste pas moins que c'est certainement quelque physiologue d'Ionie qu'Aristote a visé, et nous ne risquons pas de nous tromper beaucoup en déclarant que, très près sans doute d'Anaximandre, il entrait dans la définition de l'élément premier une indétermination quantitative des diverses qualités des choses.

Mais de plus et surtout, nous n'avons pas dit encore tout ce que comportait la signification de l'ἄπειρον d'Anaximandre. Aristote y reconnaît une certaine infinitude : la matière première serait non seulement indéterminée mais aussi *infinie*, au sens quantitatif du mot. Comment faut-il l'entendre ? Teichmüller et, après lui, M. Tannery ont insisté avec la plus grande énergie sur l'impossibilité où se trouvait le Milésien d'attribuer au monde une étendue infinie, quand, en même temps, il se le représentait sphérique et tournant autour de son axe. Ils ont mis en évidence la contradiction manifeste qu'implique l'idée d'une rotation infinie, refusant de croire qu'un homme d'une imagination aussi claire ait pu accepter une semblable contradiction. L'argument — que nous avions adopté nous-même dans nos « Leçons sur les origines de la science grecque » — ne nous paraît plus aussi décisif, parce qu'il ne nous semble pas prouvé qu'Anaximandre ait eu particulièrement en vue, dans le mouvement universel qui détermine la production de toutes choses, la rotation du cosmos autour de son axe. Mais en tous cas il est possible d'arriver aux mêmes conclusions, c'est-à-dire de rejeter l'étendue infinie du monde d'Anaximandre, en laissant de côté la révolution diurne. D'une part il résulte du témoignage fort clair d'Aristote (de Cœlo, II. 13. 295 *b*) que pour le Milésien la terre est en équilibre au centre de l'univers, précisément parce qu'en tous sens elle est également éloignée de ses limites. Le monde a à ses yeux une sphéricité parfaite : n'y a-t-il pas là déjà de quoi rendre difficile à saisir l'infinitude de ce monde ? Pour une imagination qui veut rester claire, n'est-il pas étrange de parler d'égalité de distance aux limites [ἔσχατα], quand ces limites sont supprimées? De plus, et surtout, il ne pourrait rester un doute, et il n'y aurait lieu d'insister que si quelque texte important attribuait au monde d'Anaximandre une étendue infinie. Or il ne nous paraît pas qu'il en soit ainsi.

Nous devrions peut-être distinguer l'univers constitué, organisé déjà, et le principe premier dont il se dégage sans cesse. Simplicius (Phys. 5, *b*, *b*) a probablement mal compris de quel infini il est question quand il qualifie de ἄπειρον τῷ μεγέθει l'élément d'Anaximandre. Aristote ne vise-t-il pas notre Milésien aussi bien que d'autres quand il parle de cet élément infini, air ou quelque chose de tel, que les physiologues placent à l'extérieur du cosmos? Il ne paraît pas prouvé, comme le voudrait M. Tannery, que les Pythagoriciens aient été les premiers à entourer le monde d'une sorte de fluide infini. Et en tous cas la rotation du ciel ou simplement sa sphéricité, qui s'opposaient à l'infinitude du cosmos, n'empêchaient nullement celle du principe indéterminé qui l'enveloppait.

Mais il est inutile de prolonger cette discussion. Nous n'avons pas besoin de savoir si Anaximandre a donné une étendue infinie à sa matière première. Il paraît certain, et nous ne voyons pas en quoi le témoignage d'Aristote serait ici suspect, que l'ἄπειρον du Milésien est bien quantitativement infini en un certain sens, puisqu'il doit fournir pour toute l'éternité l'élément générateur des créations futures. « ἵνα γὰρ γένεσις μὴ ἐπιλείπῃ ἀναγκαῖον ἐνεργείᾳ ἄπειρον εἶναι σῶμα αἰσθητόν », dit Aristote[1]. Il y a bien là l'affirmation d'un infini réalisé en un corps concret, sans qu'il soit nécessaire d'y voir un infini d'étendue. Aristote exprime cette idée qu'il faut une matière infinie, afin que jamais la génération ne fasse défaut. Et pour ne pas viser nécessairement l'infini spatial, l'idée d'Anaximandre ne nous intéresse pas moins comme manifestation précoce de la maturité de l'esprit grec. L'ἄπειρον d'Anaximandre contient de quoi produire indéfiniment ; il ne contient pas toutes réalisées l'infinité des créations futures, mais sa masse est inépuisable, et indéfiniment il formera des corps nouveaux ; c'est à la fois un infini en acte et un infini en puissance. Une masse est réalisée, capable d'engendrer à l'infini.

Ces remarques se trouvent éclaircies si l'on se demande comment se produit la génération des choses. Certaines expressions d'Aristote, mélange, séparation, division, employées à propos de l'ἄπειρον et de la façon dont les substances y sont contenues et s'en dégagent, pourraient à première vue faire illusion. On pourrait être tenté de voir dans la matière primitive véritable-

---

1. Phys., III, 8.

ment contenues et juxtaposées toutes les substances qui doivent en sortir indéfiniment. Zeller a clairement montré qu'il n'en est pas ainsi, et qu'Anaximandre, tout en faisant jouer au mouvement éternel de l'ἄπειρον le rôle primordial dans la génération, entend cette génération au sens vital et dynamique du mot plutôt qu'au sens purement mécanique. Le mécanisme, entendu comme conception additive des choses à expliquer, et comportant la présence éternelle dans la matière primitive des substances et des qualités, n'apparaîtra qu'un peu plus tard avec les physiciens du vᵉ siècle, après les efforts des penseurs d'Italie.

Enfin, si l'infini spatial n'a pas été affirmé, Anaximandre — nous y avons fait allusion en passant — réclame, pour son principe premier et pour le monde, l'éternité dans le passé comme dans l'avenir. Et déjà se fait jour, avec la naïveté d'une pensée trop jeune encore, mais aussi avec l'avidité d'un esprit qui veut une explication intégrale des choses, et n'admet pas de limite à l'application de la causalité, un système évolutioniste qui, plus de deux mille ans d'avance, fait vaguement songer à la cosmogonie de Kant et de Laplace, comme au transformisme de Lamark et de Darwin. Sous l'action du mouvement éternel le monde s'organise tel que nous le voyons aujourd'hui ; mais il est destiné à se désagréger, et de l'ἄπειρον sortiront successivement et indéfiniment des mondes nouveaux. Pas de commencements absolus : la forme même des animaux, de l'homme par exemple, ne serait que le terme d'une lente évolution[1].

D'Anaximandre à Anaximène le progrès est moins considérable que de Thalès à Anaximandre : il est cependant réel. D'une part le choix d'un élément concret, l'air, pour en faire le principe de toutes choses, marquerait plutôt un recul sur la pensée de son prédécesseur, qui ne laissait à sa matière première aucune qualité sensible déterminée. Mais en même temps, et c'est surtout ce qui fait l'originalité d'Anaximène, on voit bien plus clairement que pour Anaximandre que l'élément primitif n'est à aucun degré un mélange ni une combinaison des qualités et des substances qui en naîtront. L'air est une essence unique et homogène qui, suivant son degré de raréfaction ou de condensation, devient toute chose. Il n'y a dans l'univers, dans le monde inorganique comme aussi dans le monde vivant, sous l'infinie diversité des apparences, qu'une seule substance, qu'un substratum unique, l'air, à des états différents. Anaximène offre ainsi les marques d'un monisme curieux, effort précoce d'une pensée qui d'instinct va droit aux conceptions les plus compréhensives, en ce sens que par l'unité de substratum la totalité des choses est posée dans une relation fondamentale : la causalité s'exprime d'un coup par une

1. Philosophumena, I, 6 ; Ps. Plut. Strom 3, etc. Cf. Tannery, *Science hellène*, p. 114-115.

fonction universelle de tous les phénomènes. Certes les idées sont loin d'être précises et rigoureuses, mais elles impliquent déjà tout au moins les tendances qui caractérisent des esprits avides de science parfaite.

La chronologie d'Anaximandre et d'Anaximène est impossible à fixer avec quelque certitude, il est permis de penser que, bien qu'éloignés de la grande Grèce, ils n'ont pas ignoré le mouvement scientifique qui se produisait en Italie. Dans le monde grec du vi^e siècle disséminé loin du sol continental, les communications sont plus fréquentes et plus aisées qu'on pourrait croire. Pour la géométrie en particulier il est naturel d'admettre que les recherches de l'Ecole italique aient eu leur répercussion en Ionie. On a vu en tous cas que, par leurs exigences scientifiques d'un genre spécial, Anaximandre et Anaximène pourraient refléter l'influence d'une pensée mathématique déjà mûre.

Près d'eux, dans les colonies de la mer Egée, un certain nombre de physiologues fourniraient peut-être encore quelques remarques intéressantes, si nous pouvions les mieux connaître. Nous nous bornerons à dire un mot d'Héraclite d'Ephèse. Bien que d'une façon générale son attitude soit celle d'un esprit religieux plus que d'un savant, il a très probablement subi, — plus qu'il ne semble le croire lui-même, — l'influence des Pythagoriciens. Sa cosmogonie ressemble beaucoup à celle des Milésiens. Sa philosophie générale s'en distingue, non pas seulement parce que *le feu* est pour lui le principe fondamental de toutes choses, mais surtout parce qu'il ne voit plus dans cet élément une substance ayant le moindre caractère de fixité. A ses yeux rien n'est stable, rien n'est permanent dans la nature; tout change, tout coule. Le feu a pour caractère essentiel de se transformer d'une façon continue et de donner lieu sans cesse au développement des contraires. Mais ces contraires, à mesure qu'ils sont produits, se détruisent et se fondent dans l'unité. Le principe premier, en tant qu'il devient principe d'harmonie, est le λόγος divin. C'est surtout par ce concept de l'unité dans le multiple et de l'harmonie des contraires qu'Héraclite nous offre un écho lointain et vague de la pensée pythagoricienne ; et par là aussi il dépasse la physique ionienne. Il la dépasse encore par quelque rudiment de distinction philosophique apportée dans les procédés de la connaissance. Pour parvenir à la vérité, l'homme doit se défier des sens et fuir les opinions des autres : il doit chercher par son propre effort à atteindre l'essence éternelle, la raison universelle et divine.

Mais, n'insistons pas : avec Héraclite nous sommes loin encore du foyer même de la pensée mathématique. Il est temps de nous y transporter, et d'aborder enfin l'étude des véritables créateurs de la géométrie grecque, c'est-à-dire des Pythagoriciens.

CHAPITRE II

LES PYTHAGORICIENS

1° L'Œuvre scientifique.

Proclus déclare, d'après Eudème, que « Pythagore transforma l'étude de la géométrie et en fit un enseignement libéral, car il remonta aux principes supérieurs et rechercha les problèmes abstraitement et par l'intelligence pure[1] ». Tout nous fait penser que ce mot caractérise ce qu'il y eut d'essentiel dans l'œuvre mathématique des premiers Pythagoriciens. Constituer une géométrie rationnelle et démonstrative, une arithmétique théorique ayant pour objet les propriétés générales des nombres, une astronomie différant fort peu elle-même d'une géométrie spéculative, une musique enfin traitant d'une façon abstraite et mathématique des intervalles et des accords, telle semble avoir été l'une des préoccupations fondamentales de Pythagore et de ses disciples. C'est à eux qu'il faut faire remonter la séparation de deux branches désormais distinctes, l'une théorique et abstraite, l'autre concrète et appliquée, dans chacun des domaines scientifiques. En particulier la géométrie se trouvait ainsi dédoublée en géo-

[1] *Procli commentarii*, éd Teubner, p. 65.

métrie proprement dite et en géodésie : et de même l'arithmétique se partageait en arithmétique et en logistique. Les Grecs ont pu montrer quelque ingéniosité dans le perfectionnement des procédés pratiques de calcul et de mesures, mais nous savons très-mal quelles modifications ils ont pu apporter à un ensemble de règles que leur léguaient les civilisations d'Orient et d'Égypte. Ce qui nous intéresse davantage, ce en quoi leur originalité se montre sans réserve, c'est la mathématique pure et désintéressée.

Géométrie. — « Eudème fait remonter aux Pythagoriciens, dit Proclus, l'invention de ce théorème que dans un triangle la somme des angles vaut deux droits, et il dit qu'ils le démontraient comme il suit : Par le sommet A du triangle ABC menons DE parallèle à BC. Puisque BC, DE sont parallèles, et que les angles alternes internes sont égaux, on a $\widehat{DAB} = \widehat{ABC}$, et $\widehat{EAC} = \widehat{ACB}$. Ajoutez de part et d'autre $\widehat{BAC}$. On aura donc $\widehat{DAB} + \widehat{BAC} + \widehat{CAE}$, c'est-à-dire $\widehat{DAB} + \widehat{BAE}$, c'est-à-dire deux droits, $=$ la somme des angles du triangle ABC. La somme des angles d'un triangle est égale à deux droits. Telle est la démonstration des Pythagoriciens[1]. »

La démonstration est déjà exactement sur le type de celles d'Euclide, et, en l'espèce, elle suppose ici connue la théorie des parallèles.

1. *Procli commentarii*, p. 379.

« Si six triangles équilatéraux ou trois hexagones ou quatre carrés assemblés par le sommet remplissent exactement quatre droits, et ce sont les seuls, c'est là un théorème pythagoricien[1]. »

Les Pythagoriciens étudièrent donc les polygones réguliers.

« Si l'on écoute ceux qui veulent raconter l'histoire des anciens temps, à propos du théorème du carré de l'hypoténuse, on peut en trouver qui attribuent ce théorème à Pythagore et lui font sacrifier un bœuf après sa découverte[2]. »

Le théorème était vraisemblablement connu depuis longtemps, dans le cas particulier du triangle de côtés 3, 4, 5, en Égypte, en Chine et dans l'Inde. Pythagore eut sans doute à le généraliser et à en donner une démonstration, sur laquelle nous ne savons d'ailleurs absolument rien.

« Ce sont, nous dit-on d'après Eudème, d'anciennes découvertes dues à la muse des Pythagoriciens, que la parabole des aires, leur hyperbole ou leur ellipse. C'est de là que plus tard on prit ces noms pour les transporter aux sections coniques ; tandis que pour ces hommes anciens et divins, c'était dans la construction plane des aires sur une droite déterminée qu'apparaissait la signification des termes. Si vous prenez la droite tout entière et que vous

---

[1]. *Procli commentarii*, p. 304.
[2]. *Id.*, p. 426.

G. MILHAUD. — *Philosophes-Géomètres*

y terminiez l'aire donnée, on dit que vous faites la parabole de cette aire ; si vous lui donnez une longueur qui dépasse la droite, c'est l'hyperbole ; si une longueur qui lui soit inférieure, c'est l'ellipse, une partie de la droite restant en dehors de l'aire construite[1]. »

Ce passage est d'une extrême importance. Les problèmes dont il est ici question, et dont Euclide achève de nous donner le sens précis, reviennent en somme à la construction de longueurs dont on connaît d'une part le produit (l'aire du rectangle construit sur ces longueurs), et d'autre part la somme ou la différence. En langage moderne, S désignant l'aire donnée, p la droite donnée, la question revient à déterminer une longueur x satisfaisant à l'une des trois équations :

$$S = px$$
$$S = px + x^2$$
$$S = px - x^2$$

et le problème peut s'énoncer ainsi dans les 3 cas :

1° Trouver une longueur X telle que le rectangle construit sur AB et X ait une aire égale à S (fig. 1).

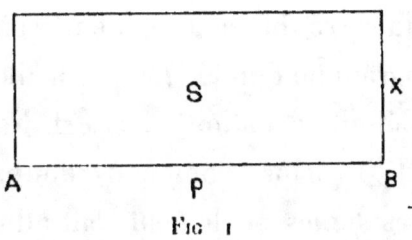

Fig. 1

[1]. *Procli commentarii*, p. 419, 420.

2° Trouver une longueur $BC = X$ telle que le rectangle construit sur les deux longueurs AC ou $(p + X)$ et X, c'est-à-dire le rectangle $ACDE$ (fig. 2) ait une aire égale à S.

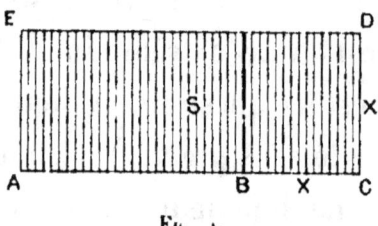

Fig. 2.

3° Trouver une longueur $BC = X$ telle que le rectangle construit sur AC ou $(p - X)$ et X, c'est-à-dire le rectangle $ACDE$ ait une aire égale à S (fig. 3).

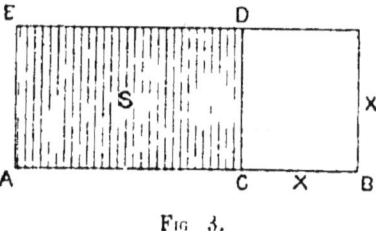

Fig. 3.

Plus généralement Euclide dans le livre II (28 et 29) substitue au rectangle à construire un parallélogramme tel que le parallélogramme qu'il faut ajouter ou retrancher (à la place du carré du cas précédent) soit semblable à un parallélogramme donné. Le problème revient alors à celui que définit l'équation $S = px \pm Kx^2$. La suite de la citation de Proclus, dont nous donnions ci-dessus les premières lignes seulement, fait allusion aux problèmes traités par Euclide, et se termine ainsi : « Voilà ce qu'est la parabole d'après l'antique tradition venue des Pythagoriciens. » On ne saurait plus nettement leur attribuer la solution du problème général tel qu'il a été traité par Euclide.

Cette solution suppose la connaissance du rapport des aires de deux polygones semblables. Du reste, en dehors de Proclus, Plutarque attribue cette connaissance à Pythagore : il ajoute même que le sacrifice dont parle la tradition doit avoir eu pour occasion ce problème : construire une figure équivalente à une figure donnée et semblable à une figure donnée, bien plutôt que le théorème du carré de l'hypoténuse. D'un autre côté Hippocrate de Chios, dans son fameux travail sur les lunules, prouvera, vers le milieu du ve siècle, qu'il connaît le rapport des aires de deux figures semblables déjà étendu à des segments de cercle [1].

On peut enfin faire remonter aux Pythagoriciens la construction des polyèdres réguliers. Le Timée sur ce dernier point apporte une confirmation sérieuse. D'après l'exposé que Platon met dans la bouche du savant pythagoricien, le feu, l'air, l'eau et la terre ont les formes du tétraèdre, de l'octaèdre, de l'icosaèdre et du

---

1. Cf. outre la *Géom. grecque* de P. Tannery, l'étude du même auteur, *De la solution des problèmes du second degré avant Euclide*, dans les Mémoires de la Société des Sciences physiques et naturelles de Bordeaux, t. IV. — Les traductions des fragments de Proclus sont empruntées à M. P. Tannery.

cube, et le démiurge utilise le dodécaèdre pentagonal pour tracer le plan de l'univers dans son ensemble. L'origine pythagoricienne de la théorie des polyèdres réguliers est d'ailleurs suffisamment prouvée encore par un passage de Philolaüs faisant une allusion très claire aux cinq polyèdres réguliers inscrits dans la sphère. Quant au dodécaèdre régulier, le problème de sa construction revient à celle du pentagone régulier. La légende du pythagoricien Hippasus, précipité dans la mer pour avoir publié cette construction; puis la légende suivant laquelle le pentagone étoilé servait de signe de ralliement aux Pythagoriciens, — donnent une dernière confirmation à cette opinion que les Pythagoriciens ont non seulement étudié les cinq polyèdres réguliers, mais encore ont su construire le pentagone régulier, ce qui exige la division d'une droite en moyenne et extrême raison.

En résumé, il est une façon assez simple de se faire une idée du contenu de la géométrie pythagoricienne. Prenons les Éléments d'Euclide, faisons abstraction pour le moment des livres arithmétiques (VII, VIII, IX). Supprimons le livre V sur la proportionnalité, le livre X sur les incommensurables, ainsi que ce qui concerne les volumes dérivant de la mesure de la pyramide : ce qui reste représente à peu près le fonds qui appartenait déjà à l'école de Pythagore. — Ces remarques trouveront d'ailleurs leur confirmation dans la suite, car nous verrons précisément avec Eudoxe et Théétète se compléter les théories de la proportionnalité, des incommensurables et de la mesure des volumes.

Quant à la forme, elle était déjà semblable à celle d'Euclide. La méthode démonstrative est suffisamment caractérisée par Eudème, quand il déclare que Pythagore remontait aux principes supérieurs et s'adressait à l'intelligence pure. Nous en avons eu un exemple dans la démonstration du théorème relatif à la somme des angles d'un triangle ; nous en avons d'autres. Ainsi un mot d'Aristote nous permettra d'attribuer aux Pythagoriciens une autre démonstration d'Euclide, celle par laquelle se trouve établie l'incommensurabilité du côté d'un carré et de sa diagonale. Sans doute il y eut une longue période, de Pythagore à Euclide, pendant laquelle les définitions se simplifièrent et se perfectionnèrent, tandis que le nombre des postulats et des axiomes devait aller sans cesse en diminuant. Nous savons que la forme parfaite du livre d'Euclide n'a pas été atteinte du premier coup. Dans son commentaire, Proclus cite plusieurs géomètres antérieurs qui avaient déjà publié des Éléments. Il nomme ainsi Hermotine de Colophon ; avant lui, Theudios de Magnésie ; en remontant encore, Léon, le disciple de Néoclide ; et enfin, au milieu du ve siècle, Hippocrate de Chios[1]. Les Éléments sont

---

1. Procli commentarii, Teubner, p. 67.

chaque fois, au dire de Proclus, supérieurs aux précédents, tantôt par le nombre et l'importance des démonstrations, tantôt par une plus grande généralité des propositions. — Enfin M. Tannery, se fondant sur un mot de Jamblique jusqu'ici mal interprété, a rendu très vraisemblable l'hypothèse de la publication, par les Pythagoriciens eux-mêmes, d'un traité de Géométrie appelé « tradition suivant Pythagore » πρὸς Πυθαγόρου ἱστορίαν. Ce fut là sans doute le modèle le plus ancien sur lequel devaient être composés plus tard les Éléments d'Euclide.

Arithmétique. — Quelques allusions d'Aristote, certains passages du Timée de Platon, le petit traité de Nicomaque (l'Introduction arithmétique), l'ouvrage de Théon de Smyrne (ce qui en mathématiques est utile pour la lecture de Platon[1]), enfin un fragment de Speusippe, neveu de Platon, telles sont les sources qui peuvent servir à donner une idée, bien sommaire d'ailleurs, de l'arithmétique pythagoricienne, dans son contenu et dans ses méthodes.

Les Pythagoriciens ont étudié les séries formées : 1° par les nombres entiers consécutifs ; 2° par les nombres impairs ; 3° par les nombres pairs, et ils ont établi que l'on a

---

[1]. M. Dupuis en a publié une traduction française. Hachette, 1892.

$$1+2+3+\ldots+n=\frac{n(n+1)}{2},$$
$$1+3+5+\ldots+(2n-1)=n^2,$$
$$2+4+6+\ldots+2n=n(n+1).$$

Les nombres obtenus par sommation des nombres entiers consécutifs $\left(\frac{n(n+1)}{2}\right)$ étaient appelés *nombres triangulaires* ; les sommes des nombres impairs étaient tout naturellement appelées *carrés* ; les sommes des nombres pairs $(n(n+1))$ formaient les nombres *hétéromèques*.

En dehors des témoignages que fournissent à ce sujet Speusippe et Théon de Smyrne, quelques passages d'Aristote sont assez significatifs. D'une part dans la liste des oppositions (dont il sera question plus loin), il fait correspondre à l'impair et au pair le carré et l'hétéromèque. D'autre part il fait clairement allusion à la génération des carrés par l'addition de nombres impairs successifs sous forme de *gnomons*. Le gnomon[1] pythagoricien est la figure coudée à angle droit telle que ABC. qui reste d'un carré quand on supprime un carré plus petit[2]. (Fig. 4).

Rien n'est plus simple que de comprendre comment

1. Cf dans Cantor, *Vorlesungen*, le chapitre relatif aux Pythagoriciens
2. La forme du gnomon indique suffisamment que le mot a été primitivement emprunté à l'astronomie. On trouve d'ailleurs l'expression κατὰ γνώμονα (suivant le gnomon). au lieu de perpendiculaire, chez Œnopide (Proclus, *Commentaire sur Euclide*) — Le sens géométrique du terme n'a pas tardé à se généraliser Chez Euclide, le gnomon est ce qui

les Pythagoriciens formaient les carrés successifs par addition de gnomons impairs. Un point représente le premier carré, l'unité, en même temps d'ailleurs

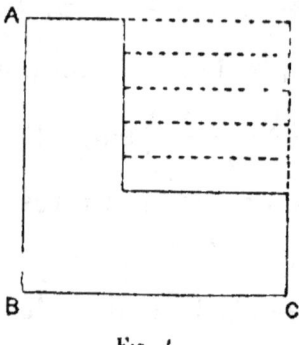

Fig. 4

que le premier nombre impair. Le carré suivant, 2^2 ou 4, s'obtient en entourant ce point d'un gnomon formé de trois points. Le carré 9 s'obtient ensuite en entourant le précédent d'un gnomon formé de cinq points, et ainsi de suite.. (Fig. 5).

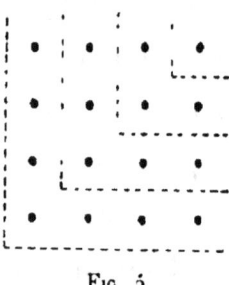

Fig 5

Quant à la formation des nombres triangulaires et des nombres hétéromèques, elle est évidemment expliquée

reste d'un parallélogramme quand on en a supprimé un parallélogramme semblable, Héron d'Alexandrie définit le gnomon tout ce qui, ajouté à un nombre ou à une figure, donne un tout semblable à ce à quoi il a été ajouté. — Cf. Cantor, *Vorlesungen*.

par les figures suivantes (fig. 6), où d'une part les triangles représentent les sommes 1, 1 + 2, 1 + 2 + 3,..... et où, d'autre part, le triangle dont la base est n apparaît manifestement comme la moitié du rectangle de $n(n+1)$ points :

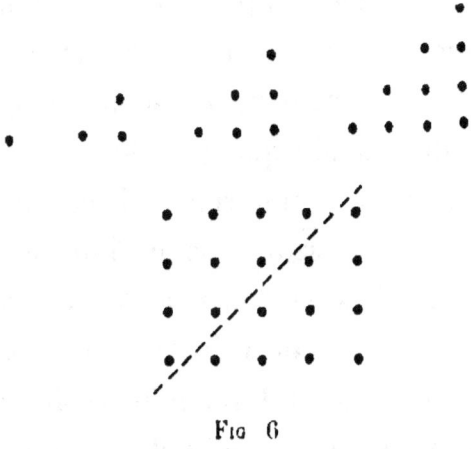

Fig 6

Les Pythagoriciens ont très probablement aussi considéré les nombres pyramidaux, sommes de nombres triangulaires successifs, et par conséquent nombres de points contenus dans des figures pyramidales. Mais nous n'avons pas à cet égard de renseignements assez précis. Ce que l'on peut citer de plus net est ce mot de Speusippe, que 4 est le premier nombre pyramidal : c'est la somme des deux premiers nombres triangulaires 1 et 3.

Les Pythagoriciens distinguaient déjà les nombres plans et les nombres solides. Ces expressions reviennent assez souvent chez les auteurs qui reproduisent la tradition pythagoricienne ; Euclide en donne la définition au commencement du VII⁰ livre. « Quand deux nombres, dit-il, se multipliant, font un nombre, celui-ci se nomme *plan* (ἐπίπεδος). — Quand trois nombres se multipliant font un nombre, celui-ci se nomme *solide* (στερεός). » Que ces distinctions remontent aux Pythagoriciens, c'est ce qui semble résulter du passage du Timée où il est dit qu'avec deux plans on peut former une progression géométrique dont ils soient les termes extrêmes, en introduisant simplement un troisième plan comme moyen géométrique : tandis que, pour former avec deux solides une progression géométrique, il faut introduire deux moyens : avec un seul ce serait impossible. Ce passage qui a exercé la sagacité de pas mal de commentateurs n'a de sens que si l'on voit dans ces *plans* et ces *solides* des nombres plans et des nombres solides répondant à la définition qu'en donne Euclide. Et avec cette interprétation, tout devient très clair : on se trouve en présence de deux propositions d'arithmétique[1]. S'il faut penser que Platon, en faisant énoncer ces propositions par Timée de Locres, en attribue la connaissance aux Pythagoriciens, on est amené à des conséquences fort importantes : d'une part A) les Pythagoriciens ont donc étudié les proportions, d'autre part B) ils ont connu l'existence des irrationnelles.

A. — Les arithméticiens grecs dont il nous reste quelques écrits s'occupent tous de ce qu'ils appellent *analogies* ou *médiétés*. Ce sont des groupes de trois

[1]. Voir plus loin l. II, ch IV.

nombres a, b, m, tels que le rapport de deux différences formées avec eux soit égal au rapport de deux d'entre eux. Ex. $\dfrac{a-m}{m-b} = \dfrac{a}{m}$.

En choisissant diversement les différences qui forment les termes du premier rapport et les termes du second, les anciens étaient amenés à étudier un certain nombre de médiétés ; ainsi Théon de Smyrne en nomme dix. Trois d'entre elles étaient certainement connues des Pythagoriciens : un fragment d'Archytas, conservé par Porphyre, en fait foi[1]. Ce sont les médiétés *arithmétique*, *géométrique* et *harmonique*, définies par les égalités suivantes

$$1° \; \dfrac{a-m}{m-b} = \dfrac{a}{a}, \quad 2° \; \dfrac{a-m}{m-b} = \dfrac{a}{m}, \quad 3° \; \dfrac{a-m}{m-b} = \dfrac{a}{b}.$$

La première donne $2m = a+b$; m est moyen arithmétique entre a et b.

La deuxième peut encore se définir : $\dfrac{a}{m} = \dfrac{m}{b}$; m est moyen géométrique.

La troisième donne $\dfrac{2}{m} = \dfrac{1}{a} + \dfrac{1}{b}$; m est moyen harmonique.

Le nom d'harmonique donné à cette dernière médiété est à lui seul une marque de son origine pythagoricienne. Un passage de Philolaüs lui-même nous éclaire sur ce

---

1. Porphyre, *Sur les harmoniques de Ptolémée.*

point. Le cube y est appelé harmonie géométrique, en ce sens qu'il a 6 faces, 8 sommets, 12 arêtes. 6, 8, 12 forment bien la médiété harmonique

$$\frac{12-8}{8-6} = \frac{12}{6}.$$

Et en même temps nous retrouvons là l'origine de la dénomination d'harmonique. Si en effet, au lieu de faire correspondre 1 à la première note de l'octave, on fait correspondre 6 pour n'avoir ensuite que des nombres entiers, c'est 8 qui correspondra à la quarte, au lieu de $\frac{4}{3}$, et 12 à l'octave, au lieu de 2[1].

Il importe de remarquer que l'étude des proportions chez les Pythagoriciens se fait à l'aide des nombres entiers. Bien que les résultats fournis par de telles proportions puissent s'appliquer, nous le savons bien, à n'importe quelle espèce de quantités proportionnelles, il n'en est pas moins vrai que théoriquement il y a une distance énorme entre une théorie des proportions faite uniquement à l'aide des nombres arithmétiques et la vraie théorie des proportions, celle qui se trouve dans Euclide exposée sur des longueurs, et telle que tout ce qui sera établi sur une proportion $\frac{A}{B} = \frac{C}{D}$ gardera sa

1. Cf. Cantor, *Vorlesungen*.

signification complète, abstraction faite de savoir si les rapports sont ou non commensurables.

B. — En second lieu, avons-nous dit, les Pythagoriciens ont connu les irrationnelles. C'est là un fait capital. Eudème dit nettement (commentaire de Proclus): « C'est à Pythagore que l'on doit la découverte des irrationnelles. » Comment y fut-il amené? Peut-être, comme le pense M. Cantor, en s'exerçant simplement à calculer l'hypoténuse d'un triangle rectangle dont les côtés de l'angle droit étaient égaux à l'unité : il pouvait, après avoir essayé des nombres compris entre 1 et 2 soupçonner qu'il n'en existe aucun qui puisse mesurer l'hypoténuse. En tous cas, c'est ce qu'il démontra, et cela n'est plus seulement une hypothèse. Aristote nous dit que la démonstration pythagoricienne est fondée sur ce qu'un même nombre ne saurait être à la fois pair et impair. Or justement l'une des démonstrations d'Euclide repose sur le même fait : c'est donc évidemment celle qui nous intéresse. La voici en substance :

Supposons que l'hypoténuse et le côté du triangle rectangle isocèle soient entre eux comme les nombres entiers, premiers entre eux, a et b. Alors on a $\dfrac{a^2}{b^2} = 2$, ou $a^2 = 2b^2$: a^2 et, par suite, a est donc un nombre pair, et dès lors b est impair. Mais soit $a = 2a'$: l'égalité $4a'^2 = 2b^2$, ou $2a'^2 = b^2$, montre que b^2, et par suite b est un nombre pair : b serait ainsi à la fois pair et impair, ce qui est absurde. Il n'existe donc pas de couple d'entiers dont le rapport, élevé au carré, reproduise 2.

Un passage du Théétète nous permet de dire que les Pythagoriciens ne s'occupèrent que de l'irrationnelle $\sqrt{2}$. Théodore de Cyrène étudia $\sqrt{3}$, $\sqrt{5}$,..... jusqu'à $\sqrt{17}$.

Le théorème du carré de l'hypoténuse, qui amena les Pythagoriciens à la découverte de l'irrationnalité, les conduisit aussi. d'après Proclus, à un problème arithmétique d'un genre spécial, à un problème indéterminé, qui peut ainsi s'énoncer : Quels sont les groupes de trois nombres entiers, tels que 3, 4, 5, qui peuvent être les côtés d'un triangle rectangle ? En langage moderne nous dirions simplement : trouver, en nombres entiers, les solutions de l'équation :

$$x^2 + y^2 = z^2.$$

Les Pythagoriciens auraient ainsi résolu la question : prendre pour le plus petit côté un nombre impair quelconque ; puis en former le carré et diviser par deux les nombres obtenus en retranchant 1 à ce carré, et en l'augmentant de 1 : les résultats trouvés représenteront l'un le second côté de l'angle droit, l'autre l'hypoténuse.

Enfin cet exposé des questions d'arithmétique pythagoricienne sera à peu près complet, du moins dans la mesure de nos connaissances, si nous ajoutons que les Pythagoriciens étudièrent les *nombres parfaits*. Un nombre parfait est un nombre qui est égal à la somme de ses facteurs. 6, par exemple, est égal à la somme $1+2+3$; $28=1+2+4+7+14$; 496 est encore un nombre parfait, etc. — Un nombre supérieur à la somme de ses diviseurs se nomme *déficient*, un nombre inférieur *abondant*. Ces distinctions qui se trouvent dans Euclide remontent certainement aux Pythagoriciens, puisque Aristote leur attribue le nombre parfait.

Mais ce qui importe, autant peut-être que leurs connaissances, c'est leur méthode en arithmétique. Euclide nous offre, au milieu de ses Éléments, un traité d'arithmétique en trois livres; mais, contrairement à ce que nous avons dit de la géométrie, ce traité ne nous donne pas une idée suffisante du véritable esprit de l'arithmétique pythagoricienne. Les démonstrations s'y font, il est vrai, avec l'appareil géométrique: les nombres, nombres entiers, sont représentés par des longueurs, et c'est sur des figures que raisonne Euclide: mais dans les Éléments, c'est la grandeur géométrique, la longueur continue, la ligne proprement dite qui sert de support à l'intuition. La tradition relative à l'arithmétique pythagoricienne nous montre au contraire des figures géométriques se présentant comme ensembles de points. Les lignes sont ici des files d'unités-points: une série de ces lignes pourra former, par exemple, un triangle : une série de triangles superposés pourra former une pyramide, etc. C'est l'étendue qui se résout en unités, de façon à correspondre au nombre, et qui devient une sorte d'étendue nombre : tandis que chez Euclide la pensée est essentiellement géométrique : on n'obtient des propositions d'arithmétique qu'en appliquant les résultats géométriques généraux des démonstrations au cas où les longueurs seraient mesurées par des nombres entiers : les propriétés des nombres ne se voient qu'à travers des propriétés géométriques.

Astronomie. — La tradition fait remonter à Pythagore, nous l'avons dit, la constitution de la *sphérique*, comme science géométrique du ciel. Quels problèmes traitait la sphérique? Il est difficile de s'en faire une idée exacte. Le pythagoricien Archytas, au début d'un écrit sur la mathématique[1], dit : « Les mathématiciens nous ont clairement enseignés sur la vitesse des astres, sur les levers et les couchers. » — Pythagore donnait au ciel la forme d'une surface sphérique : il était tout naturel qu'il se servît de la sphère pour représenter les parallèles décrits chaque jour par les fixes, en même temps qu'il essayait de construire la trajectoire des astres errants, c'est-à-dire surtout du soleil et de la lune.

1. Porphyre, *Sur les harmoniques de Ptolémée*.
G. Milhaud. — *Philosophes-Géomètres.* 7.

Le recueil d'Aetius[1] dit à propos du pythagoricien Alcméon : « Alcméon s'accorde avec les mathématiciens pour reconnaître aux planètes un mouvement d'occident en Orient opposé à celui des fixes. » — Cette distinction de plusieurs mouvements indépendants fut sans nul doute le point de départ de la sphérique pythagoricienne, et ce fut un de ses problèmes essentiels de tâcher d'expliquer la marche des planètes dans le ciel par une simple combinaison de mouvements circulaires. La question fondamentale de l'astronomie théorique était ainsi livrée aux mathématiciens, qui ne devaient cesser de la poursuivre jusqu'aux temps modernes.

Musique. — Jamblique raconte que Pythagore, entendant des forgerons frapper un morceau de fer sur une enclume, et reconnaissant dans les sons les intervalles de quarte, de quinte et d'octave, eut l'idée de peser les marteaux dont ils se servaient. Il aurait trouvé alors que celui qui rend l'octave en haut était la moitié du plus pesant ; que celui qui faisait la quinte en était les deux tiers et celui qui donnait la quarte, les trois quarts. Rentré chez lui, il aurait fixé une extrémité d'une corde et suspendu à l'autre des poids proportionnels à ces nombres, la corde aurait alors rendu des sons formant les mêmes intervalles. Ce récit est certainement inexact dans ses détails. Nous savons en effet que, pour pro-

---

[1]. Cf. P. Tannery, *Sc. hellène*, p. 204.

duire les sons indiqués avec une même longueur de corde, les poids suspendus devraient être proportionnels non pas aux nombres 2, $\frac{3}{2}$, $\frac{4}{3}$, mais à leurs carrés, 4, $\frac{9}{4}$, $\frac{16}{9}$. Ce sont les longueurs des cordes différentes, tendues par des poids égaux, qui sont proportionnelles aux nombres eux-mêmes. C'est probablement ce que dut vérifier Pythagore. Prenait-il les nombres dans l'ordre croissant $\frac{1}{2}$, $\frac{2}{3}$, $\frac{3}{4}$, 1. pour les sons de plus en plus bas, comme y conduisait naturellement la considération de la longueur des cordes ? ou bien prenait-il les nombres dans l'ordre inverse des longueurs des cordes, comme nous le faisons aujourd'hui, par considération des nombres de vibrations? il est impossible de rien affirmer à ce sujet; mais en tous cas le fait essentiel c'est que Pythagore le premier fit correspondre des nombres aux sons et constitua une théorie mathématique de la musique.

Il posa la notion de l'intervalle musical de deux sons dans le rapport des nombres correspondant à ces sons. L'excès de l'intervalle de quinte sur celui de quarte représenta pour lui le *ton*, égal par conséquent au rapport de $\frac{3}{2}$ à $\frac{4}{3}$, c'est-à-dire à $\frac{9}{8}$. — Remarquons en passant que c'est là le ton majeur de notre gamme moderne. —

Les anciens ne sentirent pas le besoin de faire jouer un rôle spécial à ce qui représente notre ton mineur, qui est l'intervalle $\frac{10}{9}$, tel que celui de mi à ré dans la gamme en ut. Enfin des insertions convenables de moyens termes donnaient aisément, pour les intervalles de la tonique à chaque note de la gamme jusqu'à l'octave :

$$1,\ \frac{9}{8},\ \frac{81}{64},\ \frac{4}{3},\ \frac{3}{2},\ \frac{27}{16},\ \frac{243}{128},\ 2.$$

Remarquons que tous les intervalles de deux sons consécutifs sont égaux à $\frac{9}{8}$, sauf ceux du 3e au 4e son et du 7e au 8e, qui sont égaux à $\frac{256}{243}$, — au lieu de la valeur $\frac{16}{15}$ qui aujourd'hui représente le demi-ton majeur.

En outre des témoignages des commentateurs anciens, nous avons, pour nous éclairer sur tous ces points, le fameux passage du Timée où Platon veut que les parties composantes de l'âme du monde soient précisément proportionnelles aux nombres de la gamme[1] : il n'y a pas à douter que la théorie musicale ainsi exposée par Timée ne doive remonter aux Pythagoriciens.

Quant à leur méthode, si, comme le veulent Macrobe

---

[1]. Voir le commentaire du Timée de Th. Martin.

et Jamblique, c'est bien vraiment l'expérience qui les conduisit aux premiers nombres, pour les intervalles de quarte, de quinte et d'octave, et quelques autres, les témoignages sont unanimes à représenter l'École comme exclusivement attentive à l'étude des nombres eux-mêmes. Par là elle s'oppose dans l'antiquité à l'école empirique d'Aristoxène qui demande à l'oreille seule de déterminer les fractions de cordes donnant les différents sons, et n'admet même pas qu'elles soient mesurables par des nombres.

Ce résumé fort incomplet assurément suffit à donner une idée de l'œuvre gigantesque qui fut accomplie par les Pythagoriciens. La science rationnelle était définivement fondée, et, par la mathématique, s'offrait à la pensée théorique et spéculative une ressource désormais inépuisable.

2° Les Concepts.

Une idée essentielle se détache de tout ce que l'antiquité nous dit des philosophes pythagoriciens : ils voient dans le *nombre* le principe des choses. Οἱ καλούμενοι Πυθαγόρειοι τῶν μαθημάτων ἁψάμενοι πρῶτοι ταῦτα προήγαγον καὶ ἐντραφέντες ἐν αὐτοῖς τὰς τούτων ἀρχὰς τῶν ὄντων ἀρχὰς ᾠήθησαν εἶναι πάντων..... dit en particulier Aristote (Met., I, 5). En vérité y-t-il lieu d'en être surpris ?

Comme géomètres d'abord ne furent-ils pas conduits

à noter cette chose merveilleuse que toutes les propriétés d'étendue et de forme pouvaient s'exprimer en propriétés de nombres? Cela nous semble banal aujourd'hui, mais n'y avait-il pas là de quoi inspirer à ces hommes d'autrefois un étonnement et une admiration sans limite? Songez à une figure formée de points, de droites et de courbes. Toutes les propriétés intuitives, le fait que tel point est intérieur ou extérieur à tel cercle, le fait que ce cercle coupe ou non cette droite, le fait que ces cercles se coupent, ou ne se coupent pas, ou se touchent, bref tout ce que l'imagination pourra énumérer de qualités concrètes offertes à l'intuition par cette figure, tout cela peut se remplacer, dans la pensée du géomètre, par des nombres qui représentent des distances. Soit encore cet exemple plus précis : la propriété générale des triangles rectangles. Voilà un fait relatif à l'écartement de deux côtés d'un triangle, celui qu'on exprime en disant qu'ils sont perpendiculaires l'un sur l'autre, ou qu'ils forment ensemble un angle droit. Comment le géomètre parvient-il à le traduire? Il énonce simplement une relation entre les nombres qui représentent les trois côtés : le carré de l'un de ces nombres est égal à la somme des carrés des deux autres. Si le triangle est rectangle, cette relation existe ; et réciproquement si elle existe, le triangle est rectangle. En d'autres termes, la relation arithmétique *équivaut* à la propriété intuitive qu'implique l'angle droit.

Et il faut bien comprendre ce qui dans tout cela pouvait exciter l'admiration des premiers géomètres. Que le nombre s'introduise aisément pour la mesure des quantités spécifiquement distinctes que découvre l'intuition spatiale, longueurs, angles, surfaces, volumes, etc., cela est intéressant, mais n'est certes pas pour confondre la pensée : les éléments géométriques, par leur simplicité, s'adaptent d'une façon particulière aux notions d'égalité et d'addition qui autorisent l'application du nombre à chacun d'eux. Mais il y a plus. Dès leurs premiers travaux, les Pythagoriciens se trouvent énoncer des propositions, qui ne gardent plus la trace de l'origine concrète des quantités spécifiquement diverses, d'où par conséquent la différenciation qualitative a tout à fait disparu, où l'hétérogénéité de l'intuition sensible s'est effacée devant le nombre pur. Voilà ce qui dut provoquer chez eux l'étonnement le plus profond, et leur suggérer déjà cette pensée que les déterminations des corps touchant la figure et la forme ont leur explication dernière dans le nombre.

La même impression se dégageait pour eux de cette remarque que l'arithmétique et la géométrie pouvaient se substituer l'une à l'autre dans leur marche parallèle. En fait, nous l'avons dit, l'arithmétique des Grecs ne s'est pas séparée dans ses démonstrations de l'intuition géométrique. C'est donc dans tout leur développement que marchant côte à côte, et se prêtant sans cesse un mutuel concours, la science des nombres et celle des figures et des formes rappelaient au mathématicien grec l'étroite parenté de leurs objets. Les historiens de la mathématique grecque ont à un si haut degré le sentiment qu'elle ne séparait pas au fond ces deux domaines, qu'ils n'hésitent pas en général à lui attribuer la solution de certains problèmes arithmétiques, quand elle correspond à des problèmes géométriques connus. Par exemple, les constructions auxquelles donnait lieu le problème des aires peut nous faire légitimement supposer que les Pythagoriciens savaient calculer deux nombres dont on connaît la somme ou la différence en même temps que le produit.

Mais leur science dépassait déjà les limites du monde géométrique pur. Elle s'étendait, nous l'avons vu, au mouvement des astres et à la théorie des sons musicaux. D'une part donc ils entrevoyaient la possibilité de ramener à la géométrie, c'est-à-dire au nombre, les phénomènes de l'ordre immuable et divin, de trouver par le nombre l'explication des mystères célestes. D'autre part, ils atteignaient par leur théorie mathématique des intervalles et des accords jusqu'au plus profond de l'âme humaine, jusqu'aux sensations d'harmonie musicale. Et partout où le nombre s'introduisait, partout la lumière se faisait avec lui, les théories se constituaient, la science pénétrait jusqu'au fond le plus caché des choses. Si les Pythagoriciens ont été confondus devant le pouvoir merveilleux de cet élément qu'est le nombre, s'ils y ont vu la raison suprême de tout ce qui nous apparaît dans ce monde, comment en serions-nous étonnés?

Mais ils ne se contentent pas de proclamer l'importance considérable qu'il faut attribuer au nombre dans la formation de la connaissance : ils ne se contentent pas d'en parler comme d'une notion fondamentale pour la science de l'univers : ils y voient *une essence réalisée*. Le témoignage d'Aristote sur ce point est en effet trop précis pour que le moindre doute subsiste. Nous pouvons même ajouter, que le nombre n'est pas pour les Pythagoriciens une réalité transcendante, extérieure aux choses qui se modèleraient sur lui : il est immanent. Ils parlent bien, à la vérité, d'imitation, μίμησις, mais l'affirmation, plusieurs fois répétée par Aristote, que le nombre n'est pas séparé (χωριστός), donne à cette imitation un sens spécial : c'est plutôt une sorte de reflet extérieur d'une réalité interne. Il est difficile d'ailleurs d'éclairer avec quelque précision le rapport où sont les choses à l'égard de leur premier principe. Au fond, sauf la cause motrice, il est facile d'y retrouver toutes les formes de la relation causale.

Avant tout sans doute le nombre est la *raison d'être*, et c'est probablement en songeant aux Pythagoriciens qu'Aristote cite plusieurs fois le rapport de deux à un comme la cause de l'octave. D'une façon plus générale et plus complète, le nombre est cause formelle, et son rôle se comprend mieux, si l'on envisage, comme dit Aristote, le tout, la synthèse et la forme, τότε ὅλον καὶ ἡ σύνθεσις καὶ τὸ εἶδος, et si l'on y associe l'idée de la fin et du bien, τὸ τέλος καὶ τ'ἀγαθόν. Grâce au nombre en effet, l'ordre et l'accord sont réalisés dans les choses : le nombre est principe d'harmonie. C'était là d'ailleurs pour les Pythagoriciens une façon de généraliser l'impression qui se dégageait de toutes les applications du nombre. S'il conduisait partout à une science plus parfaite, n'était-ce pas qu'il apportait avec lui l'unité, la similitude, l'homogénéité, là où apparaissaient d'abord le multiple et le dissemblable ? En géométrie il faisait s'effacer l'hétérogénéité des formes devant sa pureté abstraite. En astronomie, il substituait l'ordre et la simplicité à toutes les irrégularités apparentes des mouvements des astres. En musique, il fondait l'accord des contraires, de l'aigu et du grave, du rapide et du lent, pour la plus grande joie de l'âme. Partout il créait l'harmonie, si, comme le dit Philolaüs, celle-ci est « l'unité du multiple et l'accord du discordant ».

Mais d'autre part le nombre est aussi cause matérielle. Que faut-il entendre par là ? Tout d'abord nous devons dire quelques mots d'une conception qui semble avoir joué un rôle important dans la pensée mathématique des Pythagoriciens, et qui permettrait peut-être de comprendre comment le nombre pouvait être à leurs yeux cause matérielle.

Aristote dit (Met., II, 6) qu'il y a lieu de distinguer deux sortes d'unités, l'unité indivisible et sans position, ἄθετον, qui s'appelle *monade*, et l'unité indivisible également mais ayant une position, θέσιν ἔχον, *le point*. Puis, dans un certain nombre de passages, on voit clairement que cette deuxième façon de concevoir l'unité des nombres arithmétiques appartient aux Pythagoriciens. C'est ainsi, par exemple, qu'à propos des nombres dont les Pythagoriciens font la substance du ciel tout entier, Aristote insiste sur ce que ces nombres ne sont pas monadiques, leurs unités ont une grandeur [καὶ οἱ Πυθαγόρειοι δ'ἕνα τὸν μαθηματικὸν (ἀριθμὸν) πλὴν οὐ κεχωρισμένον ἀλλ' ἐκ τούτου τὰς αἰσθητὰς οὐσίας συνεστάναι φασίν· τὸν γὰρ ὅλον οὐρανὸν κατασκευάζουσιν ἐξ ἀριθμῶν, πλὴν οὐ μοναδικῶν, ἀλλὰ τὰς μονάδας ὑπολαμβάνουσιν ἔχειν μέγεθος... Μοναδικοὺς δὲ τοὺς ἀριθμοὺς εἶναι πάντες τιθέασι, πλὴν τῶν Πυθαγορείων, ὅσοι τὸ ἓν στοιχεῖον καὶ ἀρχήν φασιν εἶναι τῶν ὄντων· ἐκεῖνοι δ'ἔχοντας μέγεθος, καθάπερ εἴρηται πρότερον. (Met., M. 6, 1080. b)].

Il faut évidemment voir dans l'unité qui a une grandeur, à l'opposé de la monade, c'est-à-dire de l'ἓν ἄθετον, l'élément qui a une position, et qu'Aristote avait déjà nommé le point. Le fait d'avoir une position, et, par conséquent, d'occuper une place dans l'espace, équivaut pour Aristote à celui d'avoir une grandeur:

et c'est alors cette propriété caractéristique de l'unité non monadique qui fournit au Stagirite son principal argument contre les Pythagoriciens. [ὅπως δὲ τὸ πρῶτον ἓν συνέστη ἔχον μέγεθος, ἀπορεῖν ἐοίκασιν. (M. 6, 1080, b). –τὸ δὲ τὰ σώματα ἐξ ἀριθμῶν εἶναι συγκείμενα, καὶ τὸν ἀριθμὸν τοῦτον εἶναι μαθηματικόν, ἀδύνατόν ἐστιν· οὔτε γὰρ ἄτομα μεγέθη λέγειν ἀληθές. (M, 8, 1083, b)]. Ainsi le témoignage d'Aristote suffirait à révéler chez les Pythagoriciens une curieuse conception suivant laquelle les nombres sont des collections d'unités ayant une position, occupant une place dans l'espace. Le souvenir de leur méthode de démonstration arithmétique apporte à ce témoignage une confirmation très nette. Nous avons montré sur quelques exemples les caractères de l'intuition spatiale qui sert de fondement à leurs considérations mathématiques : les propriétés numériques se dégagent de certaines figures planes formées de lignes de points, du moins pour ce qui concerne les nombres plans, triangulaires, rectangles, carrés,... La fusion de l'arithmétique et de la géométrie semblait ainsi se réaliser au prix d'une dissociation, d'une décomposition de l'étendue en atomes d'espace. Les lignes étaient des suites de points, les surfaces des suites de lignes, les volumes des suites de surfaces. Toute figure géométrique consistait *matériellement* en un nombre, s'il fallait entendre par là un ensemble de ces unités points.

Quant aux corps sensibles eux-mêmes, αἰσθηταὶ οὐσίαι, sont-ils bien éloignés des formes géométriques dans la pensée des Pythagoriciens ? N'est-il pas permis de dire que la distance qui sépare la portion d'étendue du corps qui la remplit n'est rien près de celle qui semblait séparer l'étendue du nombre pur ? Entre celui-ci et la matière visible et tangible, l'intuition sensible est l'intermédiaire naturel. C'est pourquoi il est peut-être aisé de comprendre que le nombre, étant l'élément constitutif du solide géométrique, le soit également du corps sensible. L'atomisme nouveau qu'exposera un jour Platon dans le Timée et qui se rattache évidemment aux tendances pythagoriciennes, est fait pour justifier ces réflexions par son double caractère géométrique et physique.

Une objection toute naturelle pourrait se présenter au nom de l'incommensurabilité des longueurs. Il est clair que si chaque ligne est constituée par un nombre d'unités points, le rapport de deux lignes sera toujours celui de leurs nombres, et il est impossible qu'elles soient jamais incommensurables. Dès lors, comment les Pythagoriciens, qui ont démontré l'incommensurabilité du côté et de la diagonale du même carré, auraient-ils pu concevoir l'atomisme spatial que nous leur attribuons ? — Pour comprendre que ce ne fut pas là un obstacle sérieux, il faut tenir compte du caractère tout exceptionnel qu'offrit pour eux la relation qu'ils avaient découverte. Certes ce dut être à leurs yeux une monstruosité, mais elle se présentait dans un cas tout particulier, absolument isolé ; et il est naturel d'admettre qu'elle ne fut pas suffisante à ébranler leur croyance à l'ordre universel. Car c'est bien d'ordre et de désordre qu'il s'agit ici pour eux. L'ordre marqué par la présence du nombre est tout à coup détruit dans cette circonstance étrange où il n'existe plus de rapport numérique entre deux grandeurs. Pour ne pas rendre compte d'un cas exceptionnel, les Pythagoriciens ne pouvaient renoncer à leurs postulats fondamentaux. L'idée ne leur vint certainement pas que les vitesses des astres, ou les grandeurs de leurs trajectoires, ou plus généralement les circonstances mathématiques des mouvements célestes risquaient de donner lieu elles aussi à quelque incommensurabilité, à quelque absence de nombre ; ils ne mirent pas en doute que les longueurs des cordes vibrantes, qui intéressent le théoricien de l'harmonie, soient toujours dans des rapports numériquement exprimables. Il ne faudra rien moins, pour ébranler les représentations naïves des premiers Pythagoriciens, que l'élaboration du concept du continu mathématique, élaboration qui se fera simultanément sous l'influence de la pensée éléatique, et par les progrès naturels de la géométrie.

Aristote d'ailleurs suggère une deuxième façon d'entendre le nombre comme constituant matériellement les choses. Il dit que les éléments du nombre sont eux-mêmes les éléments des choses [τὰ τῶν ἀριθμῶν στοιχεῖα τῶν ὄντων στοιχεῖα πάντων ὑπέλαβον εἶναι... M, A, 5, 986 a] ; et plus loin il nomme ces éléments le pair et l'impair, le fini et l'infini. [τοῦ δὲ ἀριθμοῦ (νομίζουσι) στοιχεῖα τό τε ἄρτιον καὶ τὸ περιττόν, τούτων δὲ τὸ μὲν πεπερασμένον τὸ δὲ ἄπειρον...] Ce sont là les premières oppositions qu'aurait formulées l'École pour désigner les principes contraires dont les choses sont constituées. Nous devons nous arrêter sur la signification de ces éléments premiers des corps : mais, autant pour jeter sur eux quelque lumière que pour éclaircir la fameuse question des oppositions pythagoriciennes, citons tout de suite la série de ces oppositions, telle que la donne Aristote, et telle qu'elle se rapporte vraisemblablement dans son ensemble aux adeptes du ve siècle, les deux premières seules appartenant à tous les Pythagoriciens : *fini, infini ; impair, pair ; unité, multiplicité ; à droite, à gauche ; mâle, femelle ; repos, mouvement ; droit, courbe ; lumière, obscurité ; bon, mauvais ; carré, hétéromèque*[1].

Il n'y a pas lieu d'insister sur l'opposition pair-impair. On peut d'ailleurs donner un sens concret à cette distinction en voyant dans le nombre pair les unités

---

1. ἕτεροι δὲ τῶν αὐτῶν τούτων τὰς ἀρχὰς δέκα λέγουσιν εἶναι τὰς κατὰ συστοιχίαν λεγομένας, πέρας καὶ ἄπειρον, περιττὸν καὶ ἄρτιον, ἓν καὶ πλῆθος, δεξιὸν καὶ ἀριστερόν, ἄρρεν καὶ θῆλυ, ἠρεμοῦν καὶ κινούμενον, εὐθὺ καὶ καμπύλον, φῶς καὶ σκότος, ἀγαθὸν καὶ κακόν, τετράγωνον καὶ ἑτερομῆκες. [M, A, 5, 986 a].

rangées deux à deux, tandis qu'il ne peut en être ainsi dans le nombre impair ; ou encore en partageant la file des unités du premier nombre en deux moitiés exactement symétriques, tandis que le nombre impair offrira deux files semblables mais séparées par une unité centrale. De quelque façon qu'elle se reflète dans l'image fournie par l'ensemble des unités, la parité des nombres est la propriété la plus manifeste par laquelle ils se distinguent les uns des autres.

De cette opposition se trouve toujours rapprochée celle du πέρας et de l'ἄπειρον. D'abord quel est le sens de ces mots ? Le premier désigne la limite, le second l'absence de limite ; ils se correspondent donc comme limité, fini, et illimité, infini. Mais la limite est le terme d'une variation ; ces mots désignent donc aussi le déterminé, le fixe, le constant, opposé à l'indéterminé, au variable. Ces significations qui sont séparées par des nuances s'ajoutent d'ailleurs tout naturellement. Le πέρας sera le principe de limitation, de détermination, de fixité ; l'ἄπειρον au contraire sera le principe de variation sans limite. Ces distinctions sont d'une application constante en mathématique, suivant la nature des conditions par lesquelles on essaie de définir un nombre. Un nombre qui doit seulement satisfaire à la condition de surpasser 10 n'est pas déterminé, puisque la suite infinie des nombres à partir de 11 répond à la question. Le nombre considéré n'a pas de limite, sa valeur pourra varier à l'infini. Que l'on envisage au contraire le nombre qui augmenté de 10 doit reproduire 25 ; il est clair que la définition est précise et ne comporte aucune variation. De même nous reconnaîtrons les caractères du πέρας à un triangle dont on donne les angles et un côté, ou à un rectangle dont l'aire est connue en même temps que son périmètre ; et au contraire nous déclarerons indéterminé et variable à l'infini un système de trois nombres entiers pouvant servir de côtés à un triangle rectangle.....

Mais dans quel sens les Pythagoriciens rapprochaient-ils la distinction πέρας-ἄπειρον, de l'autre περιττὸν-ἄρτιον? Tout d'abord il importe de remarquer que, suivant Aristote lui-même (Phys., III, 4), c'est le πέρας qui correspond au περιττόν, et l'ἄπειρον à l'ἄρτιον. Quel rapport pouvait-il donc y avoir entre le principe de détermination et le fait pour un nombre d'être *impair*, — ou d'autre part entre *le pair* et l'absence de fixité et de limite?

La plupart des commentateurs, Alexandre d'Aphrodisias, Simplicius, Philopon, Thémistius, font remarquer que le nombre pair est divisible exactement en deux moitiés tandis que le nombre impair ne l'est pas. La division est immédiatement impossible dans le cas du nombre impair, tandis qu'elle est possible une première fois et a des chances de se continuer ensuite, si le nombre est pair. Zeller, qui semble adopter cette étrange explication, dit lui-même : « Ils (les Pythagoriciens) identifiaient l'impair avec le limité, le pair avec l'illimité, parce que l'impair met un terme à la division par deux, ce que ne fait pas le pair. » On imaginerait difficilement une affirmation plus incompréhensible. Le nombre pair se prête à une division par deux, mais nullement à une suite illimitée de pareilles divisions.

Théon de Smyrne qui se rattache, comme on sait, à la tradition pythagoricienne, observe que la première idée de l'impair est dans l'unité, comme celle du pair est dans la dyade indéfinie, et que d'ailleurs on rattache l'impair, dans le monde, à ce qui est défini et ordonné (τῷ ὡρισμένῳ καὶ τεταγμένῳ), tandis qu'on rattache le pair à ce qui est indéfini, inconnu et désordonné (τῷ ἀορίστῳ καὶ ἀγνώστῳ καὶ ἀτάκτῳ)[1]. Mais pourquoi ce rapprochement ? pourquoi le nombre *deux* est-il appelé dyade indéfinie et est-il principe de multiplicité et de désordre ? Si Théon ne sent pas le besoin de l'expliquer, c'est qu'il se souvient de Platon, et, sans aller jusqu'à Platon, les oppositions qui suivent les deux premières sur la liste d'Aristote feront correspondre à l'impair l'un, et aussi le bien, tandis qu'elles mettront le multiple et le mal du côté du pair. Mais n'oublions pas que les deux premières oppositions sont les plus anciennes et qu'elles

1. Édition Dupuis, Hachette, p. 34.

semblent avoir été inséparables avant que les autres fussent formulées. La difficulté reste donc entière ; il faut trouver le lien direct qui fit rapprocher les termes d'impair et de déterminé, comme ceux de pair et d'infini.

On peut pour cela se laisser guider par Aristote lui-même. Après avoir dit (Phys., III, 4) que les Pythagoriciens assimilent le pair à l'infini, parce que le pair communique le caractère d'infini aux choses où il a pénétré, il ajoute ces mots significatifs : « σημεῖον δ'εἶναι τούτου τὸ συμβαῖνον ἐπὶ τῶν ἀριθμῶν· περιτιθεμένων γὰρ τῶν γνωμόνων περὶ τὸ ἓν καὶ χωρὶς ὅτε μὲν ἄλλο ἀεὶ γίγνεσθαι τὸ εἶδος, ὅτε δὲ ἕν. » Ainsi, à propos de l'identification du pair et de l'infini, c'est-à-dire à propos de la question qui nous préoccupe, Aristote demande des éclaircissements à des considérations arithmétiques : on reconnaît qu'il s'agit de formations de nombres à l'aide de gnomons successifs, formations conduisant tantôt à une figure qui reste une, tantôt à une figure qui varie toujours. Enfin ne faut-il pas voir dans les mots περιτιθεμένων περὶ τὸ ἓν καὶ χωρὶς l'indication de deux procédés dont l'un au moins est donné avec précision (les gnomons entourant l'unité)? Les mots καὶ χωρὶς nous semblent signifier : « et autrement », c'est-à-dire « autrement qu'autour de l'unité ». La fin de la phrase exige, pour être claire, qu'il s'agisse de deux constructions distinctes. L'une est celle qui consiste à disposer les gnomons autour de l'unité, et l'autre s'obtient par une disposition différente de gnomons[1]. En tous cas, l'idée d'Aristote n'est pas douteuse. Il a en vue deux constructions : la première (fig. 7) qui fournit une figure *une*, c'est la formation

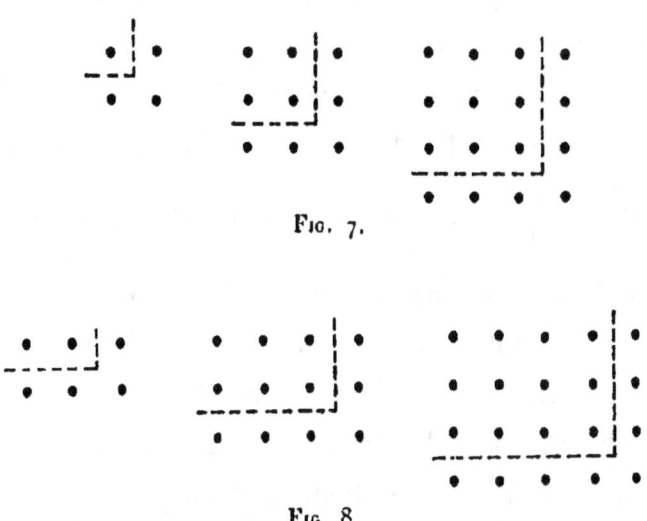

Fig. 7.

Fig 8

de carrés par la disposition en gnomons des impairs

1. Les mots καὶ χωρίς ont fort embarrassé les anciens commentateurs. Quelques-uns comprennent : « avec disposition de gnomons et *sans gnomons*. » Certains même, comme Alexandre, précisent davantage, en distinguant la méthode géométrique par description de figure, et la méthode arithmétique. Zeller se range à une explication de ce genre, elle nous paraît invraisemblable, car la fin de la phrase, ὁτὲ μὲν, ... ὁτὲ δὲ..., indique qu'il s'agit de deux constructions de figures. — Un Scholiaste (cf. Brandis, *Cod. Reg.*, 1047) propose de voir dans les expressions d'Aristote une sorte de formule d'abréviation, résumant l'énonciation distincte de deux procédés : χωρὶς περὶ θεμένων τῶν περιττῶν γνωμόνων ἐν τοῖς τετραγώνοις καὶ χωρὶς τῶν ἀρτίων γνωμόνων ἐν τοῖς ἑτερομήκεσιν. Cette explication est très vraisemblable si l'on songe que souvent, à la lecture d'Aristote, on a l'impression qu'on se trouve devant des notes de quelque auditeur résumant d'un mot un développement connu. Elle a au moins l'avantage d'être claire, et est tout à fait d'accord pour le fond avec notre interprétation.

successifs ; — la seconde (fig. 8), qui conduit à une figure toujours *autre*, est la formation des hétéromèques par l'addition des nombres pairs.

D'une part, quelle que soit la grandeur de la figure, elle demeure un carré ; d'autre part, chaque rectangle nouveau a une unité de plus pour chacun de ses côtés ; ceux-ci continuent à différer de un ; autrement dit, si l'un est n, l'autre est $n+1$. Or le rapport de ces deux côtés $\frac{n}{n+1}$ varie constamment, de sorte que le rectangle ne reste pas semblable à lui-même : il devient toujours autre. Ainsi les nombres impairs donnent une forme invariable, déterminée, fixe, le carré ; les nombres pairs donnent des formes qui changent indéfiniment. Et c'est si bien là le rapport que les Pythagoriciens ont tout d'abord saisi entre l'ἄρτιον et l'ἄπειρον, le περιττὸν et le πέρας, que la dixième opposition citée par Aristote ne sera autre chose que celle du carré et de l'hétéromèque ; le carré répondant au πέρας et au περιττὸν, l'hétéromèque à l'ἄπειρον et à l'ἄρτιον.

Une fois comprise l'identification des premiers termes, ce n'est pas seulement la dixième opposition qui se trouve par là expliquée : chacune des autres apparaît avec plus de clarté. Quelque chose les dominera désormais, c'est la distinction si nette de ce qui reste *le même*, comme le carré, et de ce qui devient *autre*, comme l'hétéromèque. Le *même* et l'*autre*, ces sortes de catégories fondamentales de la pensée platonicienne sont à quelque degré déjà dans la plupart des catégories pythagoriciennes, et déjà avec les caractères essentiels qu'ils auront chez Platon.

Qu'est-ce en effet d'abord que l'opposition de l'*un* et du *multiple*? Il faut entendre, en se reportant aux figures qui éclairent les premiers termes, « un dans sa forme », et « multiple dans sa forme ». D'un côté c'est la similitude, l'accord, l'harmonie de l'unité ; de l'autre, le divers, le discordant, le variable de la multiplicité. Et par là nous voyons ce qu'il y avait de préoccupations esthétiques dans les catégories pythagoriciennes, même sans le témoignage de Théon de Smyrne, qui rattache, dans le monde, l'impair à l'ordre, et le pair au désordre.

Le *droit* et le *courbe* reproduisent sous une forme spéciale les idées du même et de l'autre. La ligne droite, écrira Euclide, est celle qui est située semblablement par rapport à tous ses points. On pourrait dire, sauf à énoncer une tautologie, que c'est la ligne de direction unique, tandis qu'en chaque point d'une courbe la direction change.

L' « *à droite* » et l' « *à gauche* » se ramènent sans doute encore à l'opposition du même et de l'autre par la considération des mouvements célestes. Les Pythagoriciens, nous l'avons vu, distinguaient de la rotation de la sphère des fixes le mouvement propre des planètes. Or le premier mouvement était régulier et uniforme, le second irrégulier; et enfin ils étaient de sens contraire, de sorte qu'ils correspondaient respectivement aux deux directions marquées par δεξιὸν et ἀριστερόν. Un observateur couché sur l'axe du monde, la tête vers le pôle nord, verrait tourner de gauche à droite, *vers la droite*, la sphère céleste; tandis que le déplacement des astres errants se ferait *vers sa gauche*. Platon, dans le Timée, se conformera à la tradition pythagoricienne, quand il déclarera que le cercle de la nature du même (celui qui correspond à la sphère des fixes) tourne ἐπὶ δεξιά, tandis que le cercle de la nature de l'autre (celui qui correspond au mouvement non régulier des planètes) tourne περὶ ἀριστερά [Timée, 36, C.].

Ces remarques nous conduisent tout naturellement à l'opposition du *repos* et du *mouvement*. Si nous prenions ces termes dans leur sens précis, nous n'aurions peut-être pas grand'peine à les rapprocher des premiers. On peut bien appeler immobile ce qui est déterminé, fixe, arrêté, limité, invariable; et au contraire l'indétermination, la variation sont l'image naturelle du mouvement. La figure qui reste indéfiniment un carré donne l'impression de l'immobilité, par l'identité de la forme; celle qui change constamment de forme, comme l'hétéromèque, donne l'impression d'un mouvement indéfini. Cela est tellement vrai que chez les Grecs, chez Platon notamment, nous voyons le même mot κίνησις employé pour le mouvement, au sens unique où nous l'entendons aujourd'hui, c'est-à-dire déplacement dans l'espace, et aussi plus généralement pour toute espèce de changement d'état.

Mais d'ailleurs les mouvements célestes auxquels nous avons déjà fait allusion, et qui avaient certainement frappé les Pythagoriciens par leur opposition, suffiraient peut-être à expliquer la présence des termes repos et mouvement, comme correspondant à ceux de δεξιόν et d'ἀριστερόν. La sphère des fixes ne se déplace pas, car elle a son centre immobile ; et de plus sa rotation est uniforme. Or le mouvement circulaire uniforme d'une sphère autour d'un de ses diamètres pouvait réaliser un idéal de régularité, de stabilité, d'identité, qui, par opposition au déplacement irrégulier des planètes, peut relativement désigner le repos. Cela deviendra très frappant chez Platon qui, tout en attribuant le repos et l'immutabilité aux idées, reconnaîtra cependant le mouvement de l'intelligence précisément dans la rotation uniforme, dont il dit dans les lois (898) : τὸ κατὰ ταὐτὰ δήπου καὶ ὡσαύτως καὶ ἐν τῷ αὐτῷ καὶ περὶ τὰ αὐτὰ καὶ πρὸς τὰ αὐτὰ καὶ ἕνα λόγον καὶ τάξιν μίαν.....

On est peu surpris de voir *la lumière* et *l'obscurité* rangées l'une du côté du stable, de l'un, de l'uniforme, de l'harmonieux ; l'autre du côté de la variabilité infinie, de la multiplicité, du mouvement désordonné.....

Et enfin la gradation qui va de l'unité, de l'uniformité, de la régularité, du bien logique, intelligible, au bien esthétique, à l'harmonie, aboutit au bien moral qui se trouve tout naturellement opposé au mal.

Ce rapide commentaire n'a laissé de côté que les termes *mâle*, *femelle*. Il y a certainement dans les idées qu'ils expriment et qu'il faut rapprocher respectivement du πέρας et de l'ἄπειρον un souvenir de la pensée ionienne. Le sens que nous avons donné jusqu'ici à l'ἄπειρον pythagoricien ne rappelait pas assez ce qu'il y avait de qualitatif dans ce même concept chez Anaximandre et Anaximène. Et pourtant l'évolution de ce concept avait dû être continue depuis les premiers Milésiens jusqu'aux Pythagoriciens qui formulèrent les dix oppositions. Cet élément plus ou moins vague, fluide, source de toutes qualités était destiné à devenir la matière indéterminée de Platon, et même jusqu'à un certain point celle d'Aristote; mais bien avant eux il se complétait par un principe de spécification, de limitation, de consolidation, le πέρας. Et les choses en général, l'univers dans son ensemble en particulier, devaient résulter de la pénétration du premier élément par le second. De là la dénomination naturelle de mâle et de femelle, qui du reste se retrouvera chez Platon: καὶ δὴ προσεικάσαι πρέπει τὸ μὲν δεχόμενον μητρί, τὸ δ'ὅθεν πατρί... (Timée, 50, D.).

Si nous avons retrouvé chez les Pythagoriciens un écho de la physique milésienne, ce qui se dégage surtout peut-être des considérations qui précèdent, c'est à quel point ils préparent la pensée platonicienne. Ils ont soulevé déjà ce problème, qui dominera la philosophie de Platon, de l'un et du multiple. Mais, ne nous y trompons pas, ç'a été au fond pour sacrifier l'un au multiple, et ne voir dans le premier qu'une sorte de résultante du second. Le nombre est principe d'ordre et d'harmonie; mais par lui-même il est essentiellement pluralité, multiplicité. Les Éléates vont par une thèse hardie et une habile dialectique obliger l'esprit à réfléchir sur l'insuffisance d'une pareille conception : ils seront puissamment aidés par l'évolution naturelle de la mathématique, sur laquelle peut-être leur attachement au continu n'aura pas été sans influence ; et, après eux, nous nous sentirons décidément plus près de comprendre Platon[1].

---

1. La pensée philosophique des Pythagoriciens, qui s'est dégagée de la considération du nombre et de son rôle dans le monde, n'a-t-elle ainsi abouti qu'à des concepts dont nous puissions raisonnablement rendre compte ? — Non, sans doute. Il est impossible de nier qu'ils ont formulé sur la signification de certains nombres des assertions tout à fait étranges. La décade semble avoir eu à leurs yeux une importance spéciale, qui les amena en particulier à affirmer l'existence d'un dixième corps céleste, l'antichtone, en outre du feu central, de la terre, et des sept astres errants. Sans entrer dans les détails de cette sorte de mysticisme arithmétique, remarquons d'une part la difficulté qu'il y a pour nous à distinguer, sur de pareilles questions, ce qui fut la pensée des vrais savants, des chefs de l'École, et ce qui ne fut au contraire que l'écho de cette pensée dans un public plus accessible aux extravagances de l'imagination. Observons ensuite la facilité avec laquelle l'esprit humain d'une façon générale est disposé à donner une mystérieuse signification aux nombres. Nous en avons des témoignages pour les peuples les plus anciens ; et de nos jours, dans notre temps de science et de critique, qui oserait affirmer que nous sommes complètement affranchis de la superstition du nombre ?

CHAPITRE III

LES ÉLÉATES

Il est impossible de désigner aucune connaissance mathématique qui doive être attribuée avec certitude aux Éléates. C'est tout au plus si, en astronomie, il convient de mentionner l'opinion de Théophraste [1] suivant laquelle Parménide le premier aurait affirmé la forme sphérique de la terre. Mais si la tradition n'a conservé aucune trace d'une œuvre scientifique propre aux Éléates, nous savons bien dans quel milieu ils ont vécu. Et si à cette époque déjà les communications étaient assez fréquentes pour que nous trouvions parfois jusque dans l'Ionie un écho certain de la pensée italique, comment douter que, côte à côte dans la grande Grèce, les Éléates et les Pythagoriciens n'aient échangé leurs réflexions et leurs découvertes ? La légende des mystères de l'école n'est pas pour nous gêner. A l'examiner de près, on reconnaît à quel point l'exagération s'y est glissée [2]. Il en reste que, sans doute,

1. Fragm. 6 a. Diog. Laerce, IX, 21, 22.
2. Cf. P. Tannery, *La géom. grecque*, p. 84.

deux parts étaient faites dans les préoccupations de Pythagore et de ses disciples : tandis que les méditations générales sur la physique de l'univers étaient accessibles au grand public, les travaux mathématiques dépassaient moins aisément le cadre restreint de l'école. Mais s'il faut tenir compte de cette séparation de deux ordres de recherches chez les Pythagoriciens, les unes plus exotériques, les autres plus ésotériques, ce sera moins pour nous étonner que des esprits tels que Parménide et Zénon les aient toutes connues, que pour voir là l'origine probable de la distinction qui allait se faire entre deux domaines de connaissance.

LES CONCEPTS

Xénophane proclama l'unité de l'être total. Mais cette affirmation semble n'avoir pris qu'après lui à Élée un sens plus clair et plus profond qui intéresse vraiment l'histoire de la pensée réfléchie. C'est pourquoi laissant Xénophane, qui fut d'ailleurs un poète plus qu'un savant, nous aborderons sans tarder Parménide Zénon et Mélissus.

Avant tout, ce qu'il faut noter chez Parménide c'est cette distinction, que nous avons mentionnée, entre le domaine de la *Vérité* et celui de l'*Opinion*. Les fragments qui nous restent de son poème l'indiquent assez clairement : « Il faut que tu apprennes toutes choses et le cœur fidèle de la vérité qui s'impose, et les opinions humaines qui sont en dehors de la vraie certitude... » D'où deux séries de réflexions, l'une se rapportant à la vérité, l'autre à l'opinion. La première se termine par ces mots : « J'arrête ici le discours certain, ce qui se pense selon la vérité ; apprends maintenant les opinions humaines ; écoute le décevant arrangement de mes vers. » Et, plus loin, après avoir nommé les deux principes, feu éthéré, nuit obscure, il dit « Je vais t'en exposer l'arrangement suivant le vraisemblable[1] ». — Ainsi, aux yeux de Parménide, il est deux modes de connaissance, l'un par lequel nous atteignons à la vérité absolue, l'autre, incomplet, insuffisant, trompeur, ne donnant que la vraisemblance. Quel est l'objet propre à chacune de ces connaissances ? — D'une part le domaine de l'opinion est formé par l'ensemble des phénomènes physiques et par toutes les questions relatives à la production, à la génération, à la transformation des choses. Au contraire, appartient au domaine de la vérité tout ce que l'intelligence sait penser en dehors des apparences sensibles. Ces premiers linéaments d'une théorie de la connaissance affirment en somme la distinction désormais définitive entre deux ordres de connaissances humaines, celles qui tombent sous l'observation, puis

---

1. Id., *Science hellène*, p. 243-5.

celles qui reposent sur des concepts intelligibles et dont la mathématique pythagoricienne vient de donner un exemple saisissant. Laissant de côté les considérations générales de Parménide sur la physique, allons droit à ce qui forme sa doctrine propre, à ce qu'il présente au nom de la Vérité.

« Il faut penser et dire que ce qui est est ; car il y a être, il n'y a pas de non être : voilà ce que je t'ordonne de proclamer... Jamais tu ne feras que ce qui n'est pas soit... Il n'y a qu'une voie pour le discours, c'est que l'être soit ; par là sont des preuves nombreuses qu'il est inengendré et impérissable, universel, unique, immobile et sans fin. Il n'a pas été et ne sera pas : il est maintenant tout entier, un, continu. Car quelle origine lui chercheras-tu ? D'où et dans quel sens aurait-il grandi ? De ce qui n'est pas ? je ne te permets ni de le dire ni de le penser ; car c'est inexprimable et inintelligible que ce qui est ne soit pas. Quelle nécessité l'eût obligé plus tôt ou plus tard à naître en commençant de rien ? Il faut qu'il soit tout à fait ou ne soit pas. Et la force de la raison ne te laissera pas non plus de ce qui est faire naître quelque autre chose. Ainsi ni la génèse ni la destruction ne lui sont permises par la justice... L'être n'est pas non plus divisé, car il est partout semblable ; nulle part rien ne fait obstacle à sa continuité, soit plus soit moins ; tout est plein de l'être ; tout est donc continu, et ce qui est touche ce qui est.

Mais il est immobile dans les bornes de liens inéluctables... Il est le même, restant en même état et subsistant par lui-même; tel il reste invariablement... Il faut donc que ce qui est ne soit pas illimité ; car rien ne lui manque, et alors tout lui manquerait... Ce qui n'est pas devant tes yeux, contemple-le pourtant comme sûrement présent à ton esprit...

... Son nom est Tout... Mais puisqu'il est parfait sous une limite extrême, il ressemble à la masse d'une sphère arrondie de tous côtés, également distante de son centre en tous points... Il n'y a point de non être qui empêche l'être d'arriver à l'égalité ; il n'y a point non plus d'être qui lui donne plus ou moins d'être ici ou là, puisqu'il est tout sans exception... »

Ces fragments, s'ils ne suffisent peut-être pas à nous faire pénétrer complètement dans la pensée de l'Éléate, permettent du moins de fixer quelques points. Qu'est-ce d'abord que l'*être* ? — La séparation des deux domaines de connaissance, de la vérité et de l'opinion, fondée sur la distinction de leurs objets, empêche tout naturellement de confondre cet être avec les phénomènes infiniment variés qui tombent sous les sens. Il semble bien que d'après Parménide l'être véritable soit saisi par la raison et non point par les yeux (*ce qui n'est point devant les yeux, etc.*). Faut-il donc y voir

---

1. *Fragm.*, 44 à 110, trad. Tannery.

quelque entité métaphysique ? — Non, sans hésiter. Le langage même de l'Éléate est significatif. Son être est matériel, corporel, il est continu et étendu, il est limité : il est homogène, égal en densité, il est comparable à une sphère... Certaines expressions pourraient suggérer l'idée qu'il est la totalité des choses, l'ensemble des phénomènes. Mais outre que la somme, le total, d'un ensemble d'éléments ne saurait se distinguer radicalement des éléments eux-mêmes au point d'exiger un mode spécial de connaissance, et que la séparation des deux domaines ne paraîtrait pas ainsi suffisamment justifiée, la qualité primordiale de l'être, à savoir son unité, s'oppose à une pareille interprétation. Il reste alors que l'être soit le substratum matériel qui remplit l'espace, la substance étendue de Descartes[1]. Ainsi se trouve affirmée, sous la multiplicité et la mobilité fuyante des choses sensibles, l'existence d'un être un, fixe, stable, continu, de nature invariable. — Les qualités de cet être sont de deux sortes. D'une part il est continu et remplit tout l'espace, ce qui exclut le non être que serait l'espace pur, l'espace vide de toute matière. D'autre part, il ne présente pas de changement, de diversité, ni dans l'espace ni dans le temps, de façon qu'il est partout et toujours identique à lui-même. Les exigences logiques de la raison vont

---

1. Cf. Tannery, *Science hellène*, p. 221.

ainsi chez Parménide jusqu'à exclure tout devenir, tout passage d'un état à un autre, et postulent en somme comme nécessaire, pour l'être que veut atteindre la connaissance scientifique, la permanence, l'unité, l'identité absolue.

Plus tard Mélissus reprendra sous la même forme la thèse de Parménide, sauf sur un point. L'Éléate, on l'a vu, a rejeté tout commencement absolu dans le temps. Son être est éternel dans le passé comme dans l'avenir: mais un besoin curieux de régularité, d'égalité, de symétrie, l'amène à comparer sa forme à celle d'une sphère, il le déclare fini, limité. Mélissus, plus logique encore, exclura toute limite dans l'espace. A part cela, les fragments de Mélissus reprennent, en les éclairant et les précisant, les affirmations de Parménide sur la permanence et la continuité de l'être. « Le tout est éternel, infini, un et uniforme: il ne peut ni perdre ni gagner, ni subir un changement d'ordre interne, ni ressentir de la souffrance ou du chagrin. S'il éprouvait rien de tout cela, il ne serait pas un : car s'il devient autre il faut que l'être ne soit pas uniforme, mais que l'être antérieur périsse, et que ce qui n'est pas devienne. Si en dix mille ans l'univers avait changé d'un cheveu, dans le temps total il aurait péri... Quand rien ne s'ajoute, ne se perd, ni ne devient autre, comment quelque changement d'ordre pourrait-il avoir lieu dans l'être?... Rien n'est vide, car le vide n'est rien, et ce qui n'est rien ne peut être. Et l'être ne se meut pas, car il n'a pas de place pour aller nulle part, puisqu'il est plein[1].., »

Ne croirait-on pas par instant entendre les réflexions d'un savant moderne sur l'impossibilité que rien ne se perde ni ne se gagne, ou sur la constance de la masse de matière répandue dans l'univers...

Entre Parménide et Mélissus se place Zénon, dont l'allure est tout autre et dont le rôle dans l'histoire de la pensée est encore tant discuté. D'abord ce n'est plus par les fragments de quelque écrit présenté sous une forme plus ou moins solennelle qu'il nous est connu. La tradition le représente comme un batailleur, comme un disputeur infatigable, et les commentateurs anciens font de nombreuses allusions à ses fameux raisonnements. Quel fut le caractère de cette bataille? Que voulait défendre Zénon? Qui voulait-il combattre?

Au-dessus de toutes les opinions et de toutes les interprétations tant anciennes que modernes, c'est Platon qui doit nous guider. Une page du Parménide explique avec la plus grande clarté quel fut le but principal de la dialectique de Zénon. « Socrate invita Zénon à relire la première proposition du premier livre. Cela fait, il reprit : Comment entends-tu ceci,

---

1. *Fragm.*, de 11 à 14, trad. Tannery.

Zénon : Si les êtres sont multiples, il faut qu'ils soient à la fois semblables et dissemblables entre eux? Or, cela est impossible : car ce qui est dissemblable ne peut être semblable, ni ce qui est semblable être dissemblable. N'est-ce pas là ce que tu entends? — C'est cela même, répondit Zénon. — Si donc il est impossible que le dissemblable soit semblable et le semblable dissemblable, il est aussi impossible que les choses soient multiples : car si les choses étaient multiples, il faudrait en affirmer des choses impossibles. N'est-ce pas là le but de tes raisonnements, de prouver contre l'opinion commune que la pluralité n'existe pas? Ne penses-tu pas que chacun de tes raisonnements en est une preuve et que par conséquent tu en as donné autant de preuves que tu as établi de raisonnements? Voilà ce que tu veux dire, ou j'ai mal compris. — Non pas, dit Zénon, tu as fort bien compris le but de mon livre. — Je vois bien, Parménide, dit alors Socrate, que Zénon t'est attaché non seulement par les liens ordinaires de l'amitié, mais encore par ses écrits, car il dit au fond la même chose que toi : seulement, il s'exprime en d'autres termes et cherche à nous persuader qu'il nous dit quelque chose de différent. Toi, tu avances dans tes poèmes que tout est un, et tu en apportes de belles et de bonnes preuves ; lui, il prétend qu'il n'y a pas de pluralité, et de cela aussi il donne des preuves très nombreuses et très fortes. De la sorte, en disant, l'un que tout est un, l'autre qu'il n'y a pas de pluralité, vous avez l'air de soutenir chacun de votre côté des choses toutes différentes, tandis que vous ne dites guère que la même chose... — Tu as raison, Socrate, répondit Zénon... La vérité est que cet écrit est fait pour venir à l'appui du système de Parménide contre ceux qui voudraient le tourner en ridicule en montrant que si tout était un, il s'ensuivrait une foule de conséquences absurdes et contradictoires. Mon ouvrage répond donc aux partisans de la pluralité et leur renvoie leurs objections et même au delà, en essayant de démontrer qu'à tout bien considérer, la supposition qu'il y a de la pluralité conduit à des conséquences encore plus ridicules que la supposition que tout est un [1]... »

Ainsi, il apparaît clairement que la dialectique de Zénon est dirigée contre les partisans de la pluralité. Il veut défendre la thèse de Parménide relative à l'unité contre ceux qui l'ont attaquée. Sa méthode consiste à montrer les contradictions qui résultent de la supposition de la pluralité : elle conduit à trouver le semblable dissemblable. Jusqu'ici, point de doute. La difficulté commence quand il s'agit de désigner avec précision ceux qui ont accablé Parménide de leurs objections, et que Zénon poursuit à son tour de sa dialectique.

---

1. Parménide, p. 127-128, traduction Cousin.

Peut-il être question de Leucippe ou d'Anaxagore ? — Ont-ils seulement donné signe de vie quand Zénon, tout jeune[1], discute déjà? Et, en tous cas, pense-t-on vraiment qu'à la distance où ils sont du foyer éléate une controverse eût pu se prolonger avec persistance? Comment ne pas songer, avec M. P. Tannery, à ceux près de qui, au milieu de qui, pourrait-on dire, s'est exprimée la pensée de Parménide, à ceux dont le contact est permanent, aux Pythagoriciens, de qui l'idée maîtresse était justement d'enfermer l'être dans la pluralité discontinue? L'examen des raisonnements eux-mêmes confirme absolument ces indications générales.

A travers les commentaires d'Alexandre d'Aphrodisias et de Simplicius, Eudème nous renseigne d'abord sur quelques-uns de ces arguments. « Zénon disait que si quelqu'un lui enseignait ce qu'est l'un, il pourrait dire ce que sont les choses. La difficulté, semble-t-il, était que chaque chose sensible est pluralité, soit en égard à ses attributs, soit par division, et qu'il pose le point comme n'étant rien : car ce qui étant ajouté ne fait pas augmentation, et étant retranché ne fait pas diminution, il le considérait comme ne faisant pas partie de ce qui est[2]... » Simplicius reproduit mal l'argument en semblant indiquer que Zénon a nié

---

1. *Idem*, p. 128.
2. Simplicius, in *Phys.*, 31, a. Cf. Tannery, *Pour la science hellène*, p. 252.

l'unité. Alexandre d'Aphrodisias ne s'y était pas trompé[1]. L'unité, qui n'est rien pour Zénon, et qu'il ne comprend pas, est celle dont on veut former un élément de la pluralité. L'adversaire voudrait que cette unité fût le point, le point ayant une position ; Aristote nous a suffisamment édifiés sur cette conception du nombre pythagoricien. Zénon montre qu'elle n'est pas soutenable : le point n'est rien et la pluralité qui se forme de semblables unités n'est rien non plus.

Simplicius présente d'ailleurs lui-même les choses plus clairement. « Zénon, dit-il, montre que si les choses sont pluralité, elles sont en même temps grandes et petites, tellement grandes que leur grandeur est infinie, tellement petites qu'elles n'ont pas de grandeur[2]. » Et l'argumentation qui suit est aisée à comprendre. D'une part, l'élément de la pluralité n'est rien, car il n'a ni grandeur, ni épaisseur, ni volume : au-dessous de toutes dimensions qu'on essaierait de lui donner, il en est toujours de plus petites, à raison de la possibilité de la division à l'infini. Et si les éléments sont ainsi des riens, la pluralité est elle-même au-dessous de toute grandeur. D'autre part, la division d'une chose quelconque donnant toujours et indéfiniment des fragments d'une certaine grandeur, un nombre infini de ces fragments fera donc une grandeur infinie...

1. Simpl., 21, *b*.
2. Simpl., 30, *a*.

Zénon disait encore[1] que, s'il y a pluralité, les choses sont en même temps limitées et illimitées : limitées, car elles sont alors formées d'un nombre déterminé d'unités ; mais illimitées aussi parce que, en raison de la divisibilité à l'infini qui nous permettra toujours d'insérer des points entre deux quelconques, le nombre des unités points n'a pas de limites.

C'est à Aristote[2] qu'il faut demander ensuite l'énoncé des fameux arguments où le mouvement intervient. « τέτταρες δ'εἰσὶ λόγοι περὶ κινήσεως Ζήνωνος... »

D'abord un mobile ne se meut pas, car il doit toujours parvenir à la moitié avant d'arriver au but. Ensuite (l'Achille) le plus lent ne sera jamais atteint par le plus rapide, parce que celui-ci devra arriver d'abord au point d'où l'autre est parti, en sorte que le plus lent gardera indéfiniment quelque avance. — Au fond, l'idée qui apparaît avec clarté est la même dans ces deux arguments : les difficultés résultent de ce qu'on suppose l'espace à parcourir réellement décomposé en cette série d'éléments que fait apparaître la division, en sorte que le chemin à franchir serait réellement une pluralité illimitée de chemins à parcourir successivement. Et l'impossibilité d'un semblable postulat est mise en évidence par une contradiction : dans

---

1. Simpl., 30, *b*
2. *Physique*, livre VI.

le premier cas, le mobile en marche ne se meut pas ; dans le second, le plus rapide n'atteint pas le plus lent.

Le troisième, dit Aristote, est que la flèche en mouvement est en repos ; à chaque instant, en effet, la flèche est immobile dans la position qu'elle occupe. La difficulté vient ici, suivant Aristote, « de ce que Zénon prend le temps comme somme d'instants : si l'on n'accorde pas cette prémisse, il n'y a pas de conclusion. » On ne saurait mieux dire, et le Stagirite lui-même, en voulant montrer l'absurdité de l'argument, confirme de la façon la plus claire notre interprétation : la durée d'un mouvement n'est pas la somme d'un nombre d'instants, pas plus que la trajectoire n'est la somme d'une série de positions successives, puisque de semblables hypothèses auraient pour conséquence que la flèche qui vole serait immobile.

Enfin, « le quatrième est sur les masses (ὄγκοι) se mouvant dans le stade, en files égales parallèles et en sens inverse... » Devant une rangée A de ces points ayant une grandeur, de ces masses, dont certains physiciens composent les choses, faisons passer avec des vitesses égales, mais en sens inverse, deux rangées B et C. Les points de B auront pour ceux de C une vitesse double de celle qu'ils ont pour les points de A. Or la vitesse est au contraire la même, si l'on voit dans le mouvement une simple pluralité de passages successifs d'une position à la suivante, et si, par conséquent, la vitesse d'une rangée passant devant une autre ne dépend que du nombre des unités qui les composent. Aristote déclare que toute la difficulté disparaît par la distinction du mouvement relatif et du mouvement absolu. Soit! Mais cette distinction fait justement dépendre le mouvement d'autres conditions que de pluralités de masses élémentaires, et Zénon n'eût pas demandé davantage.

Ainsi les arguments de l'Éléate peuvent se comprendre sans qu'on s'écarte de la lettre même du texte de Platon. Sa méthode est toujours la même : il montre le semblable dissemblable, c'est-à-dire le très grand très petit, le limité illimité, le mobile en mouvement et en repos, le plus rapide toujours en retard sur le plus lent, la vitesse égale et en même temps double. Et par de telles contradictions, ce qu'il veut ruiner, c'est l'hypothèse de la pluralité discontinue. Aristote vient à notre aide et achève de tout éclaircir en insistant sur ce que les sophismes de Zénon ne tiennent pas debout si simplement on déclare l'espace et le temps continus, au lieu d'y voir des sommes d'éléments indivisibles,

Qu'est-ce qui pouvait bien résulter de cette polémique de Zénon? Était-ce une vue métaphysique des choses qui allait être transformée? Il est possible, probable même que, au temps de Zénon, on ne séparait pas le domaine scientifique du domaine métaphysique. Mais du moins la science allait pouvoir tirer profit de cette dialectique relative à des idées aussi importantes que le continu de l'espace et du temps. Faire triompher de semblables idées, c'était presque donner une seconde fois la vie aux mathématiques, c'était renverser les écueils que leur propre créateur, Pythagore, dressait contre elles par sa conception de la pluralité discontinue. Otez à l'étendue géométrique la possibilité d'être indéfiniment divisible, et d'abord, ainsi que nous l'avons remarqué, vous vous heurtez à l'existence des incommensurables. En outre, le concept du continu est le fondement de la géométrie et de l'analyse : c'est le fondement de la génération des lignes et des surfaces en géométrie ; c'est le fondement de toute étude de variation en analyse. Il se retrouve à la base des notions essentielles de limite, de dérivée, de différentielle, c'est-à-dire, en somme, à la base de toute considération infinitésimale. Certes, Zénon ne prévoyait pas toutes les conséquences qui pouvaient résulter de l'élaboration du concept du continu ; mais, ce qui nous importe ici, c'est que sa vigoureuse dialectique ait pu contribuer à cette élaboration elle-même.

En deux mots Pythagore a le premier introduit dans la science générale de l'univers les concepts intelligibles de nombre et de quantité, en disant : les choses *sont* nombres. En disant ensuite : Non, les choses *ne sont pas* nombres, Parménide et Zénon rendaient bien plus faciles l'application du nombre aux choses. Car rien ne s'opposait plus désormais à ce que le nombre s'y appliquât indéfiniment dans les deux sens ; rien ne s'opposait plus au concept scientifique de l'infiniment grand et de l'infiniment petit. En retirant le nombre des choses, les Éléates lui restituaient son caractère de concept utilisable à volonté et indéfiniment. Ils ne l'auraient pas dit dans ces termes : mais nous pouvons bien, nous, affirmer, dans notre langage moderne, qu'ils contribuaient à la formation positive de la science en ôtant au nombre son caractère métaphysique et absolu pour le ramener à l'état de concept scientifique.

Au reste, le progrès normal de la géométrie venait de lui-même aider à cette transformation du concept du nombre. Au ve siècle, les études sur les irrationnelles, les considérations de limite et d'infini qu'implique au moins le passage du polygone au cercle, la fusion de plus en plus étroite de la quantité et des formes géométriques, allaient naturellement consacrer une généralisation de l'idée de nombre, capable de changer décidément l'aspect de la pensée mathématique. Faut-il croire que cette évolution fut en réalité puissamment aidée par la dialectique de Zénon, ou, au contraire, que celle-ci vint à son temps comme un écho du progrès de la géométrie ? Il nous suffit, en tous cas, de constater que l'effort de la pensée éléate s'accordait merveilleusement avec l'évolution naturelle des concepts mathématiques [1].

[1]. Il serait trop long de mentionner ici toutes les interprétations qui ont été données à la dialectique de Zénon. Une des plus courantes a consisté à voir dans les quatre arguments sur le mouvement l'affirmation que rien ne se meut. Il serait étrange que Platon qui non seulement a précisé, dans le passage cité du Parménide, les intentions de l'Éléate, mais qui de plus a opposé à Protagoras et à Héraclite, dans le Théétète, ceux qui proclament l'immobilité de toutes choses, n'eût jamais nommé Zénon, comme voulant nier le mouvement. N'est-ce pourtant pas lui, bien plutôt que Parménide, dont le nom fût venu à sa pensée? Zénon est moins ancien que Parménide, Socrate l'a connu dans sa jeunesse, et enfin sa dialectique, si conforme à l'esprit subtil des Grecs et de Platon en particulier, aurait certainement produit sur lui une impression plus forte que le poème de Parménide, dont il semble craindre (Théétète) de ne pas suffisamment comprendre le sens. On dira que Parménide et Zénon c'est tout un : erreur, nous semble-t-il. Platon ne les a rapprochés qu'à propos de l'Unité, opposée à la pluralité. Parménide a insisté sur la distinction de la Vérité et de l'Opinion : trouvons-nous trace de cela dans la tradition relative à Zénon? Parménide a eu une physique dualiste, sur laquelle nous n'avons pas cru intéressant d'insister, et qui dérivait d'ailleurs à très peu près de la physique pythagoricienne : Zénon n'est cité par aucun ancien pour ses opinions à cet égard. Enfin, remarquons qu'Aristote, dont le classement des quatre λόγοι sous la rubrique περὶ κινήσεως a évidemment donné lieu à l'interprétation dont nous parlons, n'a pourtant pas dit, à propos de ces arguments, qu'ils sont *contre* le mouvement, mais seulement *au sujet* du mouvement.

L'École néocriticiste a vu dans la dialectique de Zénon le désir de ruiner le continu des choses, et d'établir que la matière n'est pas divisible à l'infini. Cela nous semble en désaccord avec la thèse de Parménide et avec le texte de Platon.

M. Cantor, dans ses *Vorlesungen*, veut que les adversaires de Zénon soient les Atomistes, tandis que nous jugeons plus naturel, avec M. Tannery, que ce soient les Pythagoriciens; mais au fond notre interprétation est très voisine de la sienne, en ce qu'il explique l'attitude de l'Éléate par le sentiment très net qu'il dut avoir de l'antinomie effrayante du nombre et de l'étendue, certaines étendues ne pouvant correspondre à aucun nombre.

CHAPITRE IV

ANAXAGORE ET DÉMOCRITE

Anaxagore.

Ce fut un savant : du moins, il en a la réputation. Proclus dit dans son commentaire sur Euclide : « Il a abordé beaucoup de questions géométriques. » Plutarque raconte que, dans sa prison, il cherchait la quadrature du cercle. En astronomie, nous savons qu'il prépara l'explication physique des éclipses, en reconnaissant l'opacité de la lune, ce qui lui valut, d'ailleurs, d'être condamné pour impiété.

Si c'est là tout ce que nous pouvons dire du savant, nous allons du moins trouver dans ses conceptions philosophiques la marque bien caractérisée d'un esprit vraiment géométrique.

Anaxagore sépare nettement le mouvement de la matière.-Par elle-même, la matière est au repos : elle se met en branle sous l'action du *Nous*. Qu'entendait-il par là ? Les fragments qui nous restent de lui permettent d'affirmer qu'il y voyait avant tout un principe intelligent, semblable à lui-même, pur de tout mélange.

Sans doute ce *Nous* était pour lui quelque chose de concret, d'étendu, nullement en dehors de l'espace. « Il est, dit-il, infini. C'est de toute chose ce qu'il y a de plus subtil et de plus pur. Il n'est mélangé avec aucune chose, parce que le mélange l'empêcherait d'actionner toute chose, comme il peut le faire étant isolé [1]. » Du moins, c'est un principe assez éloigné des propriétés ordinaires de la matière pour être appelé immatériel et faire vaguement songer à ce qui, plus tard, se nommera *esprit*. Mais, en tous cas, comment l'action de ce *Nous* organise-t-elle le monde? Il agit d'abord en un point de la masse universelle et met ainsi une petite portion en mouvement. Peu à peu, l'action se propage dans tous les sens, de telle façon que la masse en mouvement, au milieu de celle qui n'a pas encore subi l'action du *Nous*, augmente progressivement et indéfiniment. « Tous les êtres, dit Anaxagore, sont actionnés par le *Nous*. C'est lui qui a produit dès le commencement la révolution générale et a donné le branle. Tout d'abord cette révolution n'a porté que sur peu de chose, puis elle s'est étendue davantage et elle s'étendra toujours de plus en plus. Le *Nous* a tout ordonné comme il devait être, et aussi cette révolution qui entraîne les astres, le soleil, la lune, l'air et l'éther, depuis qu'ils sont distincts. C'est

1. *Fragm.*, trad. Tannery.

cette révolution qui a amené leur distinction. Quand le *Nous* a commencé à se mouvoir, dans tout ce qui a été mu, il y a eu distinction ; jusqu'où s'étendait le mouvement dû au *Nous*, jusque-là s'est étendue la séparation[1]. »

Remarquons que le commencement dont parle Anaxagore n'est pas le commencement du monde ; la matière existait de toute éternité avant que s'exerçât l'action du *Nous*. — Une fois cette action commencée, le mouvement se propage *indéfiniment*. L'univers d'Anaxagore est illimité au sens précis où un géomètre l'entendrait. Si loin que s'étende le mouvement, il restera toujours encore de la matière à ébranler et à séparer en corps distincts, à organiser en un mot. C'est absolument là le concept de l'infini mathématique dans le sens de l'accroissement. Le concept non moins précis de l'infiniment petit va se montrer dans la composition même de la matière première.

La matière est un mélange d'éléments en nombre indéterminé et dont tous les corps participent plus ou moins. Mais ces éléments ne sont pas des corpuscules, ce qui, en somme, ferait ressembler la théorie d'Anaxagore à l'atomisme. Ce sont des choses dont la définition n'est pas présentée avec grande précision par Anaxagore, mais qu'on peut assez bien rapprocher de ce que

1. *Idem.*

nous appelons *qualités*, en leur ôtant évidemment le degré d'abstraction que ce mot comporte pour nous. Tels sont le chaud, le froid, le sec, l'humide, le dense, le léger, etc... La matière est divisible à l'infini, elle n'est pas un certain nombre d'unités monadiques, comme le supposaient les Pythagoriciens ; elle n'est pas un groupement d'atomes, comme pour Démocrite ; elle est continue, comme le voulaient les Éléates, en ce sens qu'il n'y a pas de minimum insécable. Mais cette multitude indéfinie d'éléments dont elle est un mélange ne transforme-t-elle pas cependant les corps en composés multiples? et Anaxagore ne fait-il pas reparaître par là la multiplicité pythagoricienne en opposition à l'un des Éléates ? — Nullement, la division illimitée de la matière ne parviendrait jamais à séparer ces éléments, ces qualités. Si petites que soient les portions d'un corps, elles présentent au même titre que lui le mélange de toutes les qualités, dans les proportions où le corps y participe. Voilà le côté vraiment original de la théorie d'Anaxagore. « En tout, il y a une part de tout, dit-il, sauf du *Nous*... Les autres choses participent de tout. Il n'y a pourtant aucune chose semblable à aucune autre, chacune est pour l'apparence ce dont elle contient le plus. Les choses qui sont dans le monde unique ne sont pas isolées ; il n'y a pas eu un coup de hache pour retrancher le chaud du froid ou le froid du chaud... Par rapport au petit, il n'y a pas de minimum, mais il y a toujours un plus petit, car il n'est pas possible que l'être soit anéanti par la division. De même, par rapport au grand, il y a toujours un plus grand, et il est égal au petit en pluralité... Comme il y a eu pluralité, égalité de sort entre le grand et le petit, il peut de la sorte y avoir de tout en tout, et rien ne peut être isolé ; mais tout participe de tout. Puisqu'il n'y a pas de minimum, il ne peut être isolé et exister à part soi, mais encore maintenant, comme au commencement, toutes choses sont confondues. En tout il y a pluralité, et dans le plus grand et dans le moindre, toujours égalité de pluralité des choses distinctes[1]. » Ainsi dans cette conception, qui laisse subsister la multiplicité indéfinie des qualités, il n'existera pas un élément de matière, si petit qu'il soit, qui n'enferme toutes les qualités mélangées. Enfin les proportions du mélange varient, les coefficients d'intensité spécifique, dirions-nous en langage moderne, dont est fonction chaque parcelle de matière, ont des valeurs diverses, de façon à fixer les caractères différents des corps.

Ce qui est véritablement curieux, dans ces vues d'Anaxagore, c'est que les concepts le plus proprement mathématiques s'allient à un système qui conserve comme réalités spécifiquement distinctes la mul-

---

1. *Idem.*

G. MILHAUD. — *Philosophes-Géomètres.*

tiplicité des qualités. A cet égard, le philosophe de Clazomène, qui peut être mis par là en opposition directe avec Démocrite, aura une influence incontestable sur la pensée de Platon.

Démocrite.

Démocrite fut certainement un géomètre. Nous avons eu l'occasion de citer le mot que nous a conservé de lui Clément d'Alexandrie, et par lequel il se déclarait supérieur aux Harpédonaptes égyptiens, qui manient des figures avec démonstration. Diogène Laerce dit d'autre part, dans le chapitre qu'il lui consacre : « Ses écrits montrent assez quel il était. Thrasillus affirme qu'il avait pris pour modèle les Pythagoriciens, et, en effet, il a cité lui-même Pythagore avec éloge dans le traité qui porte le nom de ce philosophe. On pourrait même croire, n'était la différence des temps, qu'il lui a dû toutes ses doctrines et qu'il a été son disciple. » Plus enfin que ces réflexions de Diogène Laerce, la liste des écrits de Démocrite, qu'il nous donne d'après Thrasillus, est éloquente. En outre d'une série de travaux touchant à l'astronomie, à la géographie, probablement à la perspective des théâtres et à la clepsydre, nous trouvons mentionnés ces quatre titres : Sur une divergence d'opinion sur le contact du cercle et de la sphère ; — Traité de géométrie : — Les nombres ; — Deux livres sur les lignes et les solides irrationnels. Si nous n'avons aucun de ces écrits, les titres seuls montrent assez non seulement que Démocrite s'occupa de mathématiques, mais même que ses préoccupations furent d'ordre aussi élevé que possible pour son temps ; par le dernier des écrits mentionnés, il contribuait sans doute personnellement à l'évolution des concepts géométriques au ve siècle.

Démocrite, un géomètre ? et non pas exclusivement un observateur empirique, comme Aristote semble en donner plutôt l'impression ? Voyons de près les grandes lignes de sa physique et les tendances générales de sa pensée, nous jugerons ensuite plus sainement.

La matière est formée d'atomes L'atome est un élément possédant toutes les propriétés qui caractérisent l'être de Parménide : il est un, éternel, insécable, imperméable, plein, continu, étendu ; en outre, il se meut. La substance dont sont formés les atomes est une, homogène, qu'il s'agisse des minéraux ou des êtres vivants et animés : les atomes sont seulement plus ou moins subtils. Ils se distinguent plus généralement par leur forme et leur grandeur ; peut-être aussi par leur poids, mais ce dernier point est douteux. Leur mouvement s'effectue grâce au vide dont l'existence est affirmée. Ce mouvement est d'ailleurs éternel, comme les atomes eux-mêmes, soit qu'il s'explique par la pesanteur, soit qu'on le déclare naturel, inhérent aux atomes, comme fera Epicure. Les atomes s'entre-choquent sans cesse et rebondissent, d'où résultent des mouvements tourbillonnaires, qui forment dans l'univers des mondes innombrables.

Tel est le système brièvement exposé. Faut-il y voir seulement le résultat de constatations empiriques ? Aristote représente Leucippe et Démocrite guidés sans cesse par l'observation, et il les oppose à cet égard aux Platoniciens. S'ils ont affirmé l'existence du vide, c'est, selon Aristote, à la suite d'un certain nombre de remarques[1].

D'abord un tonneau qui contient du vin, le contient de même si celui-ci est enfermé dans une outre ; le vin se condense donc alors de l'épaisseur de l'outre, et pour cela, il est nécessaire qu'il contienne des vides.

En second lieu, le fait de la nutrition exige des vides dans les tissus qui forment le corps.

Enfin un vase plein de cendres reçoit de l'eau comme s'il ne contenait point de cendres[2].

Peut-on dire d'après cela que Démocrite tirait de l'expérience son affirmation de l'existence du vide ?

---

1. *Physique*, l. IV, ch. vIII.
2 Cf. Ch. Lévêque, *L'atomisme grec et la métaphysique*. Rev. *philosoph.*, 78, 1. Nous mettons largement à profit cette intéressante étude dans nos réflexions sur Démocrite.

qu'il était conduit à sa conclusion en observant seulement, en enregistrant des faits ? Qui ne voit, au contraire, la distance qui sépare les faits eux-mêmes de la conclusion qu'on en tire ? Un mot, en tous cas, suffit à la mettre en évidence. Ni Aristote, ni Descartes n'auraient contesté une seule des observations de Démocrite, et l'un et l'autre se sont élevés avec la dernière énergie contre l'hypothèse du vide. Celui-ci n'est pas tombé sous les sens, ce qui serait d'ailleurs inconcevable ; il n'a pas été mis à nu devant les yeux comme un objet tangible ; il a été rationnellement déduit de deux principes fondamentaux posés antérieurement aux observations et à la lumière desquels elles s'éclairent et s'interprètent. L'un exprimait l'impénétrabilité de la matière : δύο σώματα ἀδύνατον ἅμα εἶναι — la même portion d'espace ne peut être remplie simultanément par deux corps. L'autre affirmait l'impossibilité d'un mouvement quelconque dans le plein. Il est évident que les observations de Démocrite devaient alors le conduire au vide ; mais remarquons aussi qu'elles devenaient presque inutiles et que cette simple constatation, qu'il y a du mouvement autour de nous, aurait tout aussi rigoureusement justifié l'affirmation dernière.

Quant à l'existence des atomes, elle résultait pour Démocrite de ce qu'il faut bien qu'une substance soit composée de quelque chose. Aristote nous donne tout au long sa démonstration[1]. « Puisque le corps est censé doué de cette propriété (la divisibilité à l'infini), admettons qu'il soit absolument ainsi divisé. Mais alors, que restera-t-il donc après toutes ces divisions ? Sera-ce une grandeur ? Mais cela n'est pas possible, car alors il y aurait quelque chose qui aurait échappé à la division, et l'on supposait, au contraire, que le corps était divisible sans aucune limite et absolument. Mais s'il ne reste plus ni corps ni grandeur, et qu'il y ait cependant encore division, ou bien cette division ne portera que sur des points, et alors les éléments qui composeront le corps seront sans aucune grandeur; ou bien il n'y aura plus rien du tout. Par conséquent, soit que le corps vienne de rien, soit qu'il soit composé, (le supposer divisible à l'infini) c'est toujours réduire le tout à n'être qu'une apparence. » Peu importe ici la valeur du raisonnement! Démocrite conclut aux atomes, comme il conclut au vide par les ressources logiques de sa pensée.

On ne s'y est pas trompé d'ailleurs dans l'antiquité, quand on a reconnu aux affirmations de Démocrite sur le vide et sur les atomes un caractère de nécessité absolue qui dépasse d'ordinaire les constatations empiriques. « La différence qui nous sépare de Démocrite, quant au scepticisme, observe Sextus Empiricus[2], de-

1. *Génér. et Corrupt.*, livre I, chap. ii.
2. Pyrrhon, Hypotyp., l. I, ch. xxx.

vient éclatante quand il dit : les atomes et le vide existent *véritablement*, ἐτεῇ. » Et en même temps Sextus reconnaît le scepticisme de l'atomiste à ce qu'il doute de la sensation. Nous reviendrons sur ce doute. Notons dès maintenant que, rapproché des affirmations dogmatiques sur les atomes et le vide, ce doute sur la sensation, loin de faire prendre Démocrite pour un sceptique, ne peut que confirmer à nos yeux le caractère rationaliste de ses tendances. Nous y voyons, en effet, une preuve de plus que les atomes et le vide étaient pour lui objets de raison, λόγῳ θεωρητά, selon l'expression même d'Epicure[1]. Et le mot est à rapprocher de cette remarque de Sextus : « Ils (Platon et Démocrite) n'ont, l'un et l'autre, tenu pour vrais que les intelligibles, τὰ νοητά[2]. »

Ces réflexions, enfin, ne sont-elles pas amplement confirmées par la nature même des propriétés des atomes et du vide. « Démocrite, dit Sextus[3], assure qu'il n'y a rien de sensible au fond de la réalité, et soutient que l'essence des atomes qui composent les êtres exclut toute qualité sensible (πάσης αἰσθητῆς ποιότητος ἔρημον φύσιν). » Et de fait, l'atome est éternel, imperméable, insécable, indestructible ; le nombre des atomes est infini ; le vide est également infini ; le

---

1. Stobée, *Eclog. phys.*, p. 1, t. II, p. 796, éd. Heer.
2. *Math.*, VIII, p. 459.
3. *Idem*.

mouvement des atomes à travers le vide n'a pas eu de commencement : toutes propriétés qui dépassent démesurément la portée de l'expérience.

Ainsi, nous pouvons l'affirmer sans crainte, le géomètre que la tradition nous fait connaître en Démocrite, est en même temps un des penseurs le plus fortement attachés au dogmatisme rationaliste.

Ce n'est pas d'ailleurs la seule remarque que nous suggère son atomisme au point de vue de l'histoire des concepts. Il y avait dans les idées de Démocrite quelque chose qui dépassait en importance le fait même du vide et des atomes, au point qu'on peut voir en lui un précurseur de la physique cartésienne, dont le premier souci est de les nier. La physique de l'atomiste est, en effet, idéalement mécanique et géométrique. La forme, la figure, le mouvement par choc, par impulsion, voilà les seules qualités spécifiques des atomes. Comme Descartes plus tard, Démocrite ne construit-il pas le monde avec la forme étendue et le mouvement ? De ce point de vue la physique d'Abdère prend une importance capitale. Si elle doit être combattue par Aristote et sembler vaincue durant tout le Moyen-Age, qu'on ne croie pas que ce soit par la négation du vide et des atomes. Les idées devant lesquelles elle cédera, pour disparaître durant de longs siècles, sont celles qui créeront autant de substances que de qualités distinctes, et substitueront aux phénomènes purement mécaniques des transformations dynamiques de qualités.

Enfin, à lire certaines réflexions d'Aristote, les atomistes auraient témoigné d'un esprit fort peu scientifique en attribuant au hasard le mouvement dont les atomes sont animés. D'eux-mêmes, ceux-ci auraient été inertes. Il fallait, pour les mouvoir, un choc initial ou d'une façon quelconque, un premier moteur. Pour les animaux et les plantes, Leucippe et Démocrite acceptaient un germe d'où sort naturellement l'individu : c'était fort bien : mais quant à la formation des choses quelconques, ils s'en remettaient au hasard Eh bien ! si nous ne pouvons répondre avec une entière certitude à la question ainsi soulevée par Aristote, si nous ne pouvons indiquer avec précision ce qu'eût dit Démocrite pour expliquer le mouvement des atomes, — nous avons le droit pourtant d'affirmer que le reproche du Stagirite n'est pas mérité. De tous les physiciens de l'antiquité, Démocrite apparaît, au contraire, comme le plus invinciblement attaché à la détermination des effets par leur causes. Certes il est bien vrai; et nous ne sommes pas surpris qu'Aristote s'en trouve choqué, que la finalité est rigoureusement exclue du système : mais aux yeux du penseur d'Abdère, rien ne se produit au hasard. rien ne vient à l'aventure : tout a sa raison et sa nécessité. Stobée[1]

1. *Eclog. phys.*, p. 160.

attribue aux atomistes ces mots significatifs : οὐδὲν χρῆμα μάτην γίνεται, ἀλλὰ πάντα ἐκ λόγου τε καὶ ὑπ᾽ ἀνάγκης. » La physionomie générale du système de Démocrite et les commentaires de l'antiquité nous assurent du caractère le plus rigoureusement déterministe de sa physique. Et enfin notons, dans ce déterminisme spécial, la marque de l'esprit géométrique qui ne se contente pas d'une raison de fait, d'une causalité concrète, à qui il ne suffit pas d'expliquer un phénomène par son antécédent, mais qui veut trouver pour toutes choses une loi générale qui les régisse, en donner une raison à la fois intelligible et nécessaire (πάντα ἐκ λόγου τε καὶ ὑπ᾽ἀνάγκης).

Il reste un côté de la philosophie de Démocrite auquel nous n'avons fait allusion qu'en passant et qui a son importance. La sensation n'est, à ses yeux, qu'un état du sujet. C'est là une nouveauté qu'il faut se garder de confondre avec les affirmations des Sophistes[1]. Protagoras lui-même, en déclarant que l'homme est la mesure de toutes choses, n'entendait nullement nier la valeur objective de la sensation : il pensait seulement qu'elle constitue la seule réalité connaissable, et, de sa variabilité infinie, il concluait à la relativité et par suite à l'impossibilité de la science. C'est bien autre chose que vient dire Démocrite. La

---

1. Cf. V. Brochard. *Protagoras et Démocrite*, *Archiv. für Geschichte der Philosophie*, t. II.

sensation n'implique pas nécessairement la présence de l'objet perçu, elle est une certaine affection de celui qui perçoit. C'était, pour la première fois, affirmer la séparation possible de la pensée et de son objet. Protagoras, comme tous les Grecs avant lui, et comme après lui Platon, n'avait pas admis que ce qui n'est pas pût se penser. Démocrite, le premier, accepte la possibilité d'une pensée qui ne correspond pas à son objet. S'il prend cette attitude, ce n'est pas pour donner l'exemple d'un scepticisme nouveau. Bien au contraire, Protagoras avait nié la science précisément parce que la réalité objective de la sensation ne permettait pas à la connaissance de s'en écarter, et que, enfermée dans des limites aussi étroites, la science eût été variable et contradictoire comme la sensation elle-même. En se débarrassant de cette réalité encombrante, et brisant la chaîne où une positivité trop rigoureuse enserrait l'esprit et arrêtait son essor, en donnant le premier exemple d'une pensée qui se sépare de son objet immédiat et consent à spéculer sur des idées qui peuvent n'être à certains égards que des fictions, Démocrite ne songeait qu'à édifier plus solidement la science positive. C'est là sans doute dans l'antiquité un cas isolé qui risquera longtemps d'être imité par des sceptiques plus que par des savants; mais il est intéressant pour nous que cet exemple vienne d'un géomètre. Nous avons entrevu, dans notre introduction générale, la possibilité que l'habitude même de manier des conceptions de l'esprit dispose le mathématicien à séparer les idées de leurs objets et à les considérer en elles-mêmes ; et nous avons reconnu cependant qu'il fallait, pour en arriver là, une maturité d'esprit qui devait manquer aux penseurs grecs. Peut-être faut-il faire une exception pour Démocrite qui, deux mille ans avant Descartes, supprime toute réalité extérieure aux qualités sensibles de la matière.

Platon a-t-il connu Démocrite ? Malgré quelques allusions où l'on peut songer à trouver des attaques contre les atomistes, il est difficile de rien affirmer. Jamais, en tous cas, Démocrite n'est nommé. L'antiquité a rapproché les deux noms quand il a été question de les opposer en même temps soit aux sceptiques, soit aux empiristes. Pour toute la partie de sa philosophie qui se marque par les tendances mécanistes, Platon peut encore être rapproché de Démocrite. Mais la pensée platonicienne sera plus riche et plus compréhensive que celle de l'atomiste et, par son aspect qualitatif, esthétique, finaliste, s'écartera absolument de l'atomisme d'Abdère.

LIVRE II

PLATON

―

INTRODUCTION

LA GÉOMÉTRIE AU TEMPS DE PLATON

Les écrits de Platon sont pleins d'allusions à la Géométrie, à l'Arithmétique, à la Musique, à l'Astronomie, et les Anciens ont écrit un certain nombre de livres pour exposer les connaissances mathématiques nécessaires à la lecture des dialogues. D'ailleurs, une tradition qui remonte probablement à Eudème, et qui en tous cas s'est formée et conservée dans toute l'Antiquité, nous présente Platon comme ayant déployé un zèle infatigable pour la Géométrie et comme lui ayant fait prendre un très grand essor. Il se serait particulièrement occupé d'une méthode nouvelle de démonstration, l'*analyse*, du problème de la duplication du cube et aurait donné un puissant élan à la théorie naissante des sections coniques. Ce qui est sûr, en tout cas, c'est qu'il a connu un certain nombre d'hommes qui tous ont leur nom inscrit dans l'histoire de la Géométrie. C'est Théodore de Cyrène, dont il suivit probablement les leçons ; c'est Théétète, qu'il a mis en scène dans le dialogue de ce nom ; c'est Eudoxe de Cnide, dont nous dirons le très grand rôle dans la constitution des Eléments ; c'est Ménechme, qui passe pour avoir le premier étudié les sections du cône ; c'est le pythagoricien Archytas, avec qui Platon semble s'être lié d'amitié en Sicile ; c'est Amyclas d'Héraclée ; c'est Dinostrate, frère de Ménechme, c'est Theudios de Magnésie, c'est Athénée de Cyzique et d'autres, dont Proclus nous dit qu'ils ont contribué chacun pour sa part aux progrès de la Géométrie. Si nous ne pouvons assigner avec précision l'œuvre personnelle de Platon, nous avons du moins la certitude que, de son temps, près de lui, souvent peut-être, comme l'indique Proclus, sous sa direction, un travail énorme s'est accompli. L'admiration de Platon pour les Mathématiques, qui déborde de ses œuvres et qui se dégage de tout ce que la tradition nous dit de lui, n'a donc rien d'extérieur ni de superficiel. Il les a connues, cultivées avec passion ; et, quand il demande, dans la République, aux futurs philosophes de s'enfermer longtemps dans l'étude et dans la méditation de ces sciences, c'est qu'il en a subi le charme puissant, et qu'il a le sentiment de puiser à leur source même ce qui peut le mieux justifier l'élévation de ses doctrines.

Mais il importe de connaître, au moins dans leurs grandes lignes, les progrès de la Géométrie au ve et au iv⁰ siècle. Nous constaterons ensuite que l'œuvre accomplie par les contemporains de Platon n'ajoutait pas seulement à une liste déjà longue un certain nombre de vérités nouvelles, mais qu'elle était de nature à appeler tout particulièrement la pensée du géomètre sur des conceptions qui, si elles n'étaient pas tout à fait neuves, prenaient désormais une signification plus profonde.

I. — Les Incommensurables. — La Méthode infinitésimale

Proclus, dans son résumé historique, signale particulièrement Eudoxe et Théétète comme ayant fait progresser la Géométrie. On peut se rendre compte, en prenant pour guide M. P. Tannery[1], de l'importance de leurs travaux.

D'une part, un passage de Suidas attribue à Théétète la rédaction d'une étude sur les cinq solides, c'est-à-dire sur les polyèdres réguliers, qui font l'objet du livre XIII des Éléments. Ce qui intéresse d'ailleurs dans l'étude de ces polyèdres, telle que la présente Euclide, c'est la construction du côté de chacun d'eux, étant connu le rayon de la sphère circonscrite, et l'auteur des Éléments fait intervenir pour cela des lignes irrationnelles de genres spéciaux. Or d'autre part il est

---

1. *La géom. grecque*, Gauthiers Villars, 1887.

naturel d'attribuer à Théétète la classification des irrationnelles qui remplit le X⁵ livre, d'après un passage du Théétète de Platon, où le jeune géomètre, parlant des travaux qui se poursuivent dans l'entourage de Théodore, s'élève à une conception générale des lignes racines carrées incommensurables d'aires rationnelles ; son maître Théodore avait personnellement étudié les racines de 3, 5... jusqu'à 17. Ces remarques se confirment donc et montrent qu'on peut considérer comme due à Théétète toute la partie qui a pour objet la classification des divers genres de lignes irrationnelles, et l'application qui en est faite aux polyèdres réguliers. Les Pythagoriciens avaient découvert, nous l'avons vu, l'incommensurabilité de la diagonale et du côté du carré: en d'autres termes, si l'on veut, ils avaient constaté le caractère irrationnel de la ligne racine carrée de 2. Leurs travaux à cet égard n'étaient pas allés bien loin, puisque Théodore devait montrer l'irrationalité de $\sqrt{3}$, et, c'est au temps de Platon seulement que les développements sur les irrationnelles en général devaient prendre l'importance d'un chapitre spécial de la Géométrie.

Mais la notion générale d'incommensurabilité n'est-elle pas, en dehors des racines carrées, impliquée dans celle du rapport de deux grandeurs de même espèce, toute les fois que ce rapport n'est pas numériquement exprimable? et n'est-elle pas dès lors enveloppée dans toute considération sur les rapports de longueurs, de surfaces ou de volumes, si seulement, en nommant ces rapports, on s'abstient de spécifier que les grandeurs sont commensurables? En particulier, quand on écrit que quatre longueurs forment une proportion, sans aucune restriction sur la nature des rapports qu'elles donnent deux à deux, n'implique-t-on pas consciemment ou non l'idée d'incommensurabilité, dont l'irrationalité de la racine carrée n'est qu'un cas particulier? Si donc les Pythagoriciens maniaient depuis longtemps les médiétés, il est peut-être d'un intérêt médiocre que Théétète, au temps de Platon, soit venu donner quelques types particuliers (les irrationnelles de divers genres) de lignes incommensurables? — Eh bien, si étonnant que cela paraisse, nous avons les plus fortes raisons de croire que les Pythagoriciens n'avaient pas osé accepter, dans sa généralité, la notion des incommensurables ; qu'ils s'étaient bornés à noter le cas de la diagonale, comme une scandaleuse exception ; qu'ils n'avaient jamais manié dans leurs démonstrations que des rapports supposés exprimables numériquement ; et qu'enfin c'est seulement avec Eudoxe que la Géométrie allait décidément écarter cette restriction.

Des témoignages concordants permettent en effet d'attribuer au Cnidien le contenu du Ve livre des Éléments. Ce livre débute par les définitions tout à fait générales des notions de rapport et de proportion.

Etant données deux grandeurs de même espèce, ce qu'on nomme leur rapport, c'est, — avant toute préoccupation de savoir s'il sera ou non représentable par un nombre arithmétique, — une certaine manière d'être quantitative des grandeurs l'une par rapport à l'autre. Et, si A, B, — C, D sont deux couples de grandeurs, on dira que leurs rapports deux à deux sont égaux, ou qu'elles forment une proportion, si, quels que soient les nombres entiers m et p, l'une des relations

$$mA > pB$$
$$mA < pB$$
$$mA = pB$$

entraîne l'égalité de même rang du tableau :

$$mC > pD$$
$$mC < pD$$
$$mC = pD\,[1].$$

Ces définitions une fois posées, le Ve livre d'Euclide expose toutes les propriétés des proportions.

On s'étonnera peut-être que quatre livres tout entiers où se trouvent déjà les principaux théorèmes de la Géométrie plane aient pu se dérouler sans que le géomètre fît jamais appel à la notion de similitude. Et il est curieux en effet de constater que, dans toutes les occasions où cette idée paraît être d'une application

[1]. Pour plus de clarté, nous employons les notations modernes.

naturelle, Euclide fait un détour pour s'en passer. Si nous observons que les quatre premiers livres des Éléments sont assurément les plus anciens, et remontent à peu près complètement aux Pythagoriciens eux-mêmes nous trouverons là un indice significatif du trouble secret que leur causait la pensée des incommensurables et nous apprécierons à sa valeur l'initiative d'Eudoxe.

En même temps nous pouvons attribuer au même géomètre, d'après un témoignage précis d'Archimède, avec la mesure de la pyramide et du cône la méthode qui sert à l'obtenir, qui sert aussi à démontrer que les aires de deux cercles sont proportionnelles aux carrés de leurs diamètres, les volumes de deux sphères proportionnels aux cubes de leurs diamètres, et qui servira d'une façon générale aux quadratures et aux cubatures d'Archimède. C'est la méthode infinitésimale des anciens. On la désigne souvent sous le nom de méthode d'*exhaustion*.

Elle repose au fond sur l'idée qu'on peut passer par continuité d'un polygone au contour variable au cercle qui en est la limite, — ou d'un polyèdre inscrit dans une sphère à la sphère elle-même, — ou d'une somme de prismes, intérieurs à une pyramide et dont le nombre va en augmentant, à la pyramide qui les contient, etc... Mais cette idée toute naturelle qui est évidemment le fait d'une intuition immédiate ne s'exprime pas aussi simplement chez les géomètres grecs.

Leur raisonnement s'appuie sur les deux principes suivants :

1° Si deux quantités sont inégales, la plus petite répétée un nombre de fois suffisant finira par dépasser l'autre ;

2° Si d'une quantité on retranche une partie plus grande que sa moitié, puis qu'on retranche du reste une partie plus grande que sa moitié, et ainsi de suite, on finira par obtenir un reste inférieur à toute quantité donnée.

Ce deuxième principe se déduit du premier (Eucl., livre X, prop. I) et sert de fondement à la démonstration. Supposons, par exemple, qu'il s'agisse de la proportionnalité des aires de deux cercles O et O' aux carrés de leurs diamètres. On considère les polygones réguliers inscrits dans le cercle O', dont on double indéfiniment le nombre des côtés à partir du carré, et l'on voit sans peine qu'en passant d'un polygone au suivant, on diminue de plus que de sa moitié la somme de segments qui forme la différence entre l'aire du polygone et celle du cercle. Il en résulte qu'elle finira par tomber au-dessous de toute valeur assignée. En particulier si l'on suppose les carrés des diamètres des deux cercles proportionnels à l'aire O et à une surface Σ plus grande ou plus petite que O', la somme des segments, que l'on épuise indéfiniment en lui ôtant chaque fois plus que sa moitié, deviendra inférieure à la différence entre O' et Σ, ce qui conduit très vite à une absurdité.

Telle est dans ses traits fondamentaux la méthode d'exhaustion que constitua Eudoxe, et à laquelle Archimède n'ajoutera rien d'essentiel.

L'œuvre d'Eudoxe marque un point culminant dans le développement de la géométrie. Il est vraisemblable qu'elle arrivait d'ailleurs à son heure, préparée par les recherches de ses prédécesseurs immédiats. La preuve en est dans le travail d'Hippocrate de Chios sur la quadrature de certaines lunules[1], qui date du milieu du ve siècle. La reconstitution assez récente d'un texte d'Eudème cité par Simplicius[2] a jeté quelque lumière sur ce travail, qu'il ne faut décidément confondre avec aucune tentative de quadrature du cercle, en dépit d'un mot d'Aristote, peut-être interpolé, et qui donne au contraire une assez haute idée du géomètre Hippocrate. Ses raisonnements s'appuient déjà sur la proportionnalité des aires de deux cercles aux carrés des diamètres, et des aires de deux segments semblables aux carrés des cordes. Sans attendre la méthode infinitésimale qu'Eudoxe devait fonder, avait-il donné de ces théorèmes une démonstration spéciale? ou avait-il admis comme évident que les relations connues pour

---

1. On appelle ainsi la portion du plan comprise entre deux arcs de cercle qui sont sous-tendus par la même corde.
2. Cf. P. Tannery, *La géom. grecque*. Hippocrate de Chios.

les polygones réguliers inscrits s'étendent tout naturellement aux cercles? La notion intuitive de limite aurait simplement précédé de quelque temps dans ses applications spontanées la théorie savante et rigoureuse ; cela ne paraît pas impossible.

II. — Lignes courbes. — Lieux géométriques

C'est à peu près au temps de Platon qu'on fait commencer l'étude des sections du cône, ellipse, hyperbole, parabole. Mais ces mots eux-mêmes rappellent certains travaux que nous avons mentionnés déjà à propos des Pythagoriciens ; ils correspondaient, on se le rappelle, aux trois cas distincts d'une construction, où un rectangle d'aire donnée est en défaut (ellipse), ou en excès (hyperbole), sur un autre, d'un certain carré, ou enfin n'est ni en excès, ni en défaut (parabole). La théorie géométrique des sections du cône commença le jour où l'on s'aperçut que, suivant la position du plan sécant, selon qu'il coupe une seule nappe du cône, ou qu'il coupe les deux nappes, ou qu'il est parallèle à une génératrice de façon à couper une seule nappe suivant une courbe ouverte à l'infini, l'abscisse et l'ordonnée d'un point de la courbe se prêtent respectivement aux trois relations du problème de la parabole des aires. Citons comme exemple le cas de la section parabolique, en empruntant à Apollonius les indications qu'il nous donne d'après les créateurs de la théorie.

Soit un cône de sommet A, dont la base soit le cercle BΓ, le plan ABΓ contenant l'axe ; coupons le cône par

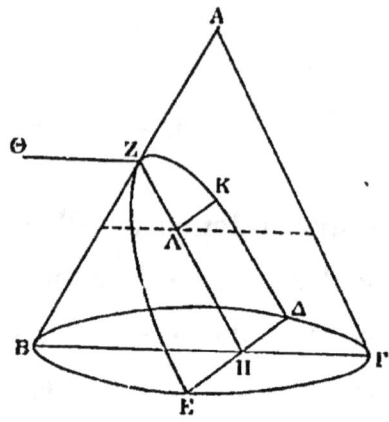

Fig. 9.

un plan dont la trace sur le plan ABΓ soit ZH, parallèle à AΓ, et qui coupe le plan de base suivant la droite ΔE, perpendiculaire au diamètre ZH. Soit enfin une longueur ZΘ qui soit à ZA comme le carré construit sur BΓ est au rectangle de côtés AB, AΓ. — K étant un point quelconque de la section, et KΛ perpendiculaire à ZH, ZΛ, l'*abscisse* du point K, est justement la longueur à construire dans la parabole de l'aire du carré de l'*ordonnée* KΛ faite sur la droite ZΘ. En d'autres termes on a
$$\frac{Z\Lambda}{K\Lambda} = \frac{K\Lambda}{Z\Theta}.$$

Lorsque ZH n'est plus parallèle à AΓ, Apollonius démontre que l'abscisse ZA est toujours la longueur à construire dans la parabole de l'aire du carré de KA, — mais, suivant les cas, en hyberbole ou en ellipse d'un rectangle semblable à un rectangle donné, — faite sur une droite connue. D'où les noms d'hyperbole et d'ellipse aux sections correspondantes. Au fond, l'abscisse ZA étant désignée par x, et l'ordonnée KA par y, c'est la distinction des trois courbes faite d'après l'équation $y^2 = px + qx^2$, où q est nul, positif ou négatif.

Jusqu'où les comtemporains de Platon allèrent-ils dans l'étude des sections coniques ? Il est difficile de l'indiquer avec précision. Apollonius nous dit lui-même, au IIIe siècle, que les principales propriétés de ces courbes étaient connues avant lui. Et d'ailleurs cela se trouve confirmé par l'application qui en avait été faite, ainsi que nous le dirons dans un instant, au problème de la duplication du cube. Dès les premières recherches sur les coniques, c'est-à-dire en somme une fois posée leur définition mathématique, les propriétés géométriques durent apparaître en abondance.

En même temps que naissait cette théorie, d'autres courbes étaient imaginées pour servir à la solution de quelques problèmes spéciaux, quadrature du cercle, trisection de l'angle, duplication du cube. Telle, par exemple, la quadratrice, qu'inventa peut-être Hippias d'Elis, mais à laquelle pourtant la tradition a attaché de préférence le nom de Dinostrate, frère de Ménechme. En voici la définition :

Soit AOB le quart d'un cercle. Imaginons que le rayon décrive d'un mouvement uniforme l'angle AOB

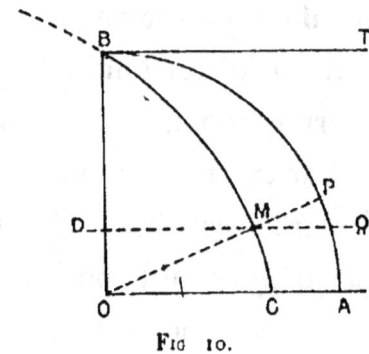

Fig 10.

pendant le même temps qu'une parallèle à OA s'élève d'un mouvement uniforme de la position OA jusqu'à celle de la tangente BT. A chaque instant le rayon et la droite mobiles, OP, MQ, se coupent en un point M; la quadratrice est la trajectoire de ce point (fig. 10).

Cette trajectoire supposée tracée, on divisera facilement l'angle AOB en autant de parties égales qu'on voudra, en trois, par exemple, comme le demandait le problème de la trisection de l'angle : il suffit en effet de prendre le tiers de OB, — soit OD — et de mener par D la parallèle DQ à OA. Cette parallèle coupera la quadratrice en M tel que le rayon OM répond à la question.

Pourquoi ce nom de quadratrice (τετραγωνίζουσα) ?

C'est que cette courbe peut encore servir (et c'était peut-être là son principal usage aux yeux de l'inventeur) à la quadrature du cercle. Ce problème (construire un carré équivalent à un cercle donné) exige seulement que l'on puisse construire deux lignes dont le rapport soit celui de la circonférence ou d'une fraction de la circonférence au rayon. Or, si C est le point limite de la courbe situé sur OA, on voit sans difficulté que les longueurs OA et OC sont dans le rapport du quadrant AB au rayon OA[1].

Le problème de la duplication du cube, appelé encore problème de Délos (parce que la légende attribue à Apollon lui-même l'initiative de cette recherche par le désir qu'il aurait exprimé de voir doubler son temple de Délos), peut s'énoncer ainsi : Étant donné un cube dont le côté est A, construire le côté d'un cube double du précédent. Cette question avait pu paraître aux géomètres du ve siècle analogue à celle qui se trouvait résolue dans le plan : construire un carré double d'un

---

[1]. En langage moderne, nous pouvons représenter la quadratrice par l'équation :

$$\rho = \frac{2R}{\pi} \cdot \frac{\omega}{\sin \omega}.$$

Pour $\omega = 0$, $\rho = OC = \dfrac{R}{\left(\dfrac{\pi}{2}\right)}$.

Il est bien entendu, d'ailleurs, que ce n'est pas une solution à proprement parler de la quadrature du cercle, puisque la longueur OC ne s'obtient pas à l'aide de la règle et du compas.

carré donné. Le côté du carré double est la diagonale du premier. Dans l'espace, quand on substitue le cube au carré, le problème est beaucoup plus compliqué; on pourrait même dire qu'il est insoluble si l'on exigeait que la construction du côté du cube double se fît à l'aide de la règle et du compas.

Nous dirions aujourd'hui que, si A est le côté du cube donné, A³ est son volume, et par conséquent le côté inconnu est la racine cubique de 2A³, c'est-à-dire $A\sqrt[3]{2}$. Mais cela n'aurait rien signifié pour les géomètres anciens. Nous les voyons, à partir d'Hippocrate de Chios, ramener le problème à la recherche de deux moyennes proportionnelles entre A et 2A, le côté cherché étant la première de ces moyennes. En d'autres termes A étant le côté du cube donné, X le côté inconnu du cube double, la question revenait pour eux à trouver deux longueurs X et Y satisfaisant à la double relation

$$\frac{A}{X} = \frac{X}{Y} = \frac{Y}{2A}.$$

Et enfin ils avaient le sentiment très net, s'ils n'en possédaient pas une démonstration rigoureuse, que la construction de ces moyennes ne pouvait se faire avec la droite et le cercle. Ils avaient donc recours à des lignes nouvelles qu'ils jugeaient à propos de définir, ou aux sections coniques.

Eutocius, le commentateur d'Archimède, nous a conservé deux solutions de Ménechme ; l'une fait intervenir deux paraboles, l'autre une parabole et une hyperbole. Voici, par exemple, la première solution :

Soient deux paraboles ayant respectivement pour axes les droites rectangulaires Ox, Oy, l'une de paramètre a, l'autre de paramètre b ; et soit P le point où

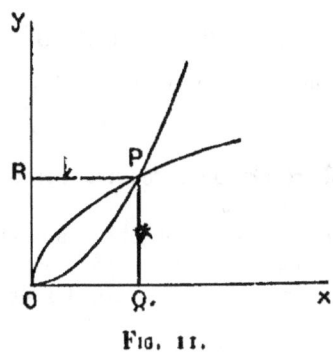

Fig. 11.

elles se coupent. Les ordonnées PQ, PR sont les moyennes proportionnelles entre les longueurs a et b. — En effet, à cause de la propriété qui caractérise les points de la première parabole, on a :

$$\frac{a}{PQ}=\frac{PQ}{OQ} \quad \text{ou} \quad \frac{a}{PQ}=\frac{PQ}{PR}$$

et de même, P étant un point de la seconde parabole, on a :

$$\frac{PR}{b}=\frac{OR}{PR} \quad \text{ou} \quad \frac{PR}{b}=\frac{PQ}{PR}$$

ou enfin :

$$\frac{a}{PQ}=\frac{PQ}{PR}=\frac{PR}{b}. \qquad \text{C. q. f. d.}$$

Eudoxe aurait construit pour le même problème,

d'après Eutocius, certaine courbe de son invention ; nous ne la connaissons pas. Archytas imaginait une ligne définie sur un cylindre droit par son intersection avec un tore[1], et déterminait ensuite les moyennes en coupant cette ligne par un certain cône. Platon enfin se serait occupé de la question, et Eutocius nous dit quelle aurait été sa solution. Le caractère pratique de ce procédé est fait pour nous inspirer les doutes les plus sérieux sur son attribution à Platon lui-même[2].

[1]. Surface de révolution engendrée par un cercle qui tourne autour d'un axe situé dans son plan.

[2]. Imaginons un instrument tel que ABCD formé d'une règle fixe AB et d'une règle mobile CD qui se déplace entre les montants AC, BD, tout en restant parallèle à AB. Soient OE, OF deux droites perpendiculaires

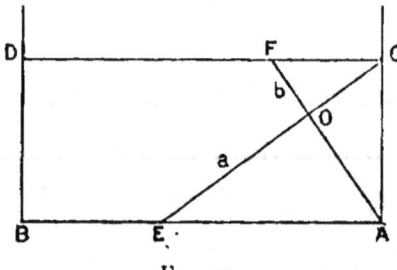

Fig. 12.

et respectivement égales aux longueurs a et b entre lesquelles on veut construire les deux moyennes proportionnelles. On disposera l'instrument de telle façon que les points E et F soient l'un sur le bord de la règle fixe, l'autre sur le bord de la règle mobile, en même temps que les prolongements de OE et de OF passent par les sommets C et A du rectangle formé par les règles et les montants.

Les triangles EAC, FCA, étant rectangles, la hauteur de chacun d'eux est moyenne proportionnelle entre les segments de l'hypoténuse, de telle sorte que l'on a

$$\frac{OE}{OA} = \frac{OA}{OC} = \frac{OC}{OF}$$

OA et OC sont les longueurs cherchées.

Longtemps encore après Platon la construction des deux moyennes suscitera les recherches des géomètres, et la liste des courbes définies et étudiées par eux s'augmentera sans cesse. Ces courbes seront toutes, comme les premières, des *lieux géométriques*, c'est-à-dire des ensembles de points ayant une propriété particulière, une propriété caractéristique, un σύμπτωμα, comme dit Proclus, qui contient en lui-même l'essence de la courbe, et donne, avec la définition, toutes les propriétés. C'est en somme ce qui équivaut pour nous à l'équation. Les lieux géométriques deviennent assez nombreux pour que des tentatives de classification soient faites dès l'antiquité. S'il faut en croire Proclus (d'après Geminus) en un passage que confirment d'ailleurs à peu près les Definitiones du Pseudo-Heron[1], une distinction aurait été faite en courbes *circulaires, hélicoïdes* et *campyles*, c'est-à-dire cercles, courbes qui s'engendrent autour des solides comme les hélices, et sections des solides. Mais cette classification serait postérieure à Platon qui, après avoir distingué les lignes simples, droites et cercles, réunissait en un seul genre de courbes *mixtes*, toutes celles qui ont été appelées depuis hélicoïdes et campyles.

---

1. Cf. P. Tannery, *Bulletin des Sc. mathém.* Sur les lignes et les surfaces dans l'Antiquité, 1884, 1.

III. — Questions de Méthode et de Technologie.

Proclus attribue à Platon l'invention de la méthode *analytique*, c'est-à-dire de celle qui consiste à prendre pour point de départ la proposition à établir et à en déduire une série d'autres jusqu'à ce que l'on parvienne à une vérité connue. Cette marche régressive s'oppose à la méthode dite *synthétique*, qui va de propositions déjà connues à une vérité nouvelle. En fait, nous trouvons au commencement du xiii⁰ livre d'Euclide des exemples de démonstration analytique, suivis chaque fois d'ailleurs de la démonstration synthétique du même théorème. Cette idée, qui n'est appliquée qu'à la fin des Éléments, remonterait-elle à Platon? Remarquons en tous cas qu'il ne saurait être question pour lui à proprement parler de l'invention de la méthode. Elle s'appliquait déjà d'elle-même quand, à propos d'un problème à résoudre, les géomètres le ramenaient à un autre plus simple. La tradition a désigné sous le nom d'ἀπαγωγή cette réduction d'un problème à un autre plus facilement abordable, plus près d'être résolu; et Hippocrate de Chios, par exemple, est cité pour son ἀπαγωγή célèbre, la réduction du problème de Délos à l'insertion de deux moyennes proportionnelles. D'autre part, s'il s'agit d'un théorème à établir, et non plus d'un problème à résoudre, la démonstration par l'absurde n'est-elle pas un exemple de marche analytique? Une proposition dont on veut démontrer la fausseté est posée avant tout, et on en tire ensuite une série de conséquences jusqu'à ce que l'on parvienne à une proposition contradictoire. C'est même là l'emploi idéal de la marche régressive, car dans de pareils cas elle se suffit à elle-même, tandis que lorsqu'il s'agit d'établir une proposition, comme au xiiie livre d'Euclide, le fait qu'une vérité connue peut s'en déduire ne suffit pas à prouver l'exactitude de la première. Il y a là seulement une indication : si toutes les réciproques sont vraies, et dans cette hypothèse seulement, il est permis de renverser la chaîne des propositions; c'est pourquoi il faut faire une vérification en essayant la *synthèse*, comme Euclide en donne l'exemple. Or la démonstration par l'absurde, que Zénon d'Elée maniait si habilement dans sa polémique contre les partisans de la pluralité, s'employait déjà sans aucun doute en mathématique; il suffirait de rappeler cette démonstration de l'incommensurabilité de la diagonale que, d'après un témoignage d'Aristote, nous pouvons attribuer aux Pythagoriciens, et qui consistait à montrer qu'un nombre n'est pas à la fois pair et impair.

Il semble donc difficile de prendre à la lettre le passage de Proclus relatif à l'invention de l'analyse, et peut-être faut-il y voir, comme le soupçonne M. P. Tannery, une confusion avec la double marche ascendante et descendante de la méthode philosophique décrite à la fin du VI⁰ livre de la République.

En tous cas, il est permis de rapprocher cette indication de Proclus d'une foule d'autres portant, à propos de l'histoire de la géométrie, non pas précisément sur la matière de cette science, mais sur sa forme. Il s'agit tantôt de discussions sur les diverses sortes de principes, axiomes, hypothèses, postulats, définitions, — tantôt de la distinction à faire entre différentes espèces de propositions, théorèmes, problèmes, porismes..; tantôt ce sont les parties de la démonstration qui sont séparées et reçoivent des noms distincts. Ces sortes de préoccupations dont nous trouvons l'écho dans le commentaire de Proclus ne remontent pas toujours à une haute antiquité, mais du moins, en dehors de ce qui concerne Platon, quelques allusions très précises à Ménechme et à Speusippe nous autorisent à penser que les questions de méthode et de technologie étaient déjà à l'ordre du jour parmi les contemporains de Platon.

Nous pouvons arrêter là ce résumé nécessairement incomplet des recherches géométriques au v⁰ et au iv⁰ siècle, tel qu'il est permis de le présenter sans trop d'incertitude.

Des dernières remarques qui précèdent nous conclurons seulement que la pensée mathématique avait acquis déjà, au temps de Platon, assez de maturité pour devenir elle-même matière à méditation, et pour que la forme de la langue mathématique fournît un élément précieux à la réflexion des géomètres. Quant à l'ensemble des travaux que nous avons mentionnés, s'il donne l'impression d'un accroissement très appréciable de connaissances, il marque aussi une évolution fort importante des concepts fondamentaux.

Tout d'abord l'étude des incommensurables est devenue de plus en plus complète. Le géomètre est amené d'une part à manier et à classer une foule de lignes irrationnelles ; d'autre part, l'incommensurabilité des grandeurs n'est plus un obstacle à l'application des rapports et proportions aux longueurs, aux surfaces et aux volumes. Ce qui s'était présenté comme une redoutable antinomie, comme un scandale logique, ce fait que deux longueurs peuvent exister entre lesquelles il n'y a pas de rapport numériquement exprimable, cessait désormais de troubler l'esprit du géomètre. Mais, en même temps, nous sommes peu surpris de voir un penseur tel que Platon attacher aux incommensurables une importance énorme, comme si, pour lui, leur notion était un des points fondamentaux de la géométrie. S'il y fait de si fréquentes allusions, s'il ne peut s'empêcher de les mentionner toutes les fois qu'il cherche dans le domaine de la science l'exemple d'une vérité que tout le monde devrait connaître et méditer, la raison n'en est pas difficile à saisir. Pour que la notion nouvelle de la grandeur incommensurable prît enfin sa place naturelle en géométrie, il n'avait fallu rien moins au fond qu'une transformation radicale de l'idée de nombre.

Considérons deux grandeurs telles que la diagonale et le côté d'un carré : ne sont-elles pas liées entre elles par une certaine manière d'être quantitative, comme dit Euclide, indépendante de tout calcul, de tout procédé qui pourra nous servir à l'exprimer ? C'est là, dans ce qu'il aura de plus général, le λόγος, le rapport des deux grandeurs. Il ne revêt pas la forme particulière d'un nombre entier ou d'une fraction : qu'importe ? Cela prouve simplement que les moyens qui nous faisaient aboutir à cette sorte d'expression étaient insuffisants, que l'idée de quantité, de rapport, de nombre, n'était pas épuisée par la méthode qui consistait à ajouter simplement, à juxtaposer des éléments identiques, unités ou fractions d'unité. Lorsque nous disons, en présence de nos deux longueurs, que l'une est déterminée en quelque façon par l'autre, qu'elle en participe de quelque manière, nous sommes en même temps dans l'impossibilité absolue de montrer certains éléments de l'une, dont la répétition permettrait de reconstituer l'autre : c'est tout simplement que ce mode nouveau de participation échappe à toute image additive.

Dira-t-on qu'il y a là un genre de quantité tout à

fait singulier, n'ayant aucun rapport avec le nombre, seul connu jusqu'ici? Il est, au contraire, assez facile de donner une place au nombre nouveau dans l'échelle de ceux dont nous disposions auparavant. Il suffit, pour cela, de se laisser guider par Platon qui précisément a choisi ce problème pour faire Ménon témoin des merveilleux effets de la réminiscence. Le procédé est très clair; mais il n'a plus aucun rapport avec la comparaison des nombres de l'arithmétique primitive: il consiste à comparer des longueurs entre elles, non plus par les sommes d'éléments qu'elles représentent, mais par les carrés qu'elles sont en puissance de fournir.

L'intuition géométrique prend désormais un rôle spécial et nouveau, en tant que représentative de la quantité. D'une part, elle a révélé des états de grandeur que la simple addition d'éléments identiques ne suffit plus à constituer, et en même temps elle a fourni elle-même le moyen de les faire entrer dans l'échelle des nombres. D'autre part, elle généralise certaines propriétés quantitatives. Les nombres arithmétiques ne sont que très rarement des carrés; 2, par exemple, n'est pas un carré. Or, en géométrie, si l'on part du carré de côté 1, c'est-à-dire du carré 1, il suffira de construire, comme dans le Ménon, le carré qui aurait la diagonale pour côté; ce sera le carré 2. Les nombres 1 et 2 étaient à cet égard dissemblables, la géométrie leur rend la similitude. Après cette étude (celle de l'arithmétique), lisons-nous dans l'*Epinomis*, « vient immédiatement celle que l'on nomme ridiculement Géométrie (mesure de la Terre), et qui consiste à donner à des nombres naturellement dissemblables une similitude se manifestant sous la loi des figures planes. C'est là une merveille qui, si l'on arrive à la bien comprendre, apparaîtra clairement, comme venant non de l'homme, mais de la divinité. »

Mais il est une autre façon d'envisager les incommensurables. Si l'on essaie de trouver la mesure de la diagonale d'un carré, en prenant pour unité le côté, il est entendu qu'on peut diviser ce côté en autant de parties égales qu'on voudra : jamais un nombre de ces parties ne représentera la diagonale. Et cependant il est aisé d'obtenir des nombres qui la mesurent avec une approximation de plus en plus grande. C'est ainsi que, par exemple, si elle contient une fois le côté, elle contient 14 dixièmes, 141 centièmes, 1414 millièmes de ce côté, et il est clair que les longueurs 1, — 1,4, — 1,41, — 1,414... diffèrent de moins en moins de la diagonale. L'impossibilité d'obtenir la mesure exacte se confond alors avec l'impossibilité de parvenir au terme d'une suite qui est sans fin, en vertu même de la règle qui sert à la former, et l'on peut dire de la ligne incommensurable qu'elle est, dans ces conditions, la limite inaccessible de la série de longueurs que nous lui substituons. Or cette manière de voir les choses qui, au fond, n'est autre que la méthode d'exhaustion, va pouvoir s'employer dans une foule de cas. Qu'il s'agisse, par exemple, de l'aire d'un cercle, de la surface ou du volume d'un corps rond, de la longueur d'un arc de courbe, il n'est pas permis d'en parler tout d'abord avec clarté. Qu'est-ce qu'une aire plane limitée par une courbe? Qu'est-ce que la longueur d'une ligne qui n'est pas composée exclusivement de droites, ou le volume d'un solide que ne limitent pas seulement des faces planes? On se pose ces questions comme on se demandait ce que pouvait être un rapport non exprimable par un nombre. Pas plus que dans ce dernier cas, la géométrie ne voudra renoncer aux autres considérations quantitatives, sous prétexte que d'elles-mêmes elles n'ont pas un sens précis. Et l'on peut dire que dès les travaux d'Eudoxe il n'y a plus dans ces sortes de questions aucune impossibilité. Chaque fois qu'interviendra une quantité quelconque relative à la circonférence du cercle, celle-ci sera considérée comme la limite d'un polygone inscrit dont le nombre des côtés augmente indéfiniment. La sphère sera de même la limite d'un polyèdre inscrit, et ainsi de suite. D'une façon générale, quand l'intuition géométrique semblera offrir par ses exigences de forme quelque irréductibilité au nombre, la notion de limite et la méthode d'exhaustion sauront faire tomber l'obstacle. Par là disparaît tout ce qui semblait faire entrave à la fusion du nombre et de l'étendue continue.

En même temps, les problèmes de la trisection de l'angle et de la duplication du cube amènent tout naturellement Platon et ses contemporains à manier, avec les sections coniques, d'autres lignes plus ou moins compliquées, et à faire rentrer la notion générale de courbe dans celle de *lieux géométriques*. On se rappelle en effet, si nous prenons en exemple la section du cône, dans quelle propriété quantitative spéciale, caractéristique d'un quelconque de leurs points, était leur signification et leur importance. Cela apparaît avec une clarté saisissante si l'on examine de près quelque problème où interviennent ces lignes, tel, par exemple, que les solutions de Ménechme pour la question des deux moyennes proportionnelles. Dans celle que nous avons citée, que représentent les deux paraboles, sinon chacune un lieu de points dont l'abscisse et l'ordonnée satisfont à une certaine relation? Le point où elles se coupent, c'est le point auquel correspondent deux relations, et il se trouve justement que la simultanéité des deux relations équivaut au fait géométrique que deux lignes particulières de la figure sont les moyennes cherchées. C'est déjà, deux mille ans avant Descartes, la géométrie analytique qui prend naissance, sinon dans sa forme, au moins dans son esprit. Une courbe tire toute sa raison d'être, toutes ses propriétés d'une relation quantitative entre des longueurs et des surfaces qui correspondent à chacun de ses points. Au fond elle est tout entière dans cette relation, qui est son caractère spécifique. Et c'est ainsi que tous les progrès de la géométrie au temps de Platon concouraient à une pénétration de plus en plus étroite de la quantité dans le continu de l'intuition.

QUESTIONS PRÉLIMINAIRES

Quels moyens avons-nous d'atteindre à la pensée de Platon ?

Elle s'est exprimée en un certain nombre d'écrits qui nous sont parvenus; elle s'est complétée dans un enseignement oral, sur lequel l'antiquité peut nous donner quelques informations utiles; enfin les anciens qui ont si souvent interprété Platon offrent à nos recherches un secours qu'il ne faut pas dédaigner.

Quelques brèves réflexions sont nécessaires tant pour montrer toutes les difficultés qu'il y a à utiliser ces ressources que pour justifier d'avance certaines appréciations.

Les Ecrits de Platon.

La première difficulté qui se présente ici est de savoir quels sont les écrits authentiques. Les listes les plus anciennes des œuvres de Platon sont celles d'Aristophane de Byzance (IIIe siècle av. J.-C.) et de Thrasylle (très peu de temps avant l'ère chrétienne), que Diogène Laërce nous a conservées. La critique moderne n'a pu se résoudre à les accepter sans réserve, et, à part quelques rares érudits, tous sont d'avis qu'il faut choisir dans l'ensemble. Il est permis d'abord d'affirmer l'authenticité des dialogues mentionnés par Aristote, la République, le Phèdre, le Timée, les Lois. Mais que penser des autres ? Quelques savants ont essayé de les comparer aux premiers et de voir s'ils s'accordent ou non avec eux pour la doctrine : déplorable méthode, à la fois prétentieuse et arbitraire. Zeller a proposé d'utiliser autrement les dialogues cités par Aristote. Sans chercher à définir par leur contenu toute la philosophie platonicienne, on peut noter les rapprochements de détail, les allusions que tel dialogue présente à quelque théorie donnée par l'un des premiers. Le procédé n'est rien moins que sûr, d'abord en ce qu'il n'autorise aucun jugement sur les écrits qui n'offrent pas d'allusion reconnaissable et ne donnent lieu à aucun rapprochement ; ensuite parce que le premier soin d'un faussaire aurait été, nous semble-t-il, de multiplier les affirmations qui rappellent le mieux les théories platoniciennes. Mais en somme, à consulter la grande majorité des critiques, nous n'avons vraiment aucune raison sérieuse de mettre en doute l'authenticité de tous les dialogues importants, y compris le Parménide, le Sophiste et le Politique. — Les lettres sont douteuses, nous n'en parlerons pas.

Une seconde difficulté résulte de l'impossibilité où

nous sommes de fixer l'ordre dans lequel se succédèrent les dialogues, durant une période d'environ cinquante ans. Qu'on songe à la façon dont nous risquerions de juger Kant, si nous placions la *Critique de la Raison pure* au début de sa carrière et le traité des *Forces vives* ou la *Monadologie* à la fin. Il est vrai que si la philosophie de Platon est complexe, on n'aperçoit pourtant pas à la lecture des dialogues des différences tellement saisissantes qu'elles ne puissent souvent s'expliquer par les différences de points de vue, par la multiplicité d'aspects d'une pensée riche et compréhensive : et le problème de la chronologie ne s'impose pas avec la même nécessité que pour Kant. N'importe, personne ne contestera que, faute de le résoudre, nous manquons d'un élément d'information. En elle-même d'ailleurs, la question est faite pour exciter la curiosité et l'ingéniosité des critiques, et les recherches qu'elle a provoquées sont extraordinairement nombreuses.

L'intérêt que nous y attacherons porte uniquement sur la place des dialogues dialectiques, où Zeller veut voir une œuvre de jeunesse, et où au contraire nous sentons une grande maturité : et avec les innombrables chercheurs, notamment Campbell et Lutoslawsky, qui sur ce point apportent des conclusions contraires à celle de Zeller, nous admettrons que ces dialogues sont de la fin de la carrière de Platon.

Enfin la dernière difficulté, et de beaucoup la plus

importante, pour quiconque veut connaître Platon par ses écrits, est de savoir jusqu'à quel point son langage est symbolique, mythique, comme disent les Allemands : jusqu'à quel point on doit s'éloigner de la lettre des écrits, quand on veut convenablement les interpréter. Que Platon a un penchant marqué pour les allégories et pour les mythes, cela n'est pas à prouver. Les mythes du Protagoras, du Phèdre, du Gorgias, et bien d'autres qui remplissent les dialogues sont un régal littéraire pour le lecteur qui y reconnaît sans peine la marque d'un grand poète. Faut-il n'y voir que des envolées de son imagination? Assurément non. Platon lui-même nous laisse suffisamment entendre que ces fables ont à ses yeux une portée significative. Le récit de Protagoras, par exemple, est précédé des lignes que voici : « Si tu peux nous démontrer clairement que la vertu est de nature à être enseignée, ne nous cache pas un si grand trésor, et fais-nous-en part, je t'en conjure. — Je ne te le cacherai pas non plus, reprit Protagoras, mais choisis : veux-tu que comme un vieillard qui parle à des jeunes gens, je te fasse cette démonstration par le moyen d'une fable, ou bien que j'emploie le raisonnement? — A ces mots la plupart de ceux qui étaient là assis s'écrièrent qu'il était le maître. — Puisque cela est, dit-il, je crois que la fable sera plus agréable[1]. »

---

1. Protag. p. 320, trad. Cousin.

Dans le Phèdre, Socrate présente le mythe fameux de la chevauchée des âmes comme un procédé imparfait, mais du moins à la portée des hommes incapables de parler autrement des choses divines. « Occupons-nous maintenant de l'âme en elle-même. Pour faire comprendre ce qu'elle est, il faudrait une science divine et des dissertations sans fin, mais pour en donner une idée par comparaison, la science humaine suffit et il n'est pas besoin de tant de paroles. C'est donc ainsi que nous procéderons. Comparons l'âme aux forces réunies d'un attelage ailé et d'un cocher[1]... » D'autres fois c'est encore plus clair, et l'allégorie devient vraiment une simple comparaison. « Maintenant, dit Socrate, dans la République[2], pour avoir une idée de la conduite de l'homme par rapport à la science et à l'ignorance, figure-toi la situation que je vais te décrire. Imagine un antre souterrain, très ouvert dans toute sa profondeur du côté de la lumière du jour,... etc... » Suit la description bien connue de la caverne. Dans de tels exemples et dans une foule d'autres, le caractère du mythe platonicien est assez bien défini par ce mot d'Olympiodore[3] : « Μῦθος ἐστι λόγος ψευδὴς εἰκονίζων ἀλήθειαν. » S'il est plus ou moins facile en pareil cas de saisir exactement l'intention du philosophe, du moins

---

1. Phèdre, p. 246
2. Rép., p. 514
3. Cité par Couturat, *Thèse latine*, p. 64

le lecteur est assez averti qu'il se trouve en présence de fables ou d'allégories à interpréter. Mais voici où commence la plus grande difficulté : Il est impossible de songer à faire deux parts dans les écrits de Platon, et, après avoir mis de côté ce qu'il donne comme allégorique, de voir dans tout ce qui reste l'expression adéquate de sa pensée. La tendance au mythe et au symbole est si forte chez lui qu'elle risque de se manifester à chaque instant dans le langage et dans le tour des idées, alors que rien ne nous en avertit, au moins en apparence. Personne n'osera le contester. Ceux mêmes qui à propos du Dieu de Platon, par exemple, veulent prendre à la lettre son rôle de démiurge tel qu'il est décrit dans le Timée, se récrient dès qu'il est question *des dieux*, déclarant, lorsque le pluriel est substitué au singulier, qu'il faut distinguer avec soin la pensée du philosophe et la forme dont elle se revêt. Personne ne voudra soutenir qu'en dehors des fables et des allégories présentées comme telles, Platon s'abstient de tout langage symbolique. Mais alors notre embarras est grand. Quand faut-il dire, en présence d'un texte quelconque : « cela est mythique, c'est une façon de parler, qu'il convient de traduire : l'idée que l'auteur veut laisser entendre est enveloppée, elle est cachée sous les mots, ce n'est pas celle qu'ils expriment par eux-mêmes. » Au contraire quand faut-il dire : « Ceci est du Platon tout pur. » — Voilà, par exemple, Aristote qui reproche très sérieusement à Platon d'avoir fait naître le monde en lui laissant l'éternité future. Et voilà d'autre part, d'après le témoignage de Plutarque, les disciples immédiats de Platon, et principalement Xénocrate déclarant que dans la pensée du maître, l'âme du monde n'est pas née dans le temps. « Elle a plusieurs facultés dans lesquelles Platon divise son essence pour aider la théorie, θεωρίας χάριν : et c'est ainsi, disent-ils, qu'en paroles seulement, et non en réalité, il la suppose née et résultant d'un mélange ; et de même, d'après eux, Platon savait fort bien que le corps du monde est éternel et n'a jamais été engendré ; mais sachant par la pensée l'économie du monde et l'ordre qui y règne, si l'on ne supposait d'abord sa génération et le concours primitif des éléments générateurs, il comprit qu'il fallait suivre cette voie[1] ». Des exemples analogues abondent et en particulier les études de Teichmuller et la thèse latine de M. Couturat montreront aisément à qui voudra s'en rendre compte jusqu'où peut aller, chez des critiques intelligents et consciencieux, le droit qu'ils s'arrogent de chercher la pensée de Platon sous le symbole.

Faut-il s'effrayer outre mesure de la difficulté ? Peut-être, s'il s'agissait d'une investigation trop complète et trop minutieuse, si l'on se proposait de

[1] Plut., *De la naissance de l'âme*, ch. III. — Fouillée. I. X, ch. II.

demander à Platon ce qu'on n'ose même pas se demander à soi-même, une réponse précise à toutes les questions qui peuvent être posées sur le monde, sur la vie, sur Dieu, sur l'âme... Ce n'est pas notre cas, nous voulons mettre en relief certains courants directeurs de la pensée platonicienne, plus encore que les conclusions métaphysiques auxquelles elle aboutit. Mais si nous nous trouvons en présence de problèmes qu'il est impossible d'éviter, la Connaissance, les Idées, l'Être,... nous prendrons pour guide l'impression directe que nous produira la lecture des dialogues.

L'Enseignement oral.

Platon a enseigné à l'Académie : personne ne le conteste. Mais qu'a-t-il enseigné ? Les dialogues nous donnent-ils, abstraction faite des difficultés d'interprétation, toute la substance des leçons orales, ou bien à côté d'écrits destinés au grand public, était-il traité de questions plus savantes ? On peut présenter à l'appui de cette dernière thèse quelques arguments sérieux. Faut-il citer d'abord le passage du Phèdre où Platon, par la bouche de Socrate, fait des réflexions curieuses sur le rôle des écrits du philosophe ? « Celui qui connaît ce qui est juste, beau et bon aura-t-il selon nous moins de sagesse dans l'emploi de ses semences que le laboureur n'en montre dans l'emploi des siennes ? Il n'ira donc pas sérieusement les déposer dans l'eau noire, les semant à l'aide d'une plume, avec des mots incapables de s'expliquer et de se défendre eux-mêmes, incapables d'enseigner suffisamment la vérité?... Non, mais s'il sème jamais dans les jardins de l'écriture, il ne le fera que pour s'amuser, et se faisant un trésor de souvenirs, et pour lui-même quand la vieillesse amènera l'oubli, et pour tous ceux qui suivent les mêmes traces[1]... » Ce passage si fréquemment cité oppose-t-il vraiment l'enseignement oral à l'enseignement écrit, ou bien, comme quelques-uns l'ont pensé, oppose-t-il surtout le discours continu au dialogue, le premier présentant ce caractère que les affirmations ne sont pas suffisamment défendues, puisqu'elles ne sont pas discutées, les seconds répondant à cette nécessité, grâce à la méthode dialectique qui permet de présenter et de réfuter toutes les objections?... Il serait peut-être difficile de concilier le mépris que semblerait témoigner Platon pour toute espèce d'écrits, si l'on prenait ce passage à la lettre, et le nombre considérable de dialogues auxquels il a consacré un soin manifeste. — Mais, quoi qu'il en soit, nous pouvons faire appel à d'autres témoignages plus significatifs. A propos de l'opinion de Platon sur l'espace, Aristote invoque les « Doctrines non écrites », ἄγραφα δόγματα[2]. Puis surtout, quand il discute les théories de son maître, et en

---

1. Phèdre, p. 276. — trad. Cousin.
2. *Phys.*, Δ, 1, 109 b.

particulier dans les deux derniers livres de la Métaphysique, il lui arrive fréquemment de mentionner certaines notions platoniciennes, comme celle de la *dyade indéterminée*, et d'exposer certaines conceptions, comme celle des *Idées-Nombres*, dont il n'est pas question dans les dialogues. En outre les commentateurs anciens nous parlent d'un ouvrage d'Aristote qui avait pour titre περὶ τἀγαθοῦ[1], et qui contenait, disent-ils, l'exposé des hautes théories platoniciennes développées dans les leçons orales. Simplicius nomme, d'après Alexandre d'Aphrodisias, les disciples qui avaient rédigé ces leçons et avaient ainsi fourni la matière du traité du Bien : Speusippe, Xénocrate, Héraclide, Hestiée et Aristote[2]. Un disciple immédiat d'Aristote, Aristoxène, nous a laissé sur l'enseignement oral de Platon ce curieux renseignement : « On était venu croyant entendre parler de ce qui s'appelle biens parmi les hommes, de richesse, de santé, de force, en un mot de quelque merveilleuse félicité : et lorsque arrivaient les discours sur les nombres et les mathématiques, et la géométrie, et l'astronomie, et la limite, identique avec le bien, tout cela semblait fort étrange ; les uns ne comprenaient pas, les autres mêmes s'en allaient. C'est là qu'Aristote conçut de son propre aveu la nécessité d'amener

---

1. Ravaisson, *La Mét. d'Aristote*, t. I, p. 69 et sq.
2. Simplicius, in *Phys.*, 32 b.

par des introductions aux difficultés de la Science¹. »

Ces témoignages nous paraissent décisifs. Il est impossible de faire abstraction de l'enseignement oral, de se borner au contenu des écrits, et de rejeter les informations d'Aristote quand on n'a pas d'autre raison que le silence des dialogues sur les points mentionnés.

La Tradition platonicienne.

La philosophie platonicienne n'est pas morte avec Platon, si l'on en juge par tous ceux qu'il est permis de nommer ses disciples. Mais quelle variété dans les doctrines de ces penseurs! Speusippe, Xénocrate, les successeurs immédiats de Platon dans la direction de l'Académie, plus tard Alcinoüs et Plutarque, Philon le Juif, les Alexandrins, les Pères de l'Église, tels que Clément d'Alexandrie et Origène, puis saint Augustin et plus tard saint Anselme, — sans compter les philosophes de la Nouvelle Académie, — nous apportent tous à leur manière un écho de la pensée de Platon. Sans insister sur chacun d'eux, on peut dire que dans leur ensemble ils présentent le platonisme sous deux aspects tout à fait différents, l'un qu'offre la tradition la plus ancienne, aspect logique et mathématique, l'autre qui date de Philon, aspect mystique et religieux.

Speusippe et Xénocrate sont connus surtout pour avoir imprégné leur philosophie de mathématisme.

1 Harm., II, 30, éd Meibom — Ravaisson, t. I, p. 71

Speusippe sépare l'unité du Bien et de la pensée ; il l'oppose à la multiplicité, à l'infini des Pythagoriciens ; et les Idées, dépouillées de tout attribut qualitatif, sont à ses yeux des combinaisons de l'un et du multiple. Xénocrate identifie les Idées et les nombres mathématiques. — Aristote de qui nous tenons ces renseignements n'entend pas confondre les disciples avec le maître. S'il sait nous dire lui-même ce qu'il trouve de personnel aux théories de Platon, et s'il montre qu'il en apprécie au moins l'extension et la complexité en faisant porter la discussion de ces théories sur tous les problèmes auxquels il touche lui-même, l'impression qui se dégage de ses nombreuses critiques est qu'à ses yeux la philosophie platonicienne est essentiellement logique. Quand il résume, dans leurs traits fondamentaux, les systèmes philosophiques de ses prédécesseurs, arrivé à Platon, il s'exprime ainsi : « Étudiant comme Socrate les universaux, Platon continua son maître : mais il admit que les définitions s'appliquent réellement à des êtres fort différents des choses sensibles, par cette raison qu'une commune définition ne peut jamais convenir aux objets des sens, attendu qu'ils sont dans un flux perpétuel. Ces êtres nouveaux furent appelés Idées, du nom que Platon leur donna. Il ajouta... que les individus n'existent que par leur participation aux idées. C'est Platon qui introduisit ce mot nouveau de participation. Les Pythagoriciens s'étaient contentés de dire que les êtres sont l'imitation des nombres ; Platon dit qu'ils sont la participation des idées, expression qui n'est qu'à lui et qu'il a inventée... Platon admet encore en dehors des choses sensibles et des idées, les êtres mathématiques... » et plus loin : « c'est par le Grand et le Petit que les idées qui participent de l'Unité sont aussi les nombres[1]..... »

D'une part donc c'est la théorie des Idées qu'Aristote voit surtout chez son maître, c'est elle qu'il place au cœur de la doctrine, c'est en elle que réside à ses yeux l'essentiel du platonisme ; et d'autre part l'Idée de Platon, sauf qu'elle reçoit une existence séparée, n'est guère autre chose que la définition de Socrate et que le nombre de Pythagore : l'historique de la philosophie ancienne peut aller, sous la plume d'Aristote, presque sans discontinuité, de Thalès à Platon.

Ainsi, à consulter les disciples immédiats, ceux qui continuent l'enseignement du maître, comme celui qui le combat, la pensée de Platon apparaît comme plus compréhensive sans doute que celle de ses prédécesseurs, mais ne s'en écartant que pour accentuer son attachement au nombre, à la notion définie, à l'essence logique et intelligible des choses.

Tout autre est le Platon judéo-chrétien, dont les

---

[1]. Mét, A, 6 et 7, trad. Barth. Saint-Hilaire, t. I, p. 58 et sq

traits essentiels se fixent avec Philon. La tradition ancienne n'est pas complètement oubliée chez Philon et les réflexions abondent où domine le souci du nombre et de la mesure. Le nombre et les proportions géométriques jouent un grand rôle comme raison des lois des choses sensibles. Le quaternaire est le nombre par excellence ; la décade exprime la plénitude et l'universalité de la création divine, etc... Mais ce n'est pas là le plus important. L'essentiel de la doctrine est ce qui concerne Dieu, son rapport au monde, la création, l'extase. Ce qui s'appelait chez Platon l'Idée du Bien, et était donné comme supérieur à l'Intelligence, devient avec Philon le Dieu supérieur à tout, au Vrai et au Bien. Il est celui qui est ; et il se cache dans les profondeurs impénétrables de son essence. Entre lui et le monde, il faut un médiateur, c'est le Verbe, le λόγος, tout à la fois lieu des Idées, comme semblait être le νοῦς de Platon, et principe de vie. En lui l'essence intelligible et la puissance sont unies. Il a d'ailleurs un double aspect : intérieur, ἐνδιάθετος, il est tourné vers Dieu ; — προφορικός proféré, il rappelle l'âme du monde dont le Timée décrit la naissance, il est le premier né, le premier archange, il va animer le monde, ce sera le πνεῦμα ἅγιον, le souffle ou l'esprit saint. Dieu a créé le monde, en ce sens qu'il n'a pas seulement rendu visible ce qui existait déjà, mais qu'il a produit ce qui n'existait pas ; il n'est pas seulement architecte de l'univers, δημιουργός, mais aussi fondateur, κτίστης. Philon est bien près de la création ex nihilo, il semble n'en être séparé que par ce fait que Dieu, au lieu de faire sortir le monde du néant, le tire de lui-même, il l'engendre : c'est le père, comme il est dit dans le Timée. A l'Amour enfin, tel que le présente Platon, se substitue la contemplation extatique.

Ces doctrines du penseur hébreu, transportées par Nemenius, pénètrent dans l'école grecque d'Alexandrie. Les Pères de l'Église, qui, au dire de Porphyre, vont écouter les leçons d'Ammonius Saccas, s'imprègnent également de la philosophie judéo-platonicienne, et en apportent l'écho dans leurs discussions théologiques qui aboutissent à la fixation du dogme de la Trinité. Plotin veut revenir à la tradition païenne; c'est au fond pour développer et compléter avec l'extase, avec sa théorie de l'émanation, avec sa procession double de l'un aux choses et des choses à l'un, les éléments essentiels de la philosophie de Philon.

Entre ces deux aspects si différents du platonisme, lequel est le vrai ? On peut se demander si Aristote a toujours compris les théories qu'il discute et jusqu'à quel point Speusippe et Xénocrate sont fidèles à la doctrine de leur maître. Mais quand il s'agit de l'interprétation postérieure, aucun doute n'est permis : un élément étranger s'introduit tout à coup. C'est d'une façon générale l'esprit mystique et religieux de l'Orient.

qui vient imprimer son cachet à la pensée platonicienne ; et ce sont aussi quelques indications tirées des livres sacrés des Hébreux ou des Perses qui suggèrent évidemment une interprétation spéciale des théories de Platon. Telle est la cosmogonie de la Genèse, telle la doctrine de la Sagesse, que contiennent les livres hébreux, et où se trouve déjà l'idée du Verbe créateur, telle encore la doctrine du Verbe divin dans les livres religieux de la Perse[1]. Par conséquent, s'il nous arrive d'interroger la tradition platonicienne, nous aurons à retenir qu'elle s'est compliquée de très bonne heure d'un caractère religieux qui ne lui appartenait pas. Sous cette réserve, il est trop clair que nous ne devons exclure aucune source d'information, et tous ceux qui dans l'antiquité se sont réclamés de Platon peuvent nous aider dans l'étude de sa pensée. D'une part il ne saurait nous être indifférent de voir cette pensée se transformer si aisément en une sorte de mathématisme, dès qu'elle est interprétée par celui de tous les disciples que le maître a désigné lui-même pour lui succéder, par Speusippe, à qui il a confié la garde de sa doctrine et de ses écrits. Et d'autre part nous n'oublierons pas que c'est la philosophie de Platon qui par sa nature propre a pu revêtir dans l'esprit de quelques hommes le caractère mystique des croyances religieuses de l'Orient.

1. Cf. Fouillée, *La phil. de Platon*, 2ᵉ partie, l. IV, ch. 1. Voir aussi Vacherot, *Hist. de l'Éc. d'Alexandrie*.

CHAPITRE PREMIER

DOGMATISME

Les philosophes de la Nouvelle Académie aimaient à citer Platon parmi les ancêtres de leur école ; et lorsque Arcésilas et Carnéade recommandaient l'ἐποχή, la suspension du jugement, ils prétendaient suivre jusqu'à un certain point la tradition de la première Académie. De notre temps, maints lecteurs des dialogues se demandent s'il ne faut pas voir chez leur auteur un sceptique, une sorte de dilettante, qui se plaît à soutenir alternativement les thèses contraires. Pour nous Platon est un dogmatique dans le sens le plus sérieux du mot. Il croit à la Science, il croit aux vérités qu'elle proclame, il croit à la possibilité pour la raison humaine d'atteindre à la connaissance des réalités éternelles. Et il nous semble qu'une lecture attentive de ses œuvres suffit à le prouver.

Certes tout le monde reconnaît que dans un certain nombre de dialogues, où se trouve posé avec précision quelque grave problème, Platon se contente de rejeter une série de solutions, sans présenter la sienne. C'est ainsi que dans le Théétète ne se trouve aucune réponse à cette question : Qu'est-ce que la science ? et que, dans le même dialogue, sept explications de l'erreur sont successivement réfutées sans que Platon s'arrête à aucune. Mais d'abord il ne faut pas s'y méprendre : rejeter une série de solutions déterminées d'un problème n'est pas le fait d'un sceptique. Protagoras se trompe, dit Platon ; la Science, ce n'est pas la sensation : ce n'est pas non plus l'opinion, pas même l'opinion droite accompagnée de définition. Il y a là, en dépit de la forme sous laquelle elles se présentent, les affirmations les plus positives, et nous saurons y montrer la condamnation catégorique de l'empirisme. De plus nous n'avons pas le droit de juger isolément chaque dialogue comme une œuvre se suffisant à elle-même ; telle question, qui est posée dans l'un, est résolue dans l'autre. C'est ainsi, par exemple, que pour ce qui concerne l'erreur, le Sophiste nous apporte la solution très nette de Platon : le non être existe, quoi qu'en ait dit Parménide, et il explique la possibilité de l'erreur. C'est ainsi encore que le Théétète ne doit être considéré que comme introduction à la théorie de la science, et que la République, par exemple, montre à quelle hauteur Platon élève cette science au-dessus des conceptions empiriques qu'il avait discutées.

D'ailleurs, à côté des dialogues que remplit la discussion et dont on risque de ne pas voir tout de suite la portée dogmatique, n'en avons-nous pas d'autres comme le Phédon, la République, le Philèbe, où les théories et les doctrines sont exposées, démontrées, affirmées sans restriction ? Et enfin, sans entrer ici dans la philosophie platonicienne de la Connaissance qui fera l'objet du chapitre suivant, le ton ordinaire des dialogues n'est-il pas significatif ? Platon parle sans cesse de ce qui est évident, de ce qui est manifestement vrai, absolument vrai, de ce qui est de la façon la plus réelle. Son langage montre qu'il ne fait pas de différence entre les vues de la raison spéculative et les choses qu'elle saisit. « Celui qui connaît, connaît-il quelque chose ou rien ? — Il connaît quelque chose. — Qui est ou qui n'est pas ? — Qui est, car comment connaîtrait-on ce qui n'est pas ? — Ainsi nous savons, à n'en pas douter, que ce qui est en toute manière peut être connu de même, et que ce qui n'est nullement ne peut être connu[1]... » — Quand il parle des sciences théoriques, surtout des mathématiques, c'est avec une admiration marquée. « La science du calcul est belle en soi :... elle donne à l'âme un puissant élan vers la région supérieure :... elle oblige l'âme à se servir de la pure intelligence pour connaître la vérité... La Géométrie n'a, tout entière, d'autre objet que la con-

[1] Rep., V, tr. Cousin.

naissance,... la connaissance de ce qui est toujours et non de ce qui naît et périt... Elle attire l'âme vers la vérité[1], etc... » D'une façon générale, ce qui est plus élevé dans l'ordre de la clarté, de la rigueur, de la théorie pure, ce qui donne la plus grande joie à l'esprit en quête de lumière et de précision, est aussi le plus élevé dans l'ordre de la vérité, et ce mot enfin vient indistinctement sous la plume de Platon pour signifier réalité. La classification des sciences qui se trouve à la fin du Philèbe est à cet égard particulièrement intéressante. Platon s'y laisse guider par le degré d'exactitude, de pureté, de précision, qu'il reconnaît à l'objet de chaque science, et il est tout naturellement amené ainsi à les ranger selon le degré de vérité.

Platon n'est pas un sceptique pour qui lit les dialogues en essayant de se mettre en communion de pensée avec lui. Il paraît impossible de ne pas sentir chez lui la confiance la plus absolue dans l'intelligence humaine, la foi la plus entière dans la puissance de la raison. Des deux problèmes logiques, possibilité de la connaissance, possibilité de l'erreur, il semble bien que ce soit le second dont il ait le plus péniblement cherché la solution, comme s'il avait instinctivement la conviction qu'il est naturel à l'homme de connaître et non point de se tromper.

---

1. *Rep.*, VII, *id.*

Dans l'antiquité qui donc s'y est mépris et a pu considérer Platon comme un sceptique, si ce n'est les philosophes de la Nouvelle Académie : et quant à ceux-là, nous ne devons pas oublier que leur préoccupation était surtout de lutter contre le sensualisme des stoïciens, en matière de connaissance. Il était naturel que sur ce point ils en appelassent à Platon : et peut-être la violence de la dispute explique-t-elle l'exagération où eux-mêmes semblent s'être laissés entraîner dans leur scepticisme, qui pourtant sauvegardait jusqu'à un certain point les droits de la raison. Mais en les laissant de côté, n'est-il pas manifeste que les anciens ont commenté, suivi ou combattu chez Platon le métaphysicien dogmatique ? Aristote, si souvent préoccupé d'accabler de ses coups la doctrine de son maître, ne se serait-il pas trompé de la façon la plus grossière, si ce qu'il avait pris ainsi au sérieux se fût réduit aux fantaisies d'un dilettante ?

Ce dogmatisme de Platon a-t-il de quoi nous frapper ? Après les Ioniens, dira-t-on peut-être, après Pythagore et ses disciples, après Parménide, Empédocle, Anaxagore, Démocrite, quoi d'étonnant de voir un penseur grec s'abandonner avec confiance à ce que lui dit sa raison ? — Mais qu'on y réfléchisse. Les efforts de la philosophie spéculative chez les Hellènes s'étaient jusqu'ici exercés aux colonies. Anaxagore seul était venu porter son enseignement à Athènes, et il avait payé de la prison la hardiesse de sa pensée. D'ailleurs s'il est naturel qu'au temps de Platon toutes les doctrines nées à Milet, à Éphèse, à Agrigente, en Italie ou à Abdère, aient pénétré à Athènes, au cœur de la civilisation grecque, n'avaient-elles pas eu aussi pour effet d'accuser les tâtonnements et les contradictions de l'esprit humain? Au milieu des ruines amoncelées par l'opposition des systèmes, quelque chose subsiste, comme un écho persistant des disputes philosophiques : c'est l'affirmation qu'ont répétée Héraclite, Parménide, Démocrite, aux points les plus opposés du monde hellène, d'une répugnance marquée à l'égard du témoignage des sens. Les doctrines ne s'accordent que sur une négation. C'est pourquoi la sophistique n'a aucune peine à inventer ses arguments, et son succès est facile. On sait qu'il fut grand, servi d'ailleurs par de nombreuses causes politiques et morales. Or c'est au milieu de ce mouvement de réaction contre la science que grandit Platon et que se forma sa pensée. Si elle remonta tout droit aux clartés de la raison, aux vérités éternelles, qu'est-ce qui fut son soutien et son guide?

Peut-on songer à ses croyances religieuses? Une foi religieuse ardente et profonde, quand elle n'entraîne pas avec elle le mépris de la raison, peut évidemment devenir un rempart solide contre le scepticisme universel. Mais pour Platon la question ne se pose même pas. Qui ne sent chez lui un détachement complet de la religion où il a été élevé? Quand il parle des dieux de la Grèce, tout le monde est d'accord pour reconnaître la forme extérieure dont il juge convenable de revêtir ses idées philosophiques. Il lui arrive même alors de donner à son langage une ironie significative. Dans le Timée, par exemple, après qu'il a été question de la création des astres qui brillent au ciel, on lit : « Quant à l'origine des autres divinités, il est au-dessus de nous de la dire et de la connaître; mais il faut en croire ceux qui en ont parlé autrefois, qui étaient, disaient-ils, des descendants des dieux, et qui sans doute connaissaient bien leurs ancêtres : on ne peut donc refuser d'ajouter foi aux enfants des dieux, quoique leur récit ne s'appuie pas sur des preuves vraisemblables et convaincantes; mais puisqu'ils disent que c'est l'histoire de leur famille, nous devons les en croire suivant l'usage. Voici la généalogie de ces dieux, d'après leur témoignage, auquel nous nous conformons. La terre et le ciel engendrèrent l'Océan et Thétys, etc[1]... » Platon n'est certainement pas un croyant, au sens propre du mot. Sans doute on peut parler du sentiment religieux dont sa philosophie est souvent pénétrée, mais à la condition d'entendre par là ce sens du divin, de l'au delà, cette soif d'idéal, cette aspiration vers une perfection inaccessible de beauté, de vérité et de justice, qui n'exigent l'adhé-

1. Timée, 40, D, E, trad. Martin.

sion formelle à aucun dogme déterminé. Il ne s'agit plus alors à proprement parler de foi religieuse. C'est la pensée philosophique libre, indépendante de toute attache, qui l'entraîne ; la question se pose de nouveau de savoir sur quoi se fonde son allure si naturellement dogmatique, et à cette question il faut chercher ailleurs une réponse.

Il y en a une toute prête, et que le lecteur nous a déjà reproché peut-être d'avoir laissée de côté : Platon n'a-t-il pas profité jusqu'à l'âge de la maturité de l'enseignement socratique ? La formation de la philosophie platonicienne à la fin du ve siècle, l'éclosion de ce dogmatisme rationnel, en réaction contre le mouvement grandissant de la sophistique athénienne, ne s'expliquent-elles donc pas simplement par l'influence de Socrate ? — Nous ne le croyons pas.

Depuis que Zeller, s'appuyant sur une page bien connue de la Métaphysique, a voulu voir dans Socrate le fondateur de la philosophie du concept, c'est une des interprétations le plus fréquemment adoptées de son rôle dans l'histoire des idées. Aux sophistes dont la dialectique s'attachait à ruiner toute connaissance, il aurait répondu en donnant une base nouvelle et définitive à la Science dans ce fameux principe : il n'y a de science que du général. Les choses étant ainsi présentées, Socrate apparaît comme le rénovateur de la science. C'est par ses efforts, sans attendre ceux de Platon, que la sophistique aurait été vaincue. M. Boutroux, dans son étude si lumineuse du caractère de la philosophie de Socrate[1], a clairement montré à quel danger on s'expose en prenant pour base telle page de Platon ou d'Aristote, que l'on juge fondamentale suivant ses propres tendances ; et, en rendant aux mémoires de Xénophon toute leur importance historique, sans sacrifier aucune indication d'Aristote et de Platon, il a pu reconstituer une figure de Socrate plus complexe, mais certainement plus vraie que celles qui ont été présentées jusqu'ici. Le penseur qui s'offre à nous n'est pas simplement le philosophe avide d'édifier la connaissance sur des fondements nouveaux ; ce n'est pas l'adversaire des sophistes désireux d'élever l'idée de la science assez haut pour qu'elle reste désormais à l'abri de leurs attaques ; c'est d'abord un homme pénétré des difficultés de la science de l'univers, de l'audace impie des physiciens et des mathématiciens qui s'appliquent à des mystères insondables, des contradictions des systèmes philosophiques antérieurs, et qui conseille modestement à ses concitoyens de rentrer en eux-mêmes et de ne se préoccuper que des problèmes moraux de la vie courante. « Il ne discourait point, dit Xenophon, comme la plupart des autres philosophes, sur la nature de l'univers, recherchant l'o-

---

[1]. *Études d'Histoire de la Philosophie*, Alcan, 1897.

rigine, ou à quelles lois fatales obéissent les phénomènes célestes ; il prouvait même la folie de ceux qui se livrent à de pareilles spéculations. Et d'abord il examinait s'ils croyaient avoir assez approfondi les choses humaines, pour aller s'occuper de semblables matières, ou bien si, négligeant ce qui est du domaine de l'homme pour aborder ce qui appartient aux dieux, ils s'imaginaient agir d'une façon convenable. Il s'étonnait qu'ils ne vissent pas clairement que ces secrets sont impénétrables à l'homme, puisque ceux mêmes qui se piquent d'en parler le mieux sont loin d'être d'accord les uns avec les autres, mais se regardent mutuellement comme des fous... Parmi ceux qui se préoccupent de la nature de l'univers, ceux-ci affirment l'unité de l'Être, ceux-là sa multiplicité infinie. Les uns croient au mouvement perpétuel des corps, les autres à leur inertie absolue. Ici l'on prétend que tout naît et meurt, là que rien n'a été engendré et que rien ne doit périr. Il se demandait encore si, de même qu'en étudiant ce qui concerne l'homme, on se propose de faire tourner cette étude à son profit et à celui des autres, ceux qui étudient ce qui concerne les dieux s'imaginent, une fois instruits des lois fatales du monde, pouvoir faire à leur gré les vents, la pluie, les saisons et tout ce dont ils auront besoin en ce genre, ou bien si, sans espérer rien de tel, il leur suffit de savoir comment se produit chacun de ces phénomènes. Voilà ce qu'il disait de ceux qui s'ingèrent dans ces sortes de recherches ; mais lui, il discourait sans cesse de ce qui est de l'homme, examinant ce qui est pieux ou impie, ce qui est beau ou honteux, ce qui est juste ou injuste ; ce que c'est que la sagesse ou la folie, la valeur ou la lâcheté[1]... » Ailleurs Xénophon dit encore : « En général il empêchait de se préoccuper outre mesure des corps célestes et des lois suivant lesquelles la divinité les dirige. Il pensait que ces secrets sont impénétrables aux hommes, et qu'on déplairait aux dieux en voulant sonder les mystères qu'ils n'ont pas voulu nous révéler : il disait qu'on courait le risque de perdre la raison en s'enfonçant dans ces spéculations, comme l'avait perdue Anaxagore avec ses grands raisonnements pour expliquer les mécanismes des dieux[2]... » Ainsi donc la connaissance de l'univers est interdite à l'homme. Quand Socrate le détourne de la nature et lui demande de s'étudier lui-même, ce n'est pas là seulement un conseil provisoire, comme on l'a dit si souvent ; cela ne signifie pas : connais-toi toi-même d'abord, puis tu t'attaqueras à l'univers, mais bien : prends seulement les choses humaines comme objet de ta science, et renonce irrévocablement aux mystères insondables du monde physique. Poursuivre les recherches des philo-

1 Xénoph., *Mémoires*, — l. I, ch. 1, trad. Talbot (à quelques mots près).
2. Xén., *Mém.*, l. IV, ch. vii, trad. Talbot.

sophes antérieurs est à la fois une folie et une offense aux dieux. Le scepticisme de Socrate prend une forme religieuse que nous connaissons bien pour l'avoir vu se manifester toutes les fois que l'esprit théocratique a essayé d'étouffer la pensée, et qui se résume en un mot : la science est un sacrilège. Que nous sommes loin de Platon pour qui le savant, au contraire, est le plus près de la divinité, et pour qui la culture des sciences est l'acheminement le plus direct vers la contemplation de l'unité suprême.

Au reste cette idée même de la contemplation d'une beauté et d'une vérité éternelles n'eût pas été comprise de Socrate. Ses préoccupations ont toujours un caractère essentiellement pratique. « Il montrait, dit Xénophon, jusqu'à quel point un homme bien élevé doit se rendre utile dans chaque science : ainsi il disait qu'il fallait apprendre la géométrie jusqu'à ce qu'on fût capable de mesurer exactement, au besoin, une terre que l'on veut acheter, vendre, diviser ou labourer ; et, selon lui, c'est une chose si facile à apprendre, que, pour peu qu'on s'applique à l'arpentage, on connaît bien vite et la grandeur de la terre et la manière de la mesurer. Mais qu'on poussât l'étude de la géométrie jusqu'aux problèmes les plus difficiles, c'est ce qu'il désapprouvait : il disait qu'il n'en voyait point l'utilité. Ce n'est pas qu'il les ignorât lui-même ; mais il prétendait que la recherche de ces problèmes est faite pour consumer la vie de l'homme, et le détourner d'une foule d'autres études utiles. Il recommandait d'apprendre assez d'astrologie pour reconnaître les divisions de la nuit, du mois et de l'année, en cas de voyage, de navigation ou de garde, et afin d'avoir des points de repère pour tout ce qui se fait dans la nuit, dans le mois ou dans l'année, grâce à la connaissance du temps affecté à ces divisions ; il ajoutait qu'il était facile d'apprendre ces points auprès des chasseurs de nuit, des pilotes, de tous les gens enfin qui ont intérêt à les savoir. Quant à l'astronomie et aux recherches qui concernent les globes placés en dehors de la rotation de notre ciel, à savoir les astres errants et sans règle, leur distance de la terre, leurs révolutions et les causes de leur formation, il en dissuadait fortement, disant qu'il n'y voyait aucune utilité[1]. » Socrate ne sépare pas l'idée d'une connaissance quelconque de celle de son utilité. Quelle fiction est celle de Platon quand, dans la République, il met dans la bouche même de Socrate ces paroles d'une ironie si mordante à l'égard de toute conception utilitaire des sciences : « Il conviendrait de faire une loi et de persuader en même temps ceux qui sont destinés à remplir les premières charges de l'état de se livrer à la science du calcul, non pas pour en faire une étude superficielle, mais pour s'élever, par le moyen de la

---

[1]. Xén., *Mém.*, l. IV, ch. vii, trad. Talbot.

pure intelligence, à la contemplation de l'essence des nombres ; non pas pour la faire servir, comme les marchands et les négociants aux ventes et aux achats...[1] » Et plus loin, à propos de la Géométrie : « Il faut voir si le fort de cette science et ses parties les plus élevées tendent à notre but, je veux dire à rendre plus facile à l'esprit la contemplation de l'idée du Bien..., Or la moindre teinture de géométrie ne permet pas de contester que cette science n'a absolument aucun rapport avec le langage de ceux qui en font leur occupation... Leur langage est plaisant vraiment... Ils parlent de quarrer, de prolonger, d'ajouter, et emploient d'autres expressions semblables, comme s'ils opéraient réellement et que toutes leurs démonstrations tendissent à la pratique... Voilà donc la seconde science que nous prescrirons à nos jeunes gens... L'astronomie sera-t-elle la troisième ? — C'est mon avis, répond Glaucon, car selon moi une connaissance exacte des saisons, des mois, des années, n'est pas moins nécessaire au guerrier qu'au laboureur et au pilote. — Vraiment, c'est bonté pure de ta part! Tu as l'air d'avoir peur que le vulgaire ne te reproche de prescrire l'étude des sciences inutiles. » Et enfin à propos de la musique : « Ne sais-tu pas que la musique aujourd'hui n'est pas mieux traitée que sa sœur (l'astronomie) ? On borne cette science à

1. *Rep.*, l. VII, trad. Cousin.

la mesure des tons et des accords sensibles... — Il est plaisant, en effet, Socrate, de voir nos musiciens avec ce qu'ils appellent leurs nuances diatoniques, l'oreille tendue, comme des curieux qui sont aux écoutes, les uns disant qu'ils trouvent un certain ton particulier entre deux tons, et que ce ton est le plus petit qui se puisse apprécier, les autres soutenant au contraire que cette différence est nulle, mais tous d'accord pour préférer l'autorité de l'oreille à celle de l'esprit... » Il n'y a de vraie science pour Platon que si l'on s'éloigne de toute application utilitaire et sensible. Socrate au contraire, comme tous ceux qui se défient de l'intelligence humaine, ne s'attache qu'à l'art, à la pratique des règles ; ce qui le frappe chez le savant, ce n'est pas la connaissance de vérités immuables, c'est bien plutôt la compétence, acquise d'ailleurs par l'habitude, dans l'utilisation des procédés scientifiques. On peut dire que Socrate n'a pas la moindre idée du sens théorique que prend le mot de Science aux yeux de Platon. Et c'est ce qui devient plus manifeste encore si l'on aborde le domaine propre de la connaissance socratique.

Connais-toi toi-même, dit Socrate. Qu'entend-il par là ? Comment veut-il que soit poursuivie cette connaissance ? C'est ce que Xénophon, éclairé par les remarques d'Aristote, nous montre surabondamment dans ses mémoires. Socrate demande aux jeunes gens d'Athènes qu'ils portent leur attention sur les choses humaines, la vertu, la justice, la piété, la sagesse, etc... A propos de chacune de ces choses le problème posé est toujours celui-ci : τί ἐστί? Qu'est-ce que c'est, quelle définition peut-on en donner ? Les questions de Socrate montrent à son interlocuteur quelle est son ignorance, et en même temps l'amènent à décider lui-même comment peut se formuler la définition demandée. Pour en arriver à ce résultat on fait appel à ce que disent et font couramment les hommes, aux opinions qu'on est habitué à leur entendre exprimer, aux jugements qu'ils portent sur toutes les choses de la vie, et dont on peut trouver des traces dans leur langage ordinaire. Par cette attitude et ces efforts Socrate donne-t-il, dans un domaine spécial, l'impression d'un penseur dogmatique, cherchant une vérité, au sens objectif du mot?

En premier lieu, remarquons-le, les matériaux sur lesquels s'exerce ici la réflexion sont des états d'esprit, des jugements, des opinions, des manières de voir, de sentir, d'apprécier tels ou tels actes humains ; ce sont des faits de conscience, ceux qu'en aucun temps le scepticisme le plus endurci n'a jamais songé à nier. Il est vrai que Socrate ne se contente pas de les noter, il les rapproche, les compare, et fait vraiment œuvre de science en essayant d'en dégager une définition, une idée générale. Mais c'est ici surtout qu'il faut se garder de rien exagérer, et de confondre la définition de Socrate avec l'idée de Platon ou le simple concept d'Aristote.

Que fait Socrate en somme, sinon chercher un accord parmi un certain nombre d'opinions sur une chose quelconque, relever ce qu'il y a de commun dans les conditions qu'elles exigent, et former une notion assez compréhensive pour que chacun y reconnaisse les traits essentiels qui à ses yeux caractérisaient la chose? On ne saurait mieux faire, pour éclaircir la méthode de Socrate, que de la comparer à celle d'un groupe de personnes travaillant à la confection d'un dictionnaire, et essayant de s'entendre sur la signification qu'il faut donner aux mots. Cette méthode implique sans doute la possibilité d'un accord entre les hommes qui, dans la conduite de la vie, n'ont plus ensuite qu'à se conformer aux définitions arrêtées en commun, — et peut-être en somme faut-il y voir le seul moyen efficace d'essayer de constituer une science pratique de la morale. Mais remarquons en tous cas les limites qui restreignent le caractère dogmatique d'une semblable méthode. D'une part la généralité de l'idée n'a rien d'absolu aux yeux de Socrate ; elle ne se fût pas étendue à tous les pays et à tous les temps ; ou plutôt la question ne se fût même pas posée. C'est à Athènes, au milieu de ses concitoyens, et non pas chez les Barbares d'Asie que Socrate s'efforce de donner des règles fixes à la conduite de la vie. Ce n'est pas n'importe quand non plus, mais à ce moment précis où l'abandon et la dissolution des mœurs ont succédé au grand éclat du siècle de Périclès, où la morale publique est ébranlée, où il n'y a plus à Athènes ni religion sacrée, ni droit public inviolable. D'autre part les idées générales auxquelles parvient Socrate n'ont pas pour lui un intérêt proprement théorique ; elles ne sont pas destinées à servir de prémisses à des déductions savantes, qui constitueraient des théories nouvelles ; elles n'ont pas besoin d'être des vérités éternelles, qui s'expliqueraient à la lumière de la raison : il suffit qu'elles se présentent d'elles-mêmes d'après les opinions courantes des hommes, d'après la moyenne des jugements, comme les plus propres à être acceptées par tous. Ces idées ne dominent pas par leur rigueur scientifique le monde contingent des phénomènes de la vie, leur généralité n'en garantit pas la valeur absolue, elle n'est que la condition d'un accord, qui lui-même est la condition d'une morale publique. C'est en somme, plutôt qu'une science, au sens platonicien du mot, un langage spécial que Socrate veut constituer, et s'il est permis d'y voir le premier effort pour fonder une science de la morale, sa tentative ne portait nullement la marque du dogmatisme confiant dont Platon donne l'exemple. Outre que le domaine restreint où elle s'exerce est tout subjectif, la méthode n'implique en aucune façon l'idée d'une connaissance rationnelle, ni celle d'une vérité absolue. Ce n'est certainement pas l'influence de Socrate qui nous expliquera le rationalisme dogmatique de Platon.

La source n'en est-elle pas suffisamment indiquée par ce que nous dit la tradition de l'attachement de Platon aux mathématiques, et par l'enthousiasme avec lequel il parle lui-même de ces sciences? Ce sont elles, n'en doutons pas, qui lui ont donné le sentiment qu'il contemple, comme il dit, ce qui est éternellement et non point ce qui naît et périt. La légende veut qu'il ait écrit, au fronton de l'Académie : « Que nul n'entre ici, s'il n'est géomètre. » La mathématique était, de son propre aveu, la meilleure introduction à sa philosophie. N'était-ce pas, en partie, parce qu'elle donne à l'esprit une sécurité contre laquelle se brisent les coups du scepticisme le plus invétéré? — Au surplus il y a là plus qu'une supposition. La thèse sceptique, dans ce qu'elle a d'essentiel contre l'édification de la connaissance par la raison, se trouve formulée avec une grande netteté dans le Menon. « Comment t'y prendras-tu, Socrate, pour chercher ce que tu ne connais en aucune manière? Quel principe prendras-tu, dans ton ignorance, pour te guider dans cette recherche? Et quand tu viendrais à le rencontrer, comment le reconnaîtrais-tu, ne l'ayant jamais connu ? » Dans sa réponse, Socrate précise encore davantage : « Je comprends ce que tu veux dire, Menon. Vois-tu combien est fertile en disputes ce propos que tu mets en avant ! Il n'est pas possible à l'homme de chercher ni ce qu'il sait ni ce qu'il ne sait pas ; car il ne cherchera point ce qu'il sait, parce qu'il le sait et que cela n'a point besoin de recherche, ni ce qu'il ne sait point par la raison qu'il ne sait pas ce qu'il doit chercher[1]. » Le problème est donc nettement posé, il ne met rien moins en question que le progrès dans la connaissance, que l'addition des vérités dans la pensée de l'homme. Au fond c'est presque la même préoccupation qui plus tard guidera Kant, quand il s'inquiètera de la possibilité des jugements synthétiques à priori, car celle-ci équivaudra pour lui à la possibilité d'édifier un ensemble de vérités apodictiques. Or on sait ce qui le tirera de son incertitude : il lui suffira d'observer l'existence des sciences mathématiques. Les jugements synthétiques à priori sont possibles, dira-t-il, puisque les propositions mathématiques qui sont universelles et nécessaires et par conséquent à priori sont synthétiques. C'est la constatation d'une vérité de fait. La possibilité des jugements synthétiques à priori s'expliquera par la matière que fournissent les intuitions à priori de la sensibilité, mais ce qui, avant toute explication, nous assure de cette possibilité, c'est l'existence même des propositions mathématiques. Il y a quelque chose d'analogue dans la réponse de Platon à la difficulté fondamentale soulevée par Ménon La théorie métaphysique de la réminiscence joue le rôle des intuitions à priori de Kant dans l'explication de ce

---

[1] Ménon, p. 80, t., trad Cousin.

fait qu'il puisse y avoir dans notre âme des vérités immortelles : mais quant à savoir s'il y en a vraiment, s'il nous arrive de reconnaître avec une entière clarté des vérités nouvelles, et de les formuler avec une certitude complète à mesure qu'elles apparaissent, le procédé de Platon, comme celui de Kant, consiste à en appeler purement et simplement à la Géométrie. « Appelle-moi, dit Socrate à Ménon, quelqu'un de tes nombreux esclaves, celui que tu voudras, afin que je te fasse voir sur lui ce que tu souhaites. » Et, l'esclave venu, Socrate par ses questions l'amène à énoncer et à démontrer une série de propositions de Géométrie, dont il n'avait jamais entendu parler auparavant. Les vérités peuvent sortir de notre âme qui les reconnaît et les proclame, puisque c'est ainsi que s'énoncent et se démontrent les propositions de la Géométrie.

Il est donc permis de conclure que le dogmatisme rationnel de Platon a dû avoir sa source dans l'éducation mathématique de son esprit. Et il est temps de voir de plus près en quoi consistaient pour lui d'une part *la connaissance*, d'autre part *l'être*, objet de cette connaissance.

CHAPITRE II

IDÉALISME

LA CONNAISSANCE

Qu'est-ce que la science? — C'est la question même qui est posée dans le Théétète. Et la première réponse que discute Platon est celle-ci : la science, c'est la sensation. Cette solution du problème est combattue de toutes les façons. La sensation varie avec les hommes ; elle présente des aspects contradictoires : ce qui est chaud pour l'un est froid pour l'autre, etc... Il faudrait dire alors avec Protagoras que l'homme est la mesure de toutes choses, de celles qui sont en tant qu'elles sont et de celles qui ne sont pas en tant qu'elles ne sont pas. Dans les rêves et les hallucinations, la sensation subsiste. D'ailleurs si la science est la sensation, il n'est plus permis de dire qu'on sait par le souvenir ; on ne sait qu'à l'instant où l'on sent. Puis nous avons tous un même ensemble de sensations, qui appartient aussi aux animaux ; nous posséderions tous alors une science égale, et ce serait celle des cynocéphales et des pourceaux! — Voir, c'est savoir, dit-on. Or supposez que je ferme les yeux, je ne sais plus ; et si j'ouvre un œil et que je ferme l'autre, je sais et j'ignore à la fois. Et ainsi de suite... Théétète qui soutient la thèse de Protagoras est écrasé sous l'abondance des arguments. Mais si Platon nous fait sentir ainsi à quel point il est décidé à rejeter cette scandaleuse assimilation de la science à la sensation, nous avons l'impression très nette qu'il ne s'exagère pas la valeur de toutes les objections courantes qu'il fait énumérer à Socrate. Si Protagoras était là, fait-on remarquer tout à coup, il aurait le droit de dire qu'il est mal défendu contre des griefs qui au fond ne sont peut-être pas très sérieux. Et Socrate, en un vigoureux discours, montre comment Protagoras saurait remettre les choses au point, en revenant à la théorie héracliléenne du mouvement universel. Une réfutation plus profonde est alors entreprise, et nous avons plus de chance maintenant de saisir la pensée même de Platon. Sera-ce d'abord dans cette thèse, qu'en vertu du système de Protagoras on devra déclarer certains hommes plus savants que d'autres, et que toutes les opinions ne sont pas vraies? Malgré la longueur de la démonstration et d'une digression qu'elle entraîne, Platon n'a pas entendu donner là un argument décisif. « Il est aisé, fait-il dire à Socrate à la fin de ce passage, de démontrer par bien d'autres preuves que toutes les opinions de tout homme ne sont pas vraies. Mais quant aux impressions que chacun reçoit, impressions d'où naissent les sensations et les opinions qui en dérivent, il est plus difficile de prouver qu'elles ne sont pas vraies. Peut-être même y a-t-il une impossibilité absolue; peut-être ceux qui prétendent qu'elles contiennent la vérité de la science disent-ils la vérité, et Théétète ne s'est-il pas trompé en assurant que la sensation et la science sont une même chose[1]. » Ainsi après une discussion aussi longue et aussi variée, Platon rend hommage au système de Protagoras en ce qui concerne la vérité de la sensation, en dépit de toutes les contradictions apparentes qu'on y a vues. Et c'est alors seulement que « serrant de près ce système », il va décocher contre lui les seules objections qui importent véritablement à ses yeux.

D'abord si tout coule, la sensation elle-même n'a aucune fixité, on peut dire d'elle aussi bien qu'elle est et qu'elle n'est pas : d'un homme, qu'il entend et qu'il n'entend pas, qu'il voit et qu'il ne voit pas... Si donc la sensation est la science, on peut dire de la science à la fois qu'elle est et qu'elle n'est pas; elle est elle-même une chose qui coule, qui se transforme incessamment, qui n'est pas saisissable. — Qu'est-ce qui donne à cette considération une valeur que n'avaient pas les autres? C'est peut-être qu'on est remonté au pos-

---

1. *Théétète*, 174 c, trad Cousin.

tulat fondamental des adversaires, et qu'on s'est placé au cœur même de leur doctrine. Mais, remarquons-le aussi, on a été amené par là à la pénétrer plus profondément, et en somme on ne conteste plus la vérité de la sensation ; le seul reproche qu'on adresse à cette vérité, c'est d'être à ce point variable qu'elle ne subsiste pas, qu'elle s'écoule, comme la sensation elle-même. Protagoras serait ici tout à fait d'accord avec Platon et trouverait naturel de conclure que la science est en effet une chose insaisissable : ce ne serait pas une raison pour lui de chercher la science ailleurs que dans la sensation. La nécessité de le faire résulte donc moins de l'argument lui-même, si patiemment exposé, que du sentiment où est Platon qu'il existe une science ayant un caractère de fixité immuable, qu'il y a des vérités ne ressemblant en rien à la série infinie de vérités successives que font connaître directement les sens et qui ne se prêteraient même pas à la moindre affirmation. Il y a assurément autre chose, sous-entend Platon ; et du reste il ne tarde pas à prouver que la connaissance par la sensation n'est pas la seule dont l'âme soit capable.

La sensation de telle ou telle qualité nous parvient par l'intermédiaire d'un organe ; mais chaque organe correspond à des qualités spéciales : ce n'est pas l'œil qui nous fait sentir le chaud, ce n'est pas l'oreille qui nous fait voir la couleur... Le fait seul de la simultanéité des sensations, qui nous fait dire, par exemple, d'un objet qu'il est à la fois coloré et chaud, dénonce en nous la présence d'une chose qui est par delà les organes, qui se sert d'eux comme auxiliaires, qui voit, qui entend, qui sent d'une manière générale par l'intermédiaire du corps. Or notre âme, car c'est d'elle qu'il s'agit, ne recueille pas seulement les sensations qu'elle doit aux divers organes. Lorsque, dans son unité, elle se reconnaît en présence d'un son et d'une couleur, par exemple, elle déclare d'abord que tous deux sont, que chacun est identique à lui-même, mais différent de l'autre, que pris simultanément ils forment deux choses, tandis que séparément chacun n'en fait qu'une; elle peut encore examiner les points de ressemblance ou de dissemblance qu'ils offrent entre eux. Et pour toutes ces connaissances, on serait bien en peine de désigner un organe du corps comme servant d'intermédiaire : l'âme les acquiert directement en réfléchissant sur ses propres sensations. C'est elle qui dit : ces choses sont; c'est elle qui les compare, qui cherche ce qu'elles ont de commun et en quoi elles diffèrent; c'est elle qui dit encore : cela est beau, cela est bon, cela est laid, cela est mal. Elle rapproche, elle examine toutes choses dans leurs relations réciproques, « elle combine en elle-même le passé et le présent avec le futur ». Il ne s'agit plus là de ces sensations que tous les êtres peuvent posséder au même degré dès qu'ils sont nés, et qui appartiennent également aux animaux, mais de réflexions, d'idées, de pensées, qui se forment peu à peu, à la longue, avec beaucoup de peine, de soin et d'étude. Et maintenant que tout cela est certain, incontestable, de quel côté peut-être la science? Est-elle du côté de la sensation, qui dans son écoulement et sa multiplicité ne comporte même pas l'affirmation d'existence? N'est-elle pas bien plutôt dans cet ensemble de connaissances que l'on vient d'indiquer et dont la première s'énonce ainsi : cela est? Platon n'hésite pas.

Mais ceux qu'il a voulu combattre jusqu'ici se déclareraient-ils vaincus? Il leur serait peut-être facile de répondre que des deux catégories de choses que l'on vient de distinguer, la première seule constitue la science parce que seule elle est formée de réalités concrètes. Que ces réalités soient dans un état de transformation continue, qu'on ne puisse jamais dire d'aucune d'elles : « elle est » qu'importe, si ce sont les seules réalités? De quel droit Platon impose-t-il à la science cette condition de s'appliquer à des éléments permanents, stables, saisissables par la pensée et par le langage? Pourquoi, si la réalité s'écoule sans cesse, si même elle est contradictoire, pourquoi demander à la science de n'être pas comme elle, insaisissable, inexprimable? Au fond l'argumentation de Platon vaut autant que son postulat d'après lequel on ne doit reconnaître la science qu'à certains caractères qui manquent à la sensation. En résumé Platon sépare la science de la sensation parce qu'il rêve d'une connaissance qui la dépasse pour s'attacher à des objets déterminés, sur lesquels elle fournisse des affirmations précises. Platon n'a pu se résoudre à trouver la science tant qu'on a cherché dans le domaine du sensible pur, tant qu'on n'a pas pénétré dans celui de la pensée et de la réflexion. Du moins la reconnaît-il dans cet ensemble d'opérations qu'il vient de définir et qui aboutissent au jugement, à la δόξα?

A peine la question est-elle posée qu'une remarque se présente d'elle-même : il y a des jugements vrais et des jugements faux ; les premiers seuls évidemment ont chance de constituer la science. Faut-il dire alors en somme que la science, c'est le jugement vrai, la δόξα ἀληθής?

Ici il ne nous semble pas qu'en général le Théétète soit bien compris. Platon ayant parlé de jugements faux se demande comment ils sont possibles, et une longue discussion se présente où sont rejetées successivement toutes les solutions imaginées pour expliquer l'erreur. On ne peut confondre une chose qu'on sait avec une autre qu'on sait également ; on ne peut pas davantage confondre une chose qu'on ne sait pas avec une chose qu'on ne sait pas ; on ne peut prendre l'une pour l'autre une chose qu'on sait et une chose qu'on ne sait pas ; l'erreur consisterait-elle à penser ce qui n'est pas, c'est contradictoire, etc... Cette question de l'erreur est une de celles qui préoccupent le plus Platon. On la trouve déjà posée dans l'Euthydème, et on la retrouvera dans le Sophiste, cette fois du moins avec la solution de Platon, qui consiste à admettre un certain *non-être* contrairement à la thèse de Parménide. Mais ce qui doit nous intéresser c'est de savoir quel rôle joue dans le Théétète la discussion de ce problème. Il y a généralement une tendance à croire qu'elle se lie directement à l'argumentation de Platon, et qu'elle vient démontrer l'impossibilité que la science soit le jugement vrai. Nous n'hésitons pas à rejeter cette interprétation. D'abord s'il apparaît clairement que Platon raisonne à propos de l'erreur comme s'il n'y avait pas de milieu entre savoir et ignorer, s'il est vrai que cette intransigeance fait toute la difficulté, on ne voit pas que celle-ci doive s'atténuer quand la définition de la science deviendra plus rigoureuse encore: on ne voit pas pourquoi, après avoir combattu une définition comme trop dogmatique, au nom de la théorie de l'erreur, Platon s'élèverait de la δόξα à la διάνοια et à la νόησις, car, nous le dirons dans un instant, et tout le monde est d'accord sur ce point, c'est dans la République que se trouve la vraie réponse à la question posée dans le Théétète. Mais sans aller si loin, dans le dialogue même que nous analysons, le jugement vrai étant déclaré impropre à constituer la science, on va essayer d'y ajouter un élément rationnel, le λόγος, la définition, l'explication, — élément qui ne peut qu'accroître son exactitude et sa précision. Comment comprendrait-on qu'on rejetât la simple δόξα ἀληθής pour sa rigueur trop absolue, et qu'on y ajoutât alors un élément qui augmente sa rigueur, en considérant maintenant la δόξα ἀληθής μετὰ λόγου?

Ces remarques suffiraient peut-être à faire penser que la discussion relative à l'erreur est une simple digression, comme nous sommes habitués à en trouver dans les dialogues. Mais il y a plus. Une fois cette digression finie, Platon ne dit pas : Voilà donc condamnée la δόξα ἀληθής, passons à une autre définition de la science. Il dit : revenons maintenant au problème de la science. « Ces difficultés, mon enfant, dit Socrate, ne sont-elles pas pour nous un reproche bien fondé et un avertissement que nous avons eu tort de laisser aller la science pour chercher à découvrir auparavant ce que c'est que le faux jugement, et qu'il est impossible de connaître celui-ci, si l'on ne connaît d'abord suffisamment la science et en quoi elle consiste?[1] ». C'est bien évidemment la preuve que la question de l'erreur est liée à l'idée qu'on se fait de la science, et de tous ses degrés, si elle en admet, mais on voit clairement aussi que pour avoir entrepris la discussion sur l'erreur, on avait laissé de côté le problème de la science. Et enfin, à

---

1. *Théétète*, p. 200, c, d, trad. Cousin.

défaut de toute autre remarque, la suite du dialogue est décisive. D'une part elle montre par le retour pur et simple à la δόξα ἀληθής que cette définition de la science n'a nullement été rejetée; d'autre part, et c'est là surtout ce qui nous intéresse, Platon dit enfin pourquoi il faut renoncer à voir la science dans le jugement vrai. « Comment donc définira-t-on de nouveau la science? Car sans doute nous ne renoncerons pas encore à la chercher... Dis-moi de quelle manière nous la définirons, sans nous mettre dans le cas de nous contredire. — *Comme nous avons déjà essayé de le faire*, Socrate, car il ne se présente rien autre chose à mon esprit. — Que veux-tu dire? — *Que le jugement vrai est la science.* Le jugement vrai n'est sujet à aucune erreur, et tous les effets qui en résultent sont beaux et bons. — Celui qui sert de guide dans le passage d'une rivière, Théétète, dit que l'eau fera bien voir elle-même combien elle est profonde. De même si nous entrons plus avant dans cette recherche, peut-être que les obstacles qui se présenteront nous découvriront ce que nous voulons savoir : au lieu que, si nous en restons là, rien ne pourra s'éclaircir... La chose ne demande pas un long examen. Un art tout entier prouve déjà que la science n'est pas là. — Comment? et quel est cet art? — L'art des hommes les plus renommés pour leurs lumières, ceux qu'on appelle orateurs et gens de lois. En effet, tout leur talent consiste à persuader, non par voie d'enseignement, mais en inspirant à leurs auditeurs le jugement qui leur convient. Ou bien penses-tu qu'ils soient des maîtres assez habiles pour pouvoir, tandis qu'un peu d'eau s'écoule, instruire suffisamment de la vérité de certains faits des hommes qui n'y étaient pas présents, soit qu'il s'agisse d'un vol d'argent ou de quelque autre violence? — Nullement, je crois qu'ils ne peuvent que persuader. — ... N'est-il pas vrai que quand des juges ont une persuasion bien fondée sur des faits qu'on ne peut savoir, à moins de les avoir vus, alors, estimant ces faits sur le rapport d'autrui, ils en portent un jugement vrai sans science, ayant eu bien raison de s'être laissé persuader, puisque leur sentence a été ce qu'elle devait être?... Si le jugement vrai et la science étaient la même chose, le meilleur tribunal pourrait-il jamais porter un jugement juste, étant dépourvu de science? Il semble donc qu'il y a une différence entre la science et le jugement vrai[1] ». Ces lignes sont assez claires par elles-mêmes. Ce n'est pas du tout l'impossibilité d'expliquer l'erreur qui fait rejeter la dernière définition proposée pour la science, ce n'est pas le caractère trop absolu de la δόξα, c'est au contraire son manque de rigueur. Elle a beau être vraie (car il ne s'agit que de celle-là), elle ne se présente pas à nous avec une suffi-

---

1. *Id.*, p. 200-201.

sante nécessité ; elle reste trop contingente, dirions-nous aujourd'hui. Elle est vraie, soit, mais nous ne voyons pas qu'elle dût être nécessairement vraie. C'est une croyance qu'exprime la δόξα ἀληθής et non pas une vue claire de sa vérité. Sous l'influence de l'orateur de talent, le jugement se forme par persuasion ; on est entraîné à le prononcer tel ou tel, quoiqu'on fût incapable de donner les raisons déterminantes de la vérité qu'on formule. Il y a un cas au moins où cela ressort avec évidence des faits eux-mêmes. Le tribunal décide qu'un accusé a bien réellement commis certain crime, et les juges pourtant ne l'ont pas surpris en flagrant délit. Ils affirment qu'un fait s'est produit, dont ils n'ont pas été les témoins. Or c'eût été la seule condition pour eux de juger avec science, dit Platon. Leur opinion est vraie, mais elle est dépourvue de science. — Cet exemple ne montre-t-il pas avec une clarté toute particulière ce qui manque à la δόξα ἀληθής ? C'est un jugement que nous formulons sans pouvoir en donner ni les raisons ni la preuve irréfutable. Les autres dialogues confirment entièrement cette manière de voir. Dans le Timée la δόξα est appelée un jugement sans raison, ἄλογος ; celui qui la suit croit mais ne pense pas véritablement, (οἰόμενος, φρονῶν δὲ μή) ; elle ne vient pas par démonstration, mais par persuasion[1]. Dans le

1. *Timée*, 51, 1. Cf. P. Janet, *La dialectique de Platon et de Hegel*, p. 134.

Ménon la δόξα est comparée aux statues de Dédale, fuyantes et mobiles. « Ce n'est pas quelque chose de bien précieux d'avoir une de ces statues qui ne sont point arrêtées..., mais pour celles qui sont arrêtées, elles sont d'un grand prix. De même les opinions vraies, tant qu'elles demeurent, sont une belle chose et produisent toutes sortes d'avantages, mais elles ne veulent guère demeurer longtemps, et elles s'échappent de l'âme humaine, en sorte qu'elles ne sont pas d'un grand prix[1] ».

Et maintenant qu'ayant dissipé tout malentendu, nous avons mis en évidence les véritables raisons pour lesquelles Platon rejette la δόξα, voyons de plus près en quoi elle consistait à ses yeux. Il a défini le plus complètement possible les opérations dont elle est le résultat, quand il a voulu montrer que l'âme est capable d'autres actes de connaissance que de la sensation. Il a distingué alors avec soin deux catégories de choses, l'une qui comprend toutes les manières de sentir, l'autre toutes les manières de réfléchir sur les données des sens. Et si cette distinction avait pour premier objet de montrer un domaine de connaissance supérieur à celui qu'on voulait rejeter, elle devait aussi, dans la pensée de Platon, servir à la définition de la δόξα. « C'est à présent surtout, avait dit Socrate à

---

1. *Ménon*, 97, 98. *Id.*, p. 134-5.

Théétète, que nous voyons avec la dernière évidence que la science est autre chose que la sensation. Mais nous n'avons pas commencé cet entretien en vue de découvrir ce que la science n'est pas ; nous voulions savoir ce qu'elle est. Cependant nous sommes assez avancés pour ne plus chercher la science dans la sensation, mais dans cette opération de l'âme, quel que soit le nom qu'on lui donne, par laquelle elle considère elle-même les objets. — Il me semble, Socrate, que cela s'appelle juger (δοξάζειν). — Tu as raison, mon cher ami... Dis-moi donc encore une fois ce que c'est que la science. — Il n'est pas possible de dire que c'est toute espèce de jugement, puisqu'il y a des jugements faux, mais apparemment le jugement vrai est la science ; et c'est là ma réponse[1]. » Ainsi Platon nous fait clairement entendre que la δόξα, qui peut-être va constituer la science, est le jugement auquel aboutissent les opérations qu'il a décrites dans les pages précédentes, et par lesquelles l'âme considérait elle-même les objets. Il est aisé de les énumérer. C'est d'abord tout naturellement l'examen simultané d'une pluralité d'objets, c'est leur comparaison, conduisant à la découverte de ce qu'ils ont de commun, et de ce par quoi ils diffèrent : c'est l'abstraction, par laquelle la pensée retient telle ou telle qualité d'un ensemble infini qui incessamment

---

[1]. *Théétète*, p. 187 trad Cousin.

parvient à sa connaissance, et forme ainsi des objets nouveaux de réflexion, comme le pair, l'impair, le beau, le laid, etc... C'est par là en même temps la généralisation ; et c'est enfin l'induction elle-même. Quel sens en effet peut-on donner à ces mots: l'âme combinant en elle-même le passé et le présent avec le futur (ἀναλογιζομένη ἐν ἑαυτῇ τὰ γεγονότα καὶ τὰ παρόντα πρὸς τὰ μέλλοντα) sinon que le rapprochement, suivant les analogies, des choses présentes et passées conduit à des jugements sur les choses de l'avenir? L'exemple si frappant des juges qui prononcent sur un fait qu'ils n'ont pas vu confirme nos remarques, bien que le jugement ne porte pas ici sur l'avenir. Tous les cas ordinaires d'induction auront avec celui-là une circonstance commune caractéristique, c'est qu'on n'aura pas vu, on n'aura pas constaté directement ce que l'on affirme. — La logique n'existera à proprement parler qu'à partir d'Aristote, si l'on tient compte de la terminologie et de distinctions qui resteront classiques, mais on peut bien dire que Platon a eu le sentiment qu'il enveloppait dans la δόξα cette foule d'opérations discursives par lesquelles l'esprit examine les données des sens et en tire tout ce qui peut enrichir sa connaissance.

Mais alors si nous rapprochons ces remarques des raisons pour lesquelles Platon n'a pas voulu voir la science dans la δόξα ἀληθής, son attitude nous semble très significative, et voici en somme ce qu'il nous déclare : tous les efforts par lesquels l'âme fait sortir des données des sens ce qu'elles peuvent fournir aboutissent à des jugements dépourvus de rigueur et de nécessité ; même vrais, ceux-ci seront exempts de la véritable science. La sensation était insuffisante parce que l'essence de la science est avant tout de pouvoir saisir des objets, de pouvoir affirmer l'être de ce qu'elle étudie, et de s'appliquer par conséquent à des choses qui durent, qui subsistent, qui soient douées de quelque fixité, et susceptibles de quelque détermination. C'est pourquoi il a fallu dépasser ce premier degré de connaissance et pénétrer dans le monde de la réflexion. Mais la pensée est restée attachée aux données des sens, elle ne s'en est pas séparée, et ses efforts n'ont pu aboutir à donner aux jugements la rigueur que Platon réclame ; les opinions fondées sur des comparaisons et des analogies ne peuvent prendre à ses yeux le caractère de nécessité dont il sent instinctivement que la science a besoin.

« Écoute une chose que j'ai ouï dire à quelqu'un et que j'avais oubliée, dit Théétète à Socrate après qu'on a décidément rejeté la δόξα ἀληθής. Il prétendait que le jugement vrai accompagné de λόγος (définition, explication...) est la science. Sans le λόγος il est en dehors de la science. » L'école d'Antisthène à laquelle on fait ici allusion donnera peut-être la solution du problème. Cet élément nouveau qui s'ajoute à la δόξα ἀληθής ne va-t-il pas lui apporter ce qui manquait pour qu'il fût la science ?

— Platon conteste d'abord la distinction que propose Antisthène entre les éléments primitifs, qui échappent à toute définition, et les choses qui sont composées de ces éléments et qui seules pourraient être connues : Comment le composé serait-il connu quand les éléments composants ne le seraient pas? Puis il examine les sens divers dans lesquels peut s'entendre le λόγος dont il est ici question.

En premier lieu, il désigne le langage par lequel la pensée s'exprime, et il est trop clair qu'il accompagnera aussi bien les jugements faux que les jugements vrais, et ne pourra être le signe de la science.

Ou bien le λόγος est la définition d'une chose par l'énumération des éléments qui la composent : « Par exemple, dit Socrate, Hésiode dit du char qu'il est composé de cent pièces. Je ne pourrais pas en faire le dénombrement, ni toi non plus, je pense. Mais si l'on nous demandait ce que c'est qu'un char, nous croirions avoir beaucoup fait de répondre que c'est des roues, un essieu, des ailes, des jantes, un timon. » En un mot ce qui donnerait la science ce serait la description des choses par le dénombrement de leurs parties. Un exemple simple fait sentir l'insuffisance d'une pareille solution. Ne peut-on écrire un nom, celui de Théétète, par exemple, avec exactitude, en donnant aux mots toutes les lettres qui le composent, sans être pour cela grammairien, et en risquant ensuite d'écrire Théodore avec un τ au lieu d'un ? —Si nous comprenons bien Platon, la description ne comporte avec elle aucune raison générale, aucune raison profonde, qui nous satisfasse.

Enfin si par ce λόγος on entend « ce par quoi la chose sur laquelle on interroge diffère de toutes les autres », la différence spécifique, comme on dira plus tard, c'est une naïveté que d'y trouver maintenant le caractère de la science, car cet élément était évidemment déjà impliqué dans la δόξα ἀληθής. Quand je portais sur toi, dit Socrate à Théétète, un jugement vrai, je ne saisissais donc aucun des traits qui te distinguent de tout autre? Comment alors étais-tu l'objet de mon jugement plutôt que tout autre?

En somme l'effort qui s'est traduit par l'addition du λόγος avait pour but de donner de la précision à l'objet du jugement vrai, soit avec les mots qui paraissent convenables pour éclaircir ce qu'on veut dire, soit par une description, par l'indication de toutes les parties qui forment la chose dont il est question, soit par l'achèvement d'une classification plus rigoureuse, en ce qu'elle ne se contentera pas de donner les caractères communs à une catégorie d'objets dont fait partie celui que l'on considère, mais qu'elle fixera aussi les caractères par lesquels il se distingue des autres. On ne saurait vraiment reprocher à Platon de ne pas faire la part belle à ses adversaires: Il est parti de la sensation dont il n'a pas nié une certaine réalité, et il a tâché consciencieu-

sement d'échafauder la science sur les éléments qu'elle
fournit, laissant l'esprit les comparer, les ordonner, les
rapprocher, les décrire, les classer, en former des genres,
des espèces, et en tirer les jugements les mieux fondés et
les plus clairs qu'il se peut tant que l'on garde le contact
de ces éléments sensibles. Il s'est élevé au-dessus d'eux
aussi haut qu'il a pu sans les perdre de vue, et le dialogue se termine sans que Platon ait reconnu la science.
Non seulement ce n'est pas là une conclusion négative,
non seulement il ressort de la lecture du Théétète l'impression très forte que toutes les définitions de la science
ont été rejetées comme inférieures aux exigences de
Platon, ce qui est déjà très significatif; mais même il y
a quelque chose d'éloquent dans la brusque interruption des recherches, dans la nécessité où elle nous met
de sortir complètement de la voie où nous marchions,
et d'ouvrir d'autres dialogues, si nous voulons enfin
savoir ce que c'est que la science. Nous sentons très
nettement ainsi qu'il ne suffira pas de faire un effort de
plus à la suite de ceux qui ont été tentés jusqu'ici, et
nous ne serons pas surpris d'apprendre qu'il ne faut
rien moins qu'abandonner le monde de la sensation
qui nous tenait enchaînés jusque dans nos tentatives
dernières d'y apporter l'ordre et la clarté, et nous
élancer d'un bond dans le domaine de l'intelligible.
Si nous voulons un guide, ouvrons la République
(livre VI).

Platon marque deux degrés dans la façon dont s'acquiert ici la connaissance. Au premier, « l'âme se sert des données du monde visible comme d'autant d'images, en partant de certaines hypothèses, non pour remonter au principe, mais pour descendre à la conclusion. » C'est la διάνοια. Au second degré, « l'âme va de l'hypothèse jusqu'au principe qui n'a besoin d'aucune hypothèse, sans faire aucun usage des images comme dans le premier cas, et en procédant uniquement des idées considérées en elles-mêmes. » C'est la νόησις. — Pour mieux expliquer la διάνοια, Platon rappelle ce que font les géomètres qui d'une part établissent des hypothèses, qu'ils ne discutent pas, « et descendent par une chaîne non interrompue de proposition en proposition jusqu'à la conclusion qu'ils avaient dessein de démontrer », et d'autre part qui raisonnent sur des figures visibles et matérielles à quelque degré, quoique leur pensée soit tournée vers d'autres figures idéales dont les premières ne sont qu'un reflet. Par la νόησις l'âme fait également des hypothèses « mais elle les regarde comme telles et non comme des principes, et elles lui servent de degrés et de points d'appui pour s'élever jusqu'à un premier principe qui n'admet plus d'hypothèse. Elle saisit ce principe, et s'attachant à toutes les conséquences qui en dépendent, elle descend de là jusqu'à la dernière conclusion, repoussant toute donnée sensible pour s'appuyer uniquement sur des idées pures, par lesquelles

sa démonstration commence, procède et se termine. »
Et enfin, pour mieux préciser encore, Platon fait dire
à Glaucon : « Tu veux, ce semble, prouver que la connaissance de l'être et du monde intelligible que l'on
acquiert par la dialectique est plus claire que celle qu'on
acquiert par le moyen des arts qui ont pour principes
des hypothèses, qui sont obligés de se servir du raisonnement et non des sens, mais qui, fondés sur des hypothèses, ne remontant pas au principe, ne te paraissent
pas appartenir à l'intelligence, bien qu'ils devinssent
intelligibles avec un principe; et tu appelles, ce me
semble, διάνοια, la connaissance des choses géométriques
et des arts semblables, et non pas νοῦς : de sorte que
la διάνοια est intermédiaire entre la δόξα et le νοῦς[1] ».
— On a l'habitude de résumer cette page de Platon en
disant qu'il y a pour lui au-dessus de la δόξα la connaissance mathématique, puis au-dessus de celle-ci, la connaissance des idées. Nous rejetons cette distinction
comme trop radicale, et nous essaierons, dans le chapitre suivant, de montrer que pour Platon l'idée mathématique ne diffère pas essentiellement de l'idée pure.
Pour le moment, bornons-nous à insister sur l'unité de
cette science de l'intelligible qui présente bien plutôt
deux aspects, deux attitudes, que deux domaines distincts.

1. *République*. p. 510 et 511, trad. Cousin.

C'est d'abord Platon lui-même qui nous fait sentir cette unité par la façon dont il oppose le monde de l'intelligible à celui de la δόξα, dans un parallèle bien connu. « Lorsque les yeux se tournent vers des objets qui ne sont pas éclairés par le soleil, mais par les astres de la nuit, ils ont peine à les discerner; ils semblent jusqu'à un certain point atteints de cécité, comme s'ils perdaient la netteté de leur vue... Mais quand ils regardent des objets éclairés par le soleil, ils les voient distinctement et montrent la faculté de voir dont ils sont doués... Comprends que la même chose se passe à l'égard de l'âme. Quand elle fixe ses regards sur ce qui est éclairé par la vérité et par l'être, elle comprend et connaît; elle montre qu'elle est douée d'intelligence. Mais lorsqu'elle tourne son regard vers ce qui est mêlé d'obscurité, sur ce qui naît et périt, sa vue se trouble et s'obscurcit, elle n'a plus que des opinions, et passe sans cesse de l'une à l'autre; on dirait qu'elle est sans intelligence... Tiens donc pour certain que ce qui répand sur les objets de la connaissance la lumière de la vérité, ce qui donne à l'âme qui connaît la faculté de connaître, c'est l'idée du bien. Considère cette idée comme le principe de la science et de la vérité en tant qu'elles tombent sous la connaissance... Conçois donc qu'ils sont deux, le bien et le soleil; l'un est roi du monde intelligible, l'autre du monde visible... Voilà donc deux espèces d'êtres, les uns visibles, les autres intelligibles[1]. » L'allégorie de la caverne oppose de même le monde intelligible au monde sensible, comme à l'ombre et à la nuit s'oppose la lumière éclatante du jour. Dans ces pages célèbres la séparation est nettement marquée entre deux domaines seulement, celui de la δόξα et celui du νοῦς. Au reste les termes de διάνοια et de νόησις ne sont presque jamais employés par Platon dans des sens spéciaux. Le premier désigne le plus ordinairement la pensée, dans sa signification générale, et parfois dans son rôle le plus élevé[2].

Mais il suffit de se reporter au passage même où la distinction est marquée pour juger qu'elle n'est pas aussi profonde qu'on pourrait croire. De part et d'autre l'âme fait des hypothèses. Par la διάνοια elle n'en discute pas la valeur, tandis que par la νόησις elle les rattache à un principe qui leur sert de fondement. De part et d'autre l'âme s'attache à saisir des idées pures dégagées autant que possible de tout élément matériel. Par la διάνοια, la pensée se sert, comme auxiliaires, de signes, de symboles visibles ; mais si elle semble raisonner sur eux, ce n'est qu'une apparence ; la solidité, la clarté, la rigueur du raisonnement viennent non point de ces symboles visibles, mais de ce que l'âme contemple avec les yeux de l'esprit.

---

1. *Id.*, p. 508 et 509. Cousin, 10, p. 55, 58.
2. Dans le Phédon, par exemple, 66, A : αὐτῇ καθ'αὑτὴν εἰλικρινεῖ τῇ διανοίᾳ χρώμενος αὐτὸ καθ'αὑτὸ εἰλικρινὲς ἕκαστον ἐπιχειροῖ θηρεύειν τῶν ὄντων. Cf. P. Janet, *op. cit*, p. 137.

La γνῶσις correspond à l'état idéal où les signes visibles ne sont pas nécessaires. Enfin de part et d'autre on raisonne, on forme des suites de propositions se rattachant étroitement les unes aux autres. Par la διάνοια on descend tout de suite des hypothèses établies par une chaîne de déductions jusqu'aux conclusions à démontrer ; par la νόησις on suit d'abord une marche inverse en remontant de l'hypothèse au principe, avant de redescendre de ce principe lui-même à la dernière conclusion, mais, même dans la première partie de ce mouvement, ce qui caractérise la méthode c'est qu'on relie les unes aux autres une série d'idées de façon à former une chaîne ininterrompue, à laquelle ne manque aucun chaînon intermédiaire.

Pour résumer, en ce qu'ils ont d'essentiel, les traits communs aux deux modes de connaissance où Platon reconnaît enfin la science, nous pouvons dire que ce qui les caractérise surtout, c'est d'une part l'intelligibilité qui s'accompagne de rigueur et de nécessité logique, et d'autre part c'est l'initiative créatrice de l'âme. La science fondée sur la δόξα manquait absolument de l'une et de l'autre.

Elle était ἄλογος, comme dit Platon, et le restait malgré tous les efforts que l'on tentait pour associer quelque λόγος à la δόξα. Les jugements qui s'énonçaient en son nom étaient produits par la persuasion, par l'expérience, ou par la routine ; ils ne présentaient aucun caractère logique qui en fît comprendre la raison, qui les justifiât aux yeux de l'intelligence, qui en assurât la rigueur, la nécessité, et c'est bien là, nous l'avons vu, un des motifs qui empêchaient Platon d'y reconnaître la vraie science. Maintenant qu'il l'a trouvée, l'intelligibilité, la clarté de compréhension, la rigueur démonstrative, sont les premiers caractères qu'il signale, et si la distinction des deux domaines, celui de la διάνοια et celui de la νόησις pouvait à cet égard faire illusion, remarquons la facilité avec laquelle le premier acquiert l'intelligibilité complète, aussitôt qu'au lieu de déduire seulement ses conclusions des hypothèses, on les fait remonter au principe (νοῦ οὐκ ἴσχειν περὶ αὐτὰ δοκοῦσί σοι, καίτοι νοητῶν ὄντων μετὰ ἀρχῆς).

D'autre part la science qui dans le Théétète essayait de se construire par une élaboration plus ou moins complexe des données des sens ne cessait pas, si loin qu'on poussât les efforts, de garder un caractère d'étroite passivité. C'est bien l'âme elle-même qui examinait, par une réflexion sur elle, les résidus des sensations, qui les comparait, qui notait leurs qualités communes, qui les classait, les rapprochait, les distinguait, et qui, pour formuler ses jugements, les dégageait de ce travail d'ensemble. On peut reconnaître dans cette élaboration une certaine activité de la pensée, mais une activité fort restreinte, qui se borne à tirer le meilleur parti possible d'éléments qui s'imposent ; l'âme subit le contact de ces éléments et ne peut s'en dégager ; toute son action et tout son mouvement aboutissent à la mettre dans telle ou telle attitude en face des objets qu'elle trouve devant elle ; elle ne peut songer à les modifier en quoi que ce soit, ni à plus forte raison à en créer de nouveaux : ses efforts ont ce résultat qu'elle voit mieux, mais elle reste étroitement enserrée dans un monde qui lui demeure étranger et la domine. Pas de liberté, pas d'élan possible au delà de certaines bornes restreintes ; point de véritable initiative, point d'essor, point d'envolée. — Au contraire que fait l'âme par la διάνοια et la νόησις ? Avant tout elle établit des *hypothèses* : en d'autres termes elle crée des conceptions, elle s'élance vers des formes nouvelles, vers des éléments nouveaux de pensée. Elle ne les tire pas purement et simplement des objets qu'elle a devant elle : ils ne sont que l'occasion qui suggère la démarche de l'âme, le bond qu'elle fait d'elle-même, allant droit à l'hypothèse. Que celle-ci se présente sous la forme de définition, d'axiome, de demande, de postulat, c'est en tous cas une anticipation, un élan spontané de l'âme vers la vérité.

Rigueur logique et libre activité de la pensée : voilà donc ce qui caractérise essentiellement aux yeux de Platon la connaissance vraiment scientifique. L'une et l'autre sont devenues possibles dès qu'on a franchi les bornes du monde matériel pour pénétrer dans celui de l'idée pure. Mais n'y a-t-il pas dans cette science qui séduit Platon de quoi nous confondre ? Comment comprendre cet élan spontané de l'âme vers la vérité ? D'où viennent ces hypothèses qu'elle énonce, qui lui servent de principes de démonstration, et qu'elle peut ensuite justifier complètement à la lumière de l'idée du bien ? Quelle force la guide, quelle puissance la pousse toujours plus haut vers les vérités éternelles ? Comment comprendre ce double miracle que dans son essor elle vole vers elles, et que les rencontrant elle les reconnaisse ? — A ces questions semblent répondre les théories platoniciennes de la réminiscence et de l'amour.

« Apprendre n'est que se ressouvenir. Si ce principe est vrai, il faut de toute nécessité que nous ayons appris dans un autre temps les choses dont nous nous ressouvenons dans celui-ci : et cela est impossible si notre âme n'existe pas avant que de venir sous cette forme humaine. C'est une nouvelle preuve que notre âme est immortelle. — Mais, Cébès, dit Simmias, quelles démonstrations a-t-on de ce principe ? Rappelle-les moi, car je ne m'en souviens pas présentement. — Je ne t'en dirai qu'une, mais très belle, répondit Cébès : c'est que tous les hommes, s'ils sont bien interrogés, trouvent tout d'eux-mêmes : ce qu'ils ne feraient jamais s'ils ne possédaient déjà une certaine science et de véritables lumières : on n'a qu'à les mettre dans les figures de géométrie et dans d'autres choses de cette nature ; on ne peut alors s'empêcher de reconnaître qu'il en est ainsi ¹... » Le Menon réalise cette expérience : un esclave, le premier venu d'ailleurs énonce peu à peu une série de vérités géométriques sous la simple suggestion des questions de Socrate. L'âme, dans une vie antérieure, a pu voir les essences éternelles, les vérités immuables, les idées pures, la beauté parfaite. Un récit du Phèdre nous montre les âmes des mortels suivant les dieux célestes et parvenant à contempler avec plus ou moins d'aisance, dans le lieu qui est au-dessus du ciel, l'essence véritable, et, autour d'elle, la vraie science, la justice, la sagesse. « C'est une loi d'Adrastée que toute âme qui, compagne fidèle des âmes divines, a pu voir quelqu'une des essences, soit exempte de souffrance jusqu'à un nouveau voyage, et que si elle parvient toujours à suivre les dieux, elle n'éprouve jamais aucun mal... L'âme qui n'aurait jamais contemplé la vérité ne pourrait en aucun temps revêtir la forme humaine. En effet, le propre de l'homme est de comprendre le général, c'est-à-dire ce qui, dans la diversité des sensations, peut être compris sous une unité rationnelle. Or c'est là le ressouvenir de ce que notre âme a vu, dans son voyage à la suite de Dieu, lorsque, dédaignant ce que nous appelons improprement des êtres, elle élevait ses regards vers

---

1. *Phédon*, 72, 73. Cousin, I, p. 219

le seul être véritable. Aussi est-il juste que la pensée du philosophe ait seule des ailes[1]... »

La contemplation d'autrefois ne nous vaut pas seulement le ressouvenir, il en reste dans l'âme du sage l'ardent désir de s'élever de nouveau vers la beauté jadis entrevue. « L'homme, en apercevant la beauté sur la terre, se ressouvient de la beauté véritable, prend des ailes et brûle de s'envoler vers elle... De tous les genres de délire, celui-là est, selon moi, le meilleur, soit dans ses causes, soit dans ses effets, pour celui qui le possède et pour celui à qui il se communique; or, celui qui ressent ce délire et se passionne pour le beau, celui-là est désigné sous le nom d'amant. En effet, nous avons dit que toute âme humaine doit avoir contemplé les essences, puisque, sans cette condition, aucune âme ne peut passer dans le corps d'un homme... Mais quelques-unes seulement conservent des souvenirs assez distincts; celles-ci, lorsqu'elles aperçoivent quelque image des choses d'en haut, sont transportées hors d'elles-mêmes et ne peuvent plus se contenir: mais elles ignorent la cause de leur émotion, parce qu'elles ne remarquent pas assez bien ce qui se passe en elles... Celui qui est tout plein des nombreuses merveilles qu'il a vues, en présence d'un visage presque céleste ou d'un corps dont les formes lui rappellent les

---

1. *Phèdre*, p. 249. Cousin, 6, 53 et 55.

formes de la beauté, frémit d'abord ; quelque chose de ses anciennes émotions lui revient : puis il contemple cet objet aimable et le révère à l'égal d'un dieu : et s'il ne craignait de voir traiter son enthousiasme de folie, il sacrifierait à son bien-aimé comme à l'image d'un dieu, comme à un dieu même. » C'est là l'amour, ou plutôt les premiers effets de l'amour. Dès que le ressouvenir de la beauté contemplée jadis est entré dans l'âme, celle-ci ne s'arrête pas aux premières émotions : elle s'élance, portée par les ailes du dieu ἔρως, à la poursuite d'une beauté de plus en plus parfaite. De la beauté des corps, elle passe à celle des actions humaines, et de là à celle de l'intelligence, « où elle contemplera la beauté des sciences ; ainsi arrivée à une vue plus étendue de la beauté..., toute entière à ce spectacle, elle enfante avec une inépuisable fécondité les pensées et les discours les plus magnifiques et les plus sublimes de la philosophie[1]... »

Ces théories sont évidemment dans un rapport direct avec la conception que Platon se fait de la science. La réminiscence explique la reconnaissance intuitive par le νοῦς des vérités qu'il proclame, et l'amour est cette mystérieuse puissance qui pousse l'âme toujours plus haut dans l'enfantement de la science. Mais on peut se demander ce qui est premier dans l'esprit de Platon.

1. *Phèdre*, 250-251, trad. Cousin.
2. *Bauquet*, p. 210, id.

Ses conceptions ont-elles tout naturellement produit l'idée qu'il se fait de la science, ou, au contraire, sont-elles construites après coup pour expliquer, ou tout au moins pour consolider, pour rendre plus saisissable la théorie de la science ? — Il ne nous semble pas que le doute soit possible.

D'abord Platon lui-même, quand il veut prouver la réminiscence, va demander un témoignage à la géométrie. Nous avons pu le constater deux fois, dans le Phédon et dans le Ménon. De sorte que, même s'il fallait prendre à la lettre ces conceptions métaphysiques comme traduisant exactement la pensée de notre philosophe, il y aurait lieu d'y retrouver non pas l'origine première, mais, au contraire, l'aboutissant naturel de sa théorie de la connaissance. Mais peut-on se faire illusion sur le caractère de ces doctrines ? Quand on lit et relit les pages si belles du Phèdre et du Banquet, comment ne pas avoir le sentiment qu'on se trouve en présence de la plus admirable des poésies ? Sans doute, ce n'est pas seulement pour le jeu de son imagination que Platon les a écrites[1] : mais ne suffit-il pas, pour les interpréter et leur donner toute la signification qui rend aux mythes platoniciens leur caractère didactique, ne suffit-il pas de noter le lien qu'elles offrent avec sa conception de la science ? Elles en sont

---

1. Voir plus haut les *Questions préliminaires*, p. 188.

l'illustration, elles l'éclairent, la rendent compréhensible pour tous. Il y a quelque analogie entre ces hypothèses métaphysiques et celle des physiciens ou des chimistes qui, avec les atomes, l'éther, l'attraction, l'affinité, l'énergie..., nous donnent en des constructions synthétiques la représentation et l'explication de toute une infinité de phénomènes. Platon eût sans doute consenti à dire : Tout se passe dans la formation de la connaissance, dans l'édification de la science, comme si l'âme trouvait en elle-même le ressouvenir des vérités jadis entrevues, et comme s'il lui restait de son ancien contact avec les essences éternelles une ardeur qui soutient et féconde l'activité de sa pensée.

Et maintenant est-il besoin de beaucoup insister pour déceler dans l'âme de Platon cette sorte de rêve intérieur qui plus ou moins consciemment l'amène, par les exigences qu'il lui suggère, et par le modèle qu'il place sous les yeux de son esprit, à définir comme nous l'avons vu les caractères de la connaissance vraiment scientifique? Lui-même désigne suffisamment, par ses nombreuses allusions, ce modèle dont il est pénétré, c'est-à-dire la géométrie rationnelle telle qu'il la connaît et la cultive.

Que la science puisse être la sensation, comment le géomètre se résoudrait-il à l'admettre? La sensation, dans sa réalité, s'écoule sans cesse : elle n'offre par elle-même rien qui soit défini, dont on puisse parler d'une façon quelconque ; la mathématique ne connaît, au contraire, que des objets clairement déterminés, que traduit le langage le plus précis. Il est vrai qu'en dépassant la sensation, et en faisant appel aux notions communes et aux idées abstraites, on peut fixer la pensée et essayer de formuler des jugements qui parfois donnent l'illusion de la vraie science. Qu'ils sont loin cependant des vérités qu'énonce le géomètre ! Ils n'en ont ni la clarté, ni la rigueur. Croit-on, par hasard, que le mathématicien tire directement ses propositions de la vue des objets sensibles ? qu'il se contente de comparer, de rapprocher les résidus de ses sensations, de classer, de décrire les images qu'il retient et qu'il dégage des formes palpables et visibles du monde matériel ! Si Platon eût été naturaliste, par exemple, toutes ces opérations eussent pris à ses yeux une importance énorme, et il se fût bien gardé de ne pas reconnaître la science dans les jugements auxquels elles aboutissent. Mais il est géomètre et il sait bien, comme il le dit, que même en présence de figures matérielles sur lesquelles il raisonne, ce qu'il considère véritablement, ce sont des êtres de pensée pure saisissables seulement par les yeux de l'intelligence. Quant à la connaissance de ces êtres, pourrait-il la communiquer par cette définition qui consiste à énumérer les éléments ? Ce n'est pas ainsi que s'exerce la vue de l'esprit chez le mathématicien ; elle ne rend pas compte des objets géométriques en nommant les parties dont l'assemblage forme un tout pour l'imagination ; il faut qu'il y ait compréhension, assimilation, et pour cela, que la chose à définir puisse être construite par l'entendement ; il faut non pas une vision passive, mais une génération, une sorte de création intellectuelle. Sur des êtres ainsi définis, la déduction est facile ; l'âme voit d'elle-même en une claire intuition les relations liant entre eux les éléments qu'elle étudie ; elle peut sans peine former des séries de propositions qui s'enchaînent en toute rigueur, soit que, partant de quelque vérité connue, elle descende d'anneau en anneau jusqu'à des conclusions nouvelles, soit que, remontant d'une proposition nouvelle à une vérité connue, elle y trouve le principe d'où elle pourra peut-être ensuite déduire cette proposition.

Mais en même temps que sont réalisées dans le domaine de la géométrie des conditions spéciales d'intelligibilité et de rigueur logique, en même temps qu'il s'y trouve une lumière éblouissante qui éclaire l'âme et lui apporte une sécurité parfaite, le géomètre a le sentiment que son activité créatrice est sans limite. La richesse de ses conceptions croît démesurément, et, sur les êtres nouveaux qu'il envisage, il édifie sans cesse quelque branche importante de sa science. C'est ainsi, en particulier, qu'au temps de Platon se sont ajoutées à la droite et au cercle les coniques et une foule de courbes intéressantes ; et surtout c'est ainsi que s'est formée la notion générale du lieu géométrique, qui équivaut à un champ infini de créations. La mathématique réalise ce miracle que la satisfaction complète de l'esprit, la sécurité absolue de la pensée en quête de clarté et de rigueur, loin d'être une condition de repos et de contemplation paresseuse, est, au contraire, inséparable d'une marche audacieuse à la conquête de vérités toujours nouvelles.

Bref, si en lisant les pages que Platon consacre à la théorie de la science, on songe à la mathématique, tout prend une étonnante clarté. Les hésitations de Platon se comprennent, ses exigences deviennent toutes naturelles ; il n'y a pas un de ses arguments qui ne reçoive de ce rapprochement une signification plus complète.

Mais nous avons envisagé jusqu'ici, dans le problème de la science, le sujet qui connaît ; regardons maintenant du côté de l'objet de la connaissance, du côté de l'être.

CHAPITRE III

IDÉALISME (*suite*)

L'ÊTRE

L'objet de la Science, ce qui est véritablement, c'est le monde des Idées.

Qu'est-ce que l'Idée?

A en croire Aristote, ce serait un nom nouveau donné à la définition socratique, et en somme une abstraction, sauf que Platon l'aurait réalisée en dehors des choses. Certains passages des dialogues semblent à première vue justifier cette interprétation. Ne dirait-on pas fréquemment que l'Idée se présente à nous comme le résultat d'une opération logique qui consiste à faire entrer dans une notion générale tels caractères communs à une multitude?

On peut remarquer toutefois que si le plus souvent Platon s'exprime de façon assez vague pour ne pas indiquer clairement d'où vient l'idée, comment l'esprit y est parvenu, il a par moments un langage significatif.

---

1. *Rép.*, 596, A; *Phèdre*, 265; *Polit.*, 285, B; *Sophiste*, 253, E.

Dans le Xe livre de la République, par exemple, pour caractériser sa méthode, il parle de *poser* une idée (τίθεσθαι) ; le mot se trouve ailleurs : au VIe livre de la République, μίαν ἰδέαν περὶ παντὸς θεμένους…: dans le Philèbe, αὖ κατὰ μίαν ἰδέαν τιθέντες… C'est là une expression qui ne vient pas au hasard. L'opération qu'elle désigne rappelle de très près ces hypothèses (ὑποθέσεις) dont il a été question à propos de la διάνοια et de la νόησις. *Poser* une idée à l'occasion d'une multitude donnée, ce n'est pas la tirer de cette multitude. « La généralisation n'est pas une méthode hypothétique, dit très bien Paul Janet, mais expérimentale. Elle ne pose pas l'idée, elle la découvre et la fait sortir de l'examen et du triage des caractères individuels et communs[1]. » Et puis à quoi bon les grandes théories métaphysiques de la réminiscence et de l'amour, même en ne leur laissant qu'une valeur didactique et symbolique, si l'idée se trouvait tout naturellement dans les choses sensibles et s'en dégageait d'elle-même, et s'il suffisait de quelque attention pour la découvrir directement donnée dans le monde qui est sous nos yeux? A quoi bon aussi les efforts de Platon dans le Théétète, et la patiente fermeté avec laquelle il s'est refusé à reconnaître la science dans les opérations logiques les plus variées tant qu'on n'a pas perdu le contact des choses sensibles, s'il fallait

---

[1]. Janet, *op. cit.*, p. 155.

ensuite voir dans l'idée, l'objet de cette science si longtemps poursuivie, un simple résidu de la sensation?

Il est vrai que celle-ci n'est pas étrangère à l'opération par laquelle l'âme pose l'idée; mais elle ne joue alors qu'un rôle très restreint. Les caractères sensibles qui nous frappent ne sont pour nous que l'occasion de nous élever à l'idée, ils nous en suggèrent la recherche; et, tandis que l'idée générale résulte toujours de la constatation des caractères communs à une multitude de choses, nous sommes conduits à poser l'idée platonicienne bien plus par la contradiction des impressions extérieures que par leurs ressemblances. Dans la République, Platon distingue justement parmi les perceptions celles qui excitent l'activité de l'entendement, et celles qui le laissent indifférent. « J'entends, dit Socrate, comme n'invitant point l'entendement à la réflexion tout ce qui n'excite point en même temps deux sensations contraires : et je tiens comme invitant à la réflexion tout ce qui fait naître deux sensations opposées, lorsque le rapport des sens ne dit pas plutôt que c'est telle chose que telle autre chose tout opposée[1]. » D'autre part l'idée générale ordinaire est formée d'un certain nombre de caractères communs à une multitude, et que l'on a simplement isolés par abstraction de ceux auxquels ils étaient joints dans la réalité. L'idée de Platon en est

1. *Rep.*, 523. Cousin, t. X, p. 83.

toute différente. Tandis que tout ce qui nous frappe dans les objets de la perception est relatif, inachevé, susceptible de croître ou de diminuer, mélangé d'impuretés, l'idée se présente à nous comme le type de l'absolu, de l'achevé, du pur, du parfait. Si bien que, loin d'être un extrait des sensations et de n'en donner que comme une image affaiblie, comme un souvenir qui resterait de perceptions diverses, l'idée platonicienne apparaît comme un modèle de pureté et d'achèvement absolu, dont les images sensibles n'étaient que des imitations lointaines et grossières.

Est-ce imitation seulement qu'il faut dire? Ce mot éveille l'idée de deux choses dont l'une est à la ressemblance de l'autre, mais qui existent indépendamment l'une de l'autre. Or ici il y a plus : l'idée est la raison d'être des choses qui la rappellent. Si Phédon est beau, ce n'est pas Phédon qui en est la cause, mais l'idée de beauté à laquelle il participe. S'il y a des objets égaux, la raison en est dans l'idée de l'égal qui s'y trouve répandue. A ce titre l'idée est principe d'essence, d'existence; elle est source d'être. Nous avons vu dans le Théétète le caractère éminemment mobile et fuyant de la sensation : rien n'y est déterminé, rien n'y est précis, exact; on ne peut dire de rien qu'il est, car, pour parler ainsi, il faut au moins pouvoir saisir par la pensée et par le langage quelque chose qui soit rigoureusement délimité et ne s'échappe pas dans une variation continue. Or c'est l'idée qui apportera la précision, la rigueur, la détermination, et c'est ainsi par elle, dans la mesure où elles s'y rapportent, que les choses sensibles ont au moins une apparence de réalité.

De ces remarques, où nous avons voulu rappeler les caractères bien connus de l'idée platonicienne, résulte assez clairement la distance très grande où elle est de l'idée générale. Peut-être cependant serait-on en droit de dire que Platon a plutôt indiqué ses propriétés qu'il n'a justifié son existence, en tant que radicalement distincte de l'élément logique obtenu par simple réflexion sur les données des sens ; et Aristote serait fondé à déclarer qu'en effet l'idée platonicienne a toutes sortes de propriétés que ne possède point l'idée générale ordinaire, mais que c'est précisément en cela qu'elle est incompréhensible ; et peut-être, à s'en tenir au texte même des dialogues, aurait-on plus de peine qu'il ne semble à réfuter les objections d'Aristote. Après tout, nous trouvons chez Platon l'affirmation de sa foi aux idées telles qu'il les conçoit, bien plutôt qu'une démonstration de leur existence. « Je ne vois rien de si évident que l'existence au plus haut degré possible du beau, du bon et de toutes les autres choses de ce genre ; elle m'est suffisamment démontrée (ὥσπερ γε δοκεῖ ἱκανῶς ἀποδεδεῖχθαι)[1]. » Eh bien, nous en sommes convaincu, l'argu-

---

[1]. *Phédon*, 177, b.

ment le plus solide, le plus décisif, qu'eût trouvé Platon, s'il eût dégagé de sa propre pensée les origines plus ou moins conscientes de sa croyance aux idées, c'eût été de donner en exemple l'existence indiscutable des idées mathématiques.

D'où proviennent les notions dont le géomètre fait l'objet de ses recherches? Peut-on sérieusement songer à y voir de simples résidus de la perception? Déjà, — nous l'avons dit[1], — quand il s'agit de ces sortes d'images élémentaires, la droite, le point, le plan, la ligne courbe, qui ne semblent définies que par des propriétés intuitives irréductibles, n'apparaît-il pas clairement qu'elles sont fort éloignées de tout ce que nous offre le monde matériel? Où trouvera-t-on une ligne sans épaisseur, une droite sans irrégularités, une surface sans rugosités? Sans doute nous verrons autour de nous des lignes de plus en plus minces, des surfaces de moins en moins rugueuses, des droites de plus en en plus régulières ; mais précisément si nous nous en tenions aux données des sens, ce que nous en dégagerions par abstraction se réduirait à des éléments variables dont aucun n'aurait jamais atteint le terme extrême de sa variation ; l'idée même d'un pareil terme est tout à fait étrangère au monde de l'expérience. On alléguera que celui-ci nous fournit couramment un

1. Cf. l'Introduction, p. 5.

minimum d'épaisseur, par exemple, ou un maximum de régularité rectiligne, en ce sens que dans certaines circonstances nous déclarons ne pas pouvoir réaliser mieux ; mais nous savons fort bien que cela n'est jamais que relatif et provisoire, que des conditions meilleures nous permettraient d'obtenir plus encore dans le sens que nous souhaitons, et qu'il n'y a aucun état des choses où nous puissions reconnaître la réalisation d'un maximum absolu, d'une perfection achevée. Par là, ces images intuitives elles-mêmes qui servent de fondement à la géométrie et où le mathématicien consentirait le plus volontiers à voir un élément étranger à sa pensée, un élément qui vient du dehors, qui lui est imposé, ces images, disons-nous, se séparent déjà nettement de toute notion purement abstraite. L'esprit, pour les former, a sans doute subi les suggestions de l'expérience, mais comment nier qu'il a spontanément ajouté quelque chose qui ne vient pas d'elle, et qu'il a même transformé les premières données en leur conférant une perfection idéale. Toutes les créations du géomètre, cela va sans dire, porteront ensuite la marque de cette perfection. Il vivra dans un monde où la rectitude des formes est idéalement réalisée, et où l'esprit peut contempler sans réserve la beauté toute pure des êtres qu'il étudie. De cette rectitude et de cette pureté les choses sensibles n'offrent qu'une imitation lointaine, qu'un pâle reflet ; les lignes les mieux tracées avec une règle ou un compas sont comme une enveloppe grossière encore où l'intelligence sait enfermer les types-idéaux de l'intuition géométrique.

Mais il y a plus, et ce n'est pas seulement par la pureté achevée des contours que les êtres mathématiques s'éloignent des objets du monde de l'expérience. Ces images sont perçues par une vue interne, cela est vrai, mais ce sont encore des assemblages d'éléments concrets qui se posent devant les yeux de l'esprit. Celui-ci les admire, soit : mais aussi il veut les saisir plus étroitement, se les rendre moins étrangers, moins extérieurs à lui-même, se les assimiler, les comprendre. Son procédé pour cela est toujours le même : il refait, il recrée tout ce qu'il voit, il reconstruit les figures par une génération qu'il imagine, et, toutes les fois que l'intuition géométrique suggère quelque notion nouvelle, il *pose* une définition ; de sorte que sa science s'édifie et progresse comme par une série de décrets. La distance qui sépare la définition de ce qui a été vu dans l'intuition est au fond celle qui sépare l'intelligible du sensible : l'être auquel est donnée l'existence est tout entier dans les relations par lesquelles on le détermine. Il y a là une substitution incessante d'une forme de pensée pure à quelque vision plus ou moins concrète, la seconde excitant l'esprit à poser la première. Il est difficile de saisir avec exactitude les moments divers de cette opération par laquelle l'esprit est amené à énoncer une définition nouvelle ; mais une chose apparaît avec la dernière clarté, c'est que cette définition, quand elle est posée, est tout à fait différente d'une notion commune, d'une idée générale : loin de résumer en elle-même une série de caractères qui se sont dégagés de l'intuition sensible, elle s'attache à les détruire et à les remplacer par des éléments rationnels, à l'aide desquels elle constitue une chose intelligible, qui se superpose aux premières données, et les domine, les éclaire, les vivifie, leur communique le sens profond qui seul préoccupera l'esprit du géomètre, quand son imagination continuera à s'attacher à elles. La pureté de la forme, la régularité, les qualités esthétiques qu'offre l'image géométrique, trouvent elles-mêmes leur explication, leur raison, dans l'exactitude, la précision, la rigueur de relations d'ordre plus intelligible. Voilà ce qu'aurait pu dire Platon pour montrer dans l'essence mathématique le type le plus saisissant de l'*Idée*.

Mais, si séduisante que soit pour nous cette assimilation, ne pourrait-on nous reprocher de rester en dehors du vrai problème et de laisser de côté la question très grave de la nature même de l'*être* de l'idée ? Aristote ne nous fait-il pas entendre que les idées de Platon sont choses individuelles, réalisées à part du monde sensible ?

Eh bien non, il ne nous semble pas qu'on soit obligé de voir dans les Idées des êtres distincts, des

personnes en quelque sorte, des dieux individuels.
Il ne manque pas d'autres conceptions possibles de
ces εἴδη χωριστά. La plus naturelle, — celle du moins
qui devait se manifester du jour où la pensée judéo-
chrétienne, en s'exerçant sur la philosophie de Platon,
l'aurait orientée vers une sorte de théologie mystique,
— fut celle de tout le moyen âge, et quelques-uns
des interprètes les plus illustres du platonisme l'ont
reprise de nos jours : les idées seraient des pensées de
Dieu. Cette conception a pu être raisonnablement
défendue. On y voit d'abord une interprétation commode du Timée ; d'autre part, — notamment dans le
Philèbe (p. 26), — Platon parle du νοῦς, roi du ciel et de
la terre, βασιλεὺς οὐρανοῦ καὶ γῆς, comme si par conséquent le νοῦς, lieu des idées, n'était autre que l'intelligence divine : la République fait allusion à une idée,
l'idée du *lit*, créée par Dieu[1]... Mais si l'on n'invoquait
ainsi que quelques lignes isolées de Platon, la réponse,
ainsi que l'a montré M. Brochard dans ses études
récentes, serait vraiment trop facile. Une telle compréhension s'est dégagée de bonne heure d'un effort
fait pour pénétrer l'œuvre entière, et si nous en atté-
nuons la précision métaphysique, en écartant la conception de la personne divine ; si, au lieu de vouloir
placer au centre de la philosophie platonicienne un

1. Cf. Brochard, *Revue de Cours et Conf.*, 1897. *La Nature des
Idées.*

dieu qui rappelle beaucoup trop celui des Juifs et des Chrétiens, nous nous rapprochons des conditions générales de connaissance, d'intelligence, de science, que Platon ne sépare jamais de la considération de l'être, ne semble-t-il pas que les « pensées de Dieu » pourraient mieux s'entendre à leur tour comme des pensées que formulerait une sorte de raison universelle, — ou plus simplement encore comme des vérités immuables? C'est ainsi que, sans nous éloigner outre mesure d'une tradition bien vivante encore, nous serions amenés à une conception que nous jugeons infiniment plus vraie et que nous aurons achevé de faire connaître, si nous disons qu'à nos yeux l'*être* des idées est de même nature que l'*être* des vérités et des essences mathématiques. Essayons de justifier cette interprétation.

Et d'abord quand nous disons que l'idée *est* comme *sont* les vérités que conçoit la pensée du géomètre, ne risquons-nous pas de trouver une contradiction formelle dans cette page du Parménide où Platon déclare qu'une idée ne peut pas être un νόημα? Il s'agit dans ce passage de voir comment est possible la participation des choses aux idées sans que leur indivisibilité soit entamée ; après avoir essayé plusieurs explications, Socrate demande à Parménide si chaque idée ne serait pas simplement une pensée qui existerait dans l'âme ; et cette hypothèse est bien vite exclue comme entraînant à une absurdité. « Si comme tu le prétends, dit Parménide, les choses en général participent aux idées, n'est-il pas nécessaire d'admettre ou que toute chose est faite de pensées et que tout pense, ou bien que tout, quoique pensée, ne pense pas?[1] » Le raisonnement jette un jour assez clair sur le sens exact de cette pensée, de ce νόημα dont il est ici question, et montre que le mot est pris dans un sens actif : c'est la pensée pensante. Ce n'est pas la pensée vue du côté de l'objet, c'est-à-dire du côté de ce qui s'y trouve représenté, mais la pensée envisagée du côté du sujet qui pense. S'il n'en était pas ainsi, comment comprendrait-on que les choses dussent penser, du seul fait qu'elles participeraient d'une représentation de l'âme? Sans doute quelques lignes plus haut, après ce rapprochement de mots τὸ νόημα... νοεῖ, se trouve une question où l'idée semble être plutôt confondue avec ce qui est pensé (οὐκ εἶδος ἔσται τοῦτο τὸ νοούμενον ἓν εἶναι...), et peut-être la distinction que nous présentons ici n'est-elle pas dans l'esprit de Platon aussi consciente que nous l'indiquons, mais du moins elle se manifeste dans ce qui est le nerf de l'argumentation; et d'autre part il ne nous est pas nécessaire que le νόημα soit pris dans ce passage au sens exclusivement actif; il suffit pour notre objet que ce qu'il désigne, et ce dont Platon a vainement essayé

1. Parm., p. 132.

de rapprocher l'idée, soit inséparable de l'opération de l'âme par laquelle il est produit ; et c'est ce qui ne paraît pas douteux. Si donc il y a du pensé dans cette chose qu'il nous est interdit de prendre pour l'idée, c'est du pensé dans son rapport avec l'acte de l'esprit qui le pense ; il ne s'agit en aucune façon d'une représentation prise en elle-même, d'une conception séparée de l'intelligence qui la conçoit ; il ne s'agit pas d'une notion ou d'une vérité détachée du travail d'élaboration par lequel elle a été formulée et proclamée. Ce qui se trouve évidemment exclu, c'est toute création, toute fiction, toute production contingente, et plus généralement tout ce dont on ne comprend pas l'existence « autrement que dans l'âme », comme dit Platon. Le Parménide ne peut être invoqué contre une interprétation qui veut projeter l'être de l'idée en dehors de l'âme, comme celui d'un objet qui peut être pensé par elle, mais dont l'existence ne lui doit rien. Or n'est-ce pas là le cas des vérités que proclame le géomètre ? Platon a si fort le sentiment qu'elles sont extérieures à son âme individuelle, qu'il veut qu'elles soient reconnues et non créées ; et l'on a vu combien volontiers il a recours à l'exemple de la géométrie pour démontrer le fait de la réminiscence. Sans doute pour chacun de nous les propositions mathématiques n'expriment une réalité que lorsque nous les avons pensées, mais elles sont antérieures à l'acte de l'esprit qui les pense ; et la preuve, c'est que tous les hommes, quels qu'ils soient, les reconnaîtront. Quand Socrate veut en montrer un exemple à Ménon, il ne demande pas un savant, ou un homme dont l'intelligence soit capable de produire de grandes choses, il prie Ménon de faire appeler n'importe lequel de ses esclaves. Tant qu'il y aura des hommes pour penser, ils reconnaîtront les vérités géométriques comme auraient pu les reconnaître tous les hommes qui ont jamais vécu. Comment songerait-on à dire que de pareilles vérités n'existent que dans l'âme, quand elles lui sont si manifestement antérieures, quand leur universalité et leur nécessité sont la marque, — Kant le dira plus tard, — de leur caractère apriorique et de leur objectivité.

Nous arrêterons-nous au caractère transcendant χωριστόν des idées, suivant l'expression qui revient si souvent chez Aristote? Toute conception des idées, pour avoir des chances d'être exacte, doit expliquer en quoi et comment elles sont en dehors des choses sensibles. Mais n'est-ce pas une façon claire d'entendre cette séparation que de songer aux notions géométriques? Sans doute pour qui veut voir dans les définitions de la géométrie des éléments simplement tirés par abstraction des objets sensibles, il est difficile de parler de transcendance: celle-ci est alors toute factice, elle se résume en un simple effort de pensée pour dégager et conserver sous un mot des propriétés communes à une multitude. Mais nous avons suffisamment insisté sur l'erreur que l'on commet ainsi. L'idée mathématique n'est pas réalisée dans le monde concret : celui-ci n'en présente que l'image imparfaite, s'il s'agit des figures idéalement régulières de l'intuition, ou même y correspond de plus loin encore s'il s'agit des notions faites de relations rigoureuses et de pensée pure d'où la forme concrète elle-même de l'intuition sensible tend à disparaître. Que Platon dût par conséquent déclarer transcendantes les essences mathématiques, il n'y a là rien que de fort naturel.

Mais de plus, c'est ce que confirme le témoignage d'Aristote lui-même. Il nous dit, en effet, que les idées mathématiques étaient pour son maître au delà des choses sensibles, dans l'ordre de dignité et de réalité. Non seulement donc nous n'aurions pas à nous justifier d'avoir appliqué l'épithète de χωριστά aux choses mathématiques, dans l'interprétation du platonisme, mais même nous trouverions un auxiliaire dans Aristote, s'il n'avait pas ajouté que ces essences mathématiques étaient pour Platon intermédiaires entre les choses sensibles et les idées, ce qui va à l'encontre de notre thèse. Cette grave affirmation semble d'ailleurs s'accorder avec certains passages des dialogues ; il nous faut porter sur elle l'effort de toute notre attention.

« Platon admet encore, en dehors des choses sensibles et des idées, les êtres mathématiques qui sont les intermédiaires entre les idées et les choses, différant des objets des sens en ce qu'ils sont éternels et immobiles, et différant des idées en ce qu'ils peuvent être en très grand nombre semblables les uns aux autres, tandis que dans chaque genre l'idée est seule et unique. » Ainsi s'exprime Aristote (Met. A, 6). Or dans quel sens peut-on dire qu'il existe un très grand nombre d'êtres mathématiques semblables les uns aux autres ? Serait-il question de la variété infinie que présentera la réalisation matérielle de ces êtres : la forme circulaire, par exemple, se trouve reproduite par tous les ronds que tracera un géomètre sur le sable ou sur le papier. Mais on ne comprendrait pas alors où serait la différence avec les idées, dont chacune correspond à une infinité de choses sensibles qui y participent. Tout devient très clair, au contraire, si l'on admet que pour Aristote l'être mathématique est simplement le cercle au contour infiniment mince de l'intuition, car il est bien évident que suivant la longueur donnée au rayon, on aura une série de figures semblables. Et il est si naturel qu'Aristote, dont l'esprit a quelque chose d'essentiellement concret, ne dépasse pas ce degré d'abstraction dans la définition du cercle ! Mais Platon en connaissait un plus élevé, le seul à vrai dire qui importe au mathématicien, celui d'où l'on aperçoit la définition véritable du cercle, la propriété qui caractérise les points de sa circonférence, c'est-à-dire l'égalité de leurs

distances au centre. Si de même il existe une infinité
d'ellipses suivant les longueurs données aux axes, la
définition de l'ellipse est une pour le géomètre, c'est
le lieu de points tels que la somme de leurs distances
à deux points fixes est constante. Et ainsi de suite. Ce
qui retient le mathématicien, c'est la relation dernière,
le σύμπτωμα, qui caractérise la figure, quelle que soit
la valeur particulière attribuée à chacun des éléments.
C'est cette relation qui, seule, intervient dans les
démonstrations et donne toute leur valeur aux conclusions. A mesure que se précisera le langage mathématique, les valeurs numériques particulières disparaî-
tront des écrits des géomètres et seront de plus en
plus remplacées par des formules, des signes de fonction, des relations traduisant les définitions générales.
Cette tendance à saisir la relation dernière sous les
éléments particuliers et contingents, Aristote ne pouvait la partager complètement avec Platon ; s'arrêtant
à mi-chemin pour définir la chose mathématique, il a
pu dire qu'elle n'est pas une comme l'idée. Mais si
nous remontons avec le maître à la véritable essence
mathématique, au σύμπτωμα, à la définition caractéristique, où est la différence avec l'idée ? Elle est une
et seule, ἓν ἕκαστον... μόνον. A certains égards sans doute
on pourra dire que le cercle est une variété de l'ellipse,
que le triangle est une variété du polygone, et il sera
permis de soumettre les définitions mathématiques

à certaines divisions par genres, mais il en sera de même exactement pour les idées, et cela ne fait point de différence.

Reste à voir si Platon lui-même ne nous contredit pas en indiquant manifestement qu'il place les choses mathématiques au-dessous du monde des idées. Et tout d'abord revenons à cette fin du I^e livre de la République où se trouve posée la distinction de la διάνοια et de la νόησις. L'une est la connaissance raisonnée qui, de prémisses assimilées sans discussion à des vérités, descend par une chaîne de propositions jusqu'à la conclusion qu'on veut établir. C'est le raisonnement déductif. Par la νόησις on n'accepte plus comme des vérités les hypothèses que pose l'esprit, et l'on remonte de celles-ci à un principe premier ne présentant plus aucun caractère hypothétique, et d'où leur vient en retour le fondement de leur réalité. De plus, on utilise d'un côté des signes matériels, comme fait le géomètre qui trace des figures, tandis que, avec la νόησις, la connaissance s'accomplit par la pensée toute pure. Et le passage, on s'en souvient, se termine par cette remarque de Glaucon qu'approuve Socrate : « Tu appelles διάνοια et non pas νοῦς la connaissance qui s'acquiert par la géométrie et les autres arts semblables, cette connaissance étant intermédiaire entre l'opinion et la pure intelligence. » Comme Platon a suffisamment expliqué que la διάνοια a pour type le raisonnement géométrique, tout le monde a jugé qu'il veut ici placer les êtres géométriques au-dessous des idées. C'est là une conclusion qui à notre sens n'est pas justifiée.

Que la διάνοια soit le raisonnement géométrique, c'est incontestable, — raisonnement s'exerçant sur des images visibles et sur des formes matérielles. Le point de départ est dans l'hypothèse que certaines propriétés, certaines relations sont réalisées dans la chose sensible placée sous les yeux ; et la méthode s'étend des notions théoriques à toute application des mathématiques, ce qui explique l'allusion aux arts semblables à la géométrie, et ce qui peut même nous inciter à entendre ici *géométrie* dans le sens pratique que Platon rejettera au livre suivant. Mais cette διάνοια, cette connaissance raisonnée, est-elle la seule dont s'inspire le mathématicien? Elle l'amène à tirer tout le parti possible des définitions et des relations qu'il pose incessamment, mais ce n'est pas elle qui peut les lui fournir. Elle intervient tout au plus comme auxiliaire pour montrer qu'il n'existe pas de contradiction dans les éléments qu'on réunit dans une définition, c'est-à-dire en somme pour donner droit d'existence à une conception nouvelle, mais ce n'est pas elle qui la suggère à la pensée du géomètre, ce n'est pas elle qui en apporte les raisons, et qui en fait une réalité profonde au lieu qu'elle soit une simple fiction de l'esprit. La connaissance raisonnée n'est qu'un des éléments de la connaissance mathématique. Et qu'est-ce donc qui la complète, et donne toute leur valeur aux conceptions du géomètre, sinon la νόησις? Par elle, l'entendement veut s'appliquer aux définitions en elles-mêmes, aux essences mathématiques, telles qu'elles se présentent idéalement à la pensée, indépendamment de toute chose concrète, et même de toute figure visible où elle apparaisse. Les caractères restrictifs du sensible et l'impuissance d'un raisonnement forcément hypothétique, puisqu'il suppose toujours la vérité de certaines prémisses, mettent le géomètre dans la nécessité de poursuivre une connaissance idéale et absolue ; de sorte que, sans sortir de la pensée mathématique, Platon peut souhaiter d'atteindre un principe suprême qui comporte avec lui tout sa raison d'être, et qui serve de fondement aux spéculations pures de la science théorique. Cette source d'être et de réalité sera ce que Dieu doit être plus tard pour Descartes et pour Malebranche, et ce que sera pour Kant l'intuition *a priori*. En tous cas, si la νόησις éclaire l'intelligence du géomètre par le contact qu'elle réalise avec un principe absolu, dépourvu d'hypothèse, ἀνυπόθετος, c'est de la même façon qu'elle apporte la lumière dans le monde des idées, par le rayonnement de l'idée du bien, et rien encore de ce côté ne nous oblige à reconnaître une différence de nature entre les idées platoniciennes et les essences mathématiques.

Au reste, le livre VII de la République nous apporte

un complément d'information. Il y est question, comme on sait, de l'éducation qui convient le mieux au philosophe. L'arithmétique, la géométrie, l'astronomie, la musique sont tout indiquées; mais d'abord Platon fait une distinction fondamentale. Il écarte de chacune de ces sciences toute la partie qui s'échappe vers le monde sensible et qui descend aux applications matérielles; il ne consent à garder que la spéculation purement théorique. A cette condition, Platon déclare que ces sciences atteignent ce qui est véritablement, ce qui est éternel, ce qui échappe au changement, à la naissance et à la mort; elles éloignent la pensée des choses visibles et la conduisent vers « ce qui est et ce qu'on ne voit pas »; elles préparent à la contemplation de l'idée du bien. La science suprême, « toute spirituelle » qui, après l'initiation de la pensée mathématique, nous fera parvenir à l'idée du bien, c'est la dialectique, qui se trouve ainsi posée comme le couronnement de l'éducation du philosophe. Ce qui peut nous frapper jusqu'ici c'est que les sciences spéculatives ont servi d'introduction non pas au monde des idées, mais à la connaissance de l'idée du bien.

Mais voici qu'après cette énumération Platon semble atténuer la valeur de l'être mathématique. « La dialectique, dit-il, est la seule science qui tente de parvenir régulièrement à l'essence de chaque chose..... Quant aux arts tels que la géométrie et les sciences qui l'accompagnent, nous avons dit qu'ils ont quelque relation avec l'être, mais la connaissance qu'ils en ont ressemble à un songe, et il leur sera impossible de le voir de cette vue nette et sûre qui distingue la veille, tant qu'ils resteront dans le cercle des données matérielles sur lesquelles ils travaillent, faute de pouvoir en rendre raison. En effet quand les principes sont pris on ne sait d'où, et quand les conclusions et les propositions intermédiaires ne portent que sur de pareils principes, le moyen qu'un tel tissu d'hypothèses fasse jamais une science ?.... Il n'y a donc que la méthode dialectique qui, écartant les hypothèses, va droit au principe pour l'établir solidement : qui tire peu à peu l'œil de l'âme du bourbier où il est honteusement plongé, et l'élève en haut avec le secours et par le ministère des arts dont nous avons parlé. Nous les avons plusieurs fois appelés du nom de sciences pour nous conformer à l'usage ; mais il faudrait leur donner un autre nom qui tienne le milieu entre l'obscurité de l'opinion et l'évidence de la science : nous nous sommes servis quelque part plus haut du nom de connaissance raisonnée [1]. » Il nous semble que ces lignes, ordinairement citées pour montrer chez Platon l'infériorité de la connaissance mathématique, loin d'affaiblir nos précédentes réflexions, les confirment pleinement. Platon a eu

---

[1]. *Rep.*, 533, B, C, trad. Cousin

beaucoup de peine à séparer dans chacune des sciences
dont il a parlé la partie pratique et la partie purement théorique. Il a le sentiment de la difficulté qui s'offre à qui
veut dégager l'une de l'autre, et il présente cette séparation et cette épuration comme souhaitables, mais non
point comme étant tout à fait réalisées dans les sciences de
son temps. Au moment où il résume son énumération,
il a si peu laissé de côté l'élément pratique et matériel
de ces sciences, il en est si manifestement gêné, que
son langage le trahit et qu'il nomme arts, τέχναι, la
géométrie et les sciences qui l'accompagnent, tandis
qu'il les avait nommées μαθήματα, quand il avait eu
clairement en vue leur seule partie théorique. Il serait
évidemment moins sévère pour elles, s'il ne songeait
qu'aux essences dont il a parlé, — en astronomie, par
exemple, « aux vraies vitesses et aux vraies lenteurs »,
— en géométrie, aux notions pures qui correspondent
aux figures, — d'une façon générale aux définitions
qui caractérisent aux yeux de la raison les éléments
plus ou moins concrets auxquels s'applique la pensée
mathématique.

Mais en tous cas il faut se garder de croire que
Platon voie dans la géométrie et l'arithmétique des
sciences hypothétiques, tandis qu'il reserverait une
valeur absolue à la dialectique. On ne comprendrait
pas d'abord que les premières fussent une préparation
à la dernière : Comment un exercice prolongé de l'es-

prit sur des fictions le disposerait-il à saisir l'essence de l'être? Et surtout quel étrange langage aurait été celui de Platon, quand il qualifiait en termes si élevés l'objet des μαθήματα, des sciences mathématiques spéculatives? Non, rien n'oblige dans le texte que nous avons cité à voir Platon se contredire ainsi. La dialectique vient à la suite des autres sciences et se trouve avec elles dans un rapport direct. Elles s'arrêtaient devant la justification complète des notions qu'elles élaboraient, la dialectique fait tomber tout ce qui leur reste d'insuffisamment fondé, en allant droit au principe; mais c'est en particulier pour pouvoir en redescendre et répandre sa lumière et sa clarté sur tout ce monde d'essences mathématiques, d'une existence et d'une réalité désormais aussi profondes que celles du principe auquel s'est élevé le dialecticien. Le caractère hypothétique des choses mathématiques n'était que provisoire; il disparaît dès que le géomètre rompt décidément avec les données matérielles, s'élève vers les essences pures, et enfin, à la lumière du principe suprême, en donne les raisons. Il en est de ces essences mathématiques comme des idées qui attendent de l'idée du bien le fondement de leur unité et de leur réalité absolue.

Reste enfin à répondre à un dernier reproche, grave entre tous : n'oublions-nous pas dans notre assimilation des idées aux êtres mathématiques, que les idées sont des οὐσίαι? L'οὐσία n'est-ce pas la substance, et peut-on raisonnablement appliquer le mot à des notions ou à des vérités scientifiques? — M. Brochard, discutant la doctrine qui fait des idées des pensées de Dieu, insiste particulièrement sur l'importance de ce terme, οὐσία. « Il faut choisir, dit-il entre ces deux interprétations : les idées sont des substances, et les idées sont des pensées de Dieu. Si elles sont des pensées de Dieu, ce ne sont pas des substances ; et si elles sont des substances, ce ne sont pas des pensées de Dieu. La substance et le mode sont des choses incompatibles et inconciliables[1]. » Est-ce que vraiment dans la langue de Platon et d'Aristote ce mot d'οὐσία nous oblige ainsi à ne songer qu'à la substance, au substratum, — par opposition au mode, à la qualité formelle? Mais chez Aristote d'abord, chez celui qui risque de nous conduire le plus loin dans l'interprétation des idées-substances, si ce terme désigne en effet assez souvent ce qui est à proprement parler le substratum, τὸ ὑποκείμενον, il désigne aussi la forme que reçoit le sujet. Aristote nous en avertit lui-même très clairement dans ce livre de sa métaphysique où il veut fixer avec précision son langage philosophique[2] : et il reste ordinairement fidèle à la double signification qu'il a déterminée : c'est

---

1. *Revue des Cours et Conf.*, 1897, p. 610
2. συμβαίνει δὴ κατὰ δύο τρόπους τὴν οὐσίαν λέγεσθαι, τό θ'ὑποκείμενον ἔσχατον, ὃ μηκέτι κατ'ἄλλου λέγεται, καὶ ὃ ἂν τόδε τι ὂν καὶ χωριστὸν ᾖ· τοιοῦτον δὲ ἑκάστου ἡ μορφὴ καὶ τὸ εἶδος· (Δ, 8, 1017, b)

ainsi par exemple, qu'au début du second livre du *de anima*, quand il se propose de définir l'âme, il parle des différents aspects de l'οὐσία, comme matière et comme forme[1]. Aussi sa critique contre Platon ne porte-t-elle pas précisément sur ce que les idées seraient des οὐσίαι, puisque à ses yeux la μορφή et l'εἶδος en sont également, mais sur la séparation de l'idée et de la chose pour laquelle elle est principe d'essence et de détermination. [μὴ καθ' ὑποκειμένου, — τῶν εἰδῶν οὐσία τις ἕκαστόν ἐστι καὶ οὐθὲν κατὰ συμβεβηκός...].

Quant à Platon, la lecture des dialogues nous fait aisément constater que l'οὐσία exprime toutes les nuances de l'être depuis celle d'une essence absolue jusqu'à la notion la plus vague et la plus générale de l'existence. Qu'on mesure par exemple la distance qui sépare la substance indivisible et toujours la même dont est faite l'âme du monde — (τῆς ἀμερίστου καὶ ἀεὶ κατὰ ταὐτὰ ἐχούσης οὐσίας), — de l'οὐσία dont il est question dans le Théétète comme d'une qualité quelconque que l'âme affirmera des choses en les examinant par elle-même[2]. C'est ici l'être dans le sens le plus général, par lequel seulement il s'oppose au non-être (οὐσίαν λέγεις καὶ τὸ μὴ εἶναι... πότερον οὖν τίθης τὴν οὐσίαν; τοῦτο γὰρ μάλιστα ἐπὶ πάντων

1. Il en ajoute même un troisième, celui qui résulte des deux autres ταύτης δὲ — (τῆς οὐσίας) — τὸ μὲν ὡς ὕλην, ὁ καθ' αὑτὸ μὲν οὐκ ἔστι τόδε τι, ἕτερον δὲ μορφὴν καὶ εἶδος, καθ' ἣν ἤδη λέγεται τόδε τι, καὶ τρίτον τὸ ἐκ τούτων (B, 1, 412, *a*)
2. Théét p 185.

παρέπεται...) Il ne semble donc vraiment pas que le langage de Platon nous oblige à placer dans l'οὐσία quelque mystérieuse qualité métaphysique qui soit incompatible avec les essences que contemple le mathématicien.

De plus il est possible de noter les caractères qui à ses yeux définissent de mieux en mieux la nature de l'être. Tout d'abord, à travers toutes les variations du sens précis de l'οὐσία, quelque chose subsiste, quelque chose qui domine toutes les circonstances particulières de l'essence, c'est qu'elle s'oppose à la γένεσις, au changement, à la variation. L'οὐσία c'est toujours ce qui à des degrés divers présente quelque stabilité, quelque permanence, quelque fixité, de façon à pouvoir au moins être saisi par le langage, être exprimé, et devenir objet de spéculation. — en opposition à ce qui devient, à ce qui s'écoule, à ce qui se meut, à ce qui n'est même pas saisissable par la pensée. Et l'être s'accroît en réalité dans la mesure où il est plus permis d'affirmer sa permanence, son immutabilité. Or, nous le demandons, dans quelles essences Platon aurait-il mieux reconnu ces caractères que dans les êtres mathématiques, qu'il a proclamés, de l'aveu d'Aristote, immobiles et éternels (ἀίδια καὶ ἀκίνητα)?

Et puis revenons une dernière fois à ces pages de la République qui nous ont servi à marquer le véritable domaine de la science. A mesure que celle-ci s'achève et qu'elle nous fait de mieux en mieux connaître l'être véritable, sous quel aspect nous apparaît-il ? Les dernières traces matérielles et sensibles tendent à s'effacer. Par la διάνοια nous raisonnons encore sur des figures, sur des signes visibles, bien que déjà l'objet de notre connaissance soit, au delà de ces choses matérielles, dans les notions purement intelligibles. Au dernier degré de la science, quand nous parvenons à la νόησις il ne reste plus rien qui rappelle les propriétés sensibles des corps. — Quelques pages plus loin, quand Platon entreprend de conduire le futur philosophe jusqu'à la contemplation de l'idée suprême, il s'efforce, nous l'avons vu, de dégager des sciences mathématiques tout ce qui est pratique, tout ce qui nous fait descendre au concret, au matériel, et mieux le géomètre, l'arithméticien, l'astronome, savent s'élever dans le domaine de la pensée pure, plus ils sont près de saisir l'être véritable. Or, dans ce mouvement ascensionnel, qu'est-ce qui se substitue de plus en plus au matériel, au visible, sinon la relation intelligible indépendante de toute réalisation sensible, de tout revêtement concret ? L'ordre et la beauté qu'offrent aux yeux les mouvements des astres ne sont rien auprès de ceux que produisent « la vraie vitesse, la vraie lenteur… suivant les vrais nombres et les vraies figures. » Que d'exemples Platon pourrait emprunter à la géométrie, pour montrer cette pénétration incessante de la pensée mathématique vers l'être, depuis ce fameux théorème de Pythagore, où une relation simple entre trois nombres remplaça jadis la propriété du triangle rectangle, jusqu'à ces sections du cône, où le solide et son plan sécant et la forme variable de la figure obtenue, disparaissent et se fondent, à la grande joie de la raison, dans des relations d'une clarté et d'une précision absolues! Mais tous les exemples isolés ne traduiraient pas encore ce que sent d'instinct le géomètre, ce qui se dégage pour lui incessamment de la nature profonde de sa science. Sa préoccupation persistante est d'écarter ce qui s'impose, ce qui vient à la pensée au nom d'une donnée extérieure ; son souci tout au moins est de le diminuer, de l'atténuer le plus possible, et de le remplacer par des notions claires, précises, intelligibles, se liant entre elles par des relations rigoureusement déterminées. Or c'est ainsi qu'aux yeux de Platon il approche véritablement de l'être. Il a pu sembler que dans certains passages de la République ces spéculations pures du mathématicien n'étaient indiquées que comme participant vaguement de l'être réel, nous avons déjà relevé cette erreur. La vérité c'est qu'il ne peut y avoir dans la pensée de Platon, lorsqu'il songe aux mathématiques pures, qu'une gradation vers un intelligible de plus en plus pur, où la relation quantitative parvient de mieux en mieux à traduire toutes les apparences sensibles, sans que jamais soit atteinte l'intelligibilité absolue ; de sorte que Platon sent le besoin de fixer un terme extrême à cette marche vers l'être, vers la réalité dernière, et c'est assez pour nous que celle-ci puisse être conçue comme une sorte de limite suprême à l'épuration que le mathématicien fait subir aux données matérielles. Cela nous permet de déclarer au moins que les conditions de l'être pour Platon sont de même nature que celles des essences pures du géomètre.

À la fin du Philèbe, dans cette fameuse classification des sciences à laquelle nous avons déjà fait allusion, le souci dominant de Platon est de ranger par ordre de pureté, de précision et d'exactitude l'objet de chacune d'elles. L'exactitude d'ailleurs se réalise par le nombre et la mesure, et quand Platon a laissé entendre cette vérité de toutes les façons, il aboutit, comme à la science la plus exacte et la plus précise, à la dialectique, dont l'objet est l'être dans sa plénitude : de sorte que d'une part les qualités des choses mathématiques sont présentées comme caractérisant ce qui *est* de plus en plus, et d'autre part on ne trouve rien de plus commode que de porter ces qualités au plus haut degré lorsque, parvenu à la science dernière, on veut faire entendre quel est l'être qu'elle étudie. Ce que fut pour Platon cet être suprême, il n'est pas possible de le dire complètement avec certitude : il nous suffit de constater qu'il y a là comme une limite dernière, comme un terme absolu, postulé par la pensée du philosophe, et peut-être pourrions-nous, à nous borner aux caractères essentiels et clairement exprimables que nous en avons constatés, le faire tenir dans cette définition, semblable à celles que manie la spéculation pure des géomètres :

L'être dernier de Platon est tel qu'il satisfait aux conditions suivantes : L'intelligence humaine y est conduite par la contemplation des essences mathématiques, comme à un terme extrême, d'où descendra en retour sur ces essences elles-mêmes la raison, le fondement dernier de leur être ; — et en second lieu, il réalise l'idéale perfection des qualités de pureté, de précision, d'exactitude, d'intelligibilité dont les essences mathématiques donnent l'exemple.

Nous pouvons donc conclure : ni la façon dont nous les connaissons, ni les conditions requises par la nature spéciale de leur être, ne nous obligent à reconnaître une différence irréductible entre les idées de Platon et les essences pures du mathématicien.

CHAPITRE IV

MÉCANISME ET PYTHAGORISME

LA PHYSIQUE

Nous ne serons pas surpris de voir Platon donner à la physique le caractère d'une connaissance inférieure : elle n'est pas la science parfaite, capable d'une absolue certitude, et l'on ne peut en parler que suivant l'opinion et la vraisemblance. Mais il faut se garder de conclure que tout ce qui touche aux choses du monde visible, dans les écrits de Platon, est négligeable pour qui veut pénétrer sa pensée. Dans les hypothèses, dans les constructions qu'il propose, pour suppléer à la vraie science, et qui vont former une sorte de philosophie de la nature, nous allons rencontrer des tendances étroitement unies à la culture mathématique de son esprit. D'une part il sera possible de comparer la physique de Platon à celle de Descartes, pour son caractère mécaniste et additif; d'autre part le rôle qui y est laissé au nombre arithmétique nous fera revenir en plein pythagorisme.

I

Les choses sensibles naissent et se transforment dans une génération incessante. « Ce que nous appelons eau, nous croyons voir qu'en se condensant, cela devient des pierres et de la terre ; en se fondant et se divisant, du vent et de l'air ; que l'air enflammé devient du feu, et que réciproquement le feu condensé et éteint reprend la forme d'air ; que l'air rapproché et épaissi se change en nuages et en brouillards, qui, encore plus comprimés, se changent en eau ; que de l'eau se reforment la terre et les pierres[1]..... » Nous sommes amenés dès lors par une sorte de raison bâtarde (λογισμῷ τινι νόθῳ) à entrevoir comme dans un songe (car il ne saurait être ici question des clartés du monde intelligible) un fond commun, un réceptacle, un lieu, qui reçoit toutes ces apparences, eau, terre, air, feu, etc. « Le chaud, le blanc, ou les qualités contraires, ou toutes celles qui en dérivent, il ne faut jamais en appliquer le nom à cette chose dont nous venons de parler..... Si quelqu'un, formant en or toutes les figures imaginables, ne cessait de changer chacune d'elles en toutes les autres, et qu'en montrant une de ces formes on demandât ce que ce serait, la réponse la plus sûrement vraie serait que c'est

---

[1]. *Timée*, 49, c, trad. Martin.

de l'or ; quant à toutes les formes que recevrait cet or, il ne faudrait pas en parler comme si c'étaient des êtres, puisqu'elles changent à mesure qu'on les produit..... Il en est de même de la chose qui reçoit tous les corps : il faut toujours lui donner le même nom, car elle ne sort jamais de sa propre nature. Elle reçoit toujours tous les objets sans prendre jamais aucune des formes de ce qui entre en elle, car elle est le fond commun de toutes les natures différentes[1]..... » Par rapport à ce qui est produit (τὸ γιγνόμενον), cette chose est « ce dans quoi cela est produit », τὸ ἐν ᾧ γίγνεται. Par rapport à l'être éternel, aux essences idéales, elle joue le rôle passif de la mère, qui reçoit ce qui vient du père pour former l'enfant (καὶ δὴ προσεικάσαι πρέπει τὸ μὲν δεχόμενον μητρί, τὸ δ'ὅθεν πατρί, τὴν δὲ μεταξὺ τούτων φύσιν ἐκγόνῳ...). Cette mère, ce réceptacle ne possède aucune forme. « C'est une espèce de nature invisible et sans forme qui reçoit tout et qui tient en quelque manière à l'être intelligible, mais d'une façon bien douteuse et bien insaisissable. Autant qu'on peut approcher de la connaissance de sa nature, ce qu'on peut en dire de plus juste, c'est que le feu paraît toujours en être une partie enflammée, l'eau une partie mouillée, etc.[2].... »

Nous est-il permis de dire avec plus de précision que Platon ce qu'est pour lui cette matière première, récep-

---

1. *Id.*, 50, trad. Martin.
2. *Timée*, 51, b, tr. Martin.

tacle de toute génération ? — Les uns déclarent que c'est l'espace ; les autres refusent de prendre à la lettre l'identification de la matière au lieu, à la χώρα, que semblent nous présenter ces pages du Timée, et veulent y voir une sorte de définition symbolique du principe d'indétermination, ou de la « dyade du grand et du petit ». L'autorité d'Aristote peut d'ailleurs être également invoquée par les uns et par les autres ; car s'il déclare[1] que le Timée ne fait qu'une seule et même chose du lieu et de la matière, il observe aussi que ce dialogue n'est pas d'accord sur ce point avec les ἄγραφα δόγματα, c'est-à-dire avec les doctrines non écrites du maître ; et, quelques lignes plus loin, parlant du μεθεκτικόν de Platon (de ce qui peut participer, par opposition aux idées et aux nombres, dont les choses participent), il dit : « qu'il s'agisse du grand et du petit, ou de la matière telle que la décrit le Timée... » Toute la question est donc de savoir si le passage du Timée qui nous intéresse exprime directement la pensée de Platon, et si alors nous trouvons chez lui deux notions différentes de la matière ; ou bien si ce passage ne vise qu'à exposer sous un jour spécial ce qu'enseignent les doctrines non écrites, de sorte que le πανδεχές et le μεθεκτικόν ne soient jamais qu'un seul principe, la dyade du grand et du petit. Nous n'hésitons pas à nous ranger à la première opinion.

---

1. *Phys.*, Δ, 2.

La physique constitue, ne l'oublions pas, un domaine à part, séparé du monde de la vraie science. Ni les vues qu'elle suggère, ni le langage par lequel elles s'expriment ne sont ceux qui conviennent aux essences idéales. C'est un ordre de connaissances absolument distinct de l'autre : pourquoi voudrait-on y retrouver les mêmes notions, les mêmes vérités ? Au point de vue de la science pure, quand il s'agira d'expliquer comment l'idée est un nombre, la dyade indéfinie jouera un rôle fondamental : ce sera le principe même de la multiplicité ; elle représentera l'élément inférieur en dignité, celui qui correspond au non-être. Mais au point de vue des choses sensibles qui naissent et périssent sous nos yeux, et sont à l'état de génération continue, la matière à laquelle songe Platon est un élément quasi-intelligible, plus près en tous cas des essences éternelles que les apparences fuyantes qu'elle revêt sans cesse : ce sera donc ici un principe d'unité, un lieu pour la multiplicité infinie des phénomènes sensibles ; on pourrait dire que c'est presque une idée, s'il était permis d'apporter les mêmes mots d'un domaine dans l'autre.

Faut-il reconnaître alors que cet élément fondamental, ce réceptacle universel, dont il est question dans le Timée, n'est autre chose que le lieu ou l'espace ? Oui sans doute, peut-être avec une légère différence dans la façon dont nous le dirons. Quelques mots de Platon, ce *dans quoi* les choses se produisent, ce qui *reçoit* le terme même de χώρα explicitement employé, ne sauraient nous obliger à fermer les yeux sur d'autres passages non moins clairs où cette matière qu'il s'agit de définir est présentée comme se transformant elle-même en toutes choses ; le feu en paraît être la partie enflammée, τὸ πεπυρωμένον μέρος, l'eau la partie mouillée, τὸ δὲ ὑγρανθὲν ὕδωρ, et ainsi de suite. Il s'agit donc en somme d'un élément qui non seulement enveloppe tous les objets, mais qui est leur propre substance. Si cet élément est l'espace, il faut entendre alors l'espace substance, l'espace plein. Platon insiste sur la difficulté qu'il y a à définir ce substratum. C'est en somme pour lui ce qui reste des corps, quand on leur ôte toutes les qualités qui se perçoivent. Il est connu négativement par la propriété de n'avoir aucune qualité sensible ; son seul caractère positif est qu'il remplit l'espace au point de se confondre avec lui. Bref il faut, pour comprendre ici le Timée, songer à Descartes et à ce qui caractérise sa matière. Pour Platon comme pour lui, la seule qualité du réceptacle universel que l'on peut saisir clairement, que l'on peut nommer, et qui en fait une chose « tenant en quelque manière à l'intelligible », μεταλαμβάνον πῆ τοῦ νοητοῦ, (Descartes dira : la seule qualité dont j'aie une idée claire et distincte) c'est qu'il est l'étendue.

Est-il besoin d'ajouter que la physique platonicienne rejettera le vide avec la dernière énergie ? C'est un de ses principes fondamentaux, qui interviendra partout dans l'explication des phénomènes naturels, que tout est plein, qu'il n'y a pas de vide (τὸ κενὸν μηδὲν εἶναι); et qu'un déplacement quelconque de matière entraîne un autre déplacement de telle façon qu'aucune portion de l'espace ne reste inoccupée (κενὴν χώραν οὐδαμίαν ἐξ λείπεσθαι).

Et d'abord cette forme même des mouvements de la nature est à remarquer : c'est celle qui convient à la circulation dans le plein. S'il s'agit en premier lieu de l'agitation universelle du monde, pris dans son ensemble, Platon nous dira que l'univers comprenant dans son contour tous les genres de corps et étant orbiculaire, « veut toujours se concentrer en lui-même : il les resserre tous et ne permet pas qu'il reste une place vide... Le mouvement de condensation pousse les choses les plus petites dans les intervalles des plus grandes. Les petites étant placées auprès des grandes, les moindres écartent les plus grandes les unes des autres, tandis que les plus grandes compriment les moindres, et toutes sont ainsi transportées en tous sens dans les lieux qui leur conviennent[1]. » On sent déjà dans la totalité des mouvements des corps cette solidarité que Descartes mettra si fortement en évidence par ses tourbillons.

Mais c'est en outre dans une foule de phénomènes

---

1. *Timée*, 58, tr. Martin.

particuliers que Platon va appliquer son grand principe de l'impossibilité du vide.

La théorie de la respiration, telle que l'expose le Timée, est assez difficile à saisir dans tous ses détails : une seule chose est évidente, c'est le rôle qu'y joue la poussée circulaire, la περίωσις, par laquelle se manifeste nécessairement le mouvement dans le plein[1]. « Examinons de nouveau la respiration, et voyons par quelles causes elle s'est établie telle qu'elle est aujourd'hui. Les voici. Comme il n'y a aucun vide dans lequel puisse entrer un corps en mouvement, et que le souffle est émis hors de nous, il est évident pour tout le monde qu'il n'entre pas dans le vide, mais qu'il pousse et déplace l'air voisin. Cet air poussé chasse d'autre air, et toujours ainsi de proche en proche, et d'après cet effet nécessaire, tout l'air poussé circulairement vers la place d'où le souffle est sorti, s'y introduit et la remplit en suivant toujours le souffle qui sort ; tout ce mouvement semblable à celui d'une roue que l'on tourne a lieu parce que rien n'est vide. C'est pourquoi la cavité de la poitrine et du poumon, chassant le souffle au dehors, est remplie à son tour par l'air qui entoure le corps, et qui, poussé circulairement, pénètre à travers le tissu peu serré des chairs : ensuite cet air, retournant sur ses pas et ressortant à travers le corps, force la res-

1. Cf. le commentaire de Martin, note 78.

piration à rentrer par l'ouverture de la bouche et des narines[1]. »

Puis ce sont les ventouses médicales, la déglutition, dont la cause se trouve, dit Platon, dans le même principe. Ce sont même les accords musicaux qui en reçoivent quelque clarté. « En effet les mouvements des sons les plus rapides, qui arrivent les premiers, diminuent et sont déjà semblables à ceux des sons les plus lents, lorsque ceux-ci arrivant plus tard, les agitent en les rattrapant, mais sans les troubler par l'addition d'une impulsion différente : le commencement d'un mouvement plus lent s'adapte ainsi à la fin semblable d'un mouvement d'abord plus rapide, et ce mélange de l'impression d'un son aigu et de celle d'un son grave produit une impression unique, d'où résulte du plaisir pour les insensés, et la santé de l'âme pour les hommes sages[2]..... »

Le principe de l'impossibilité du vide et de la περίωσις explique de même le mouvement d'un corps lancé. Bien que Platon n'insiste pas, le commentaire de Plutarque, et mieux encore la théorie d'Aristote lui-même, qui sur ce point, ne se sépare pas de son maître, nous permettent de comprendre ce que veut dire ici le Timée. Lorsqu'un corps est lancé, quelle est la force qui le pousse et prolonge son mouvement ? La réponse

1. *Timée*, 79, tr. Martin.
2. *Timée*, 80.

est simple et naïve : l'air se précipite à la suite du corps pour remplir le vide que ferait son déplacement, et c'est cette poussée de l'air, cette impulsion, ce choc incessamment répété qui assure la continuité du mouvement. « Il en est de même de tous les mouvements des eaux, de la chute de la foudre, et des effets si admirés du succin et de la pierre héracléenne pour attirer : il n'y a réellement de force d'attraction dans aucun de ces corps ; mais c'est que d'une part rien n'est vide et ces objets se poussent circulairement les uns vers les autres, de l'autre, se dilatant et se resserrant tous, après avoir changé leurs places, ils reviennent chacun à la leur[1]... » Ainsi partout où la présence d'une force peut sembler nécessaire, Platon donne une explication qui fait intervenir, au lieu de quelque action mystérieuse, la simple poussée qu'exercent les uns sur les autres les éléments de matière.

Du moins (les dernières lignes que nous venons de citer y font allusion) une seule exception est à signaler : en dehors de l'impulsion qui résulte de l'impossibilité du vide, Platon utilise dans sa physique un autre principe d'après lequel les particules semblables de matière ont une tendance à se rassembler dans un même lieu. Les éléments de terre tendent à se réunir en bas ; les éléments de feu tendent au contraire à se réunir en

1. *Timée*, 80, c.

haut, etc... Faut-il voir dans ce principe une dérogation aux conceptions mécanistes qui nous empêche d'y rattacher décidément la physique du Timée? Nous ne le pensons pas. Il s'agit là pour Platon d'une propriété inhérente aux corps, d'un état de nature qui, loin de se produire et d'exercer son action dans tel ou tel cas déterminé, fait partie intégrante de la matière elle-même. C'est une tendance qu'il est permis de rapprocher de l'inertie de Descartes, laquelle est la tendance de la matière à persévérer dans son état de repos ou de mouvement. Descartes se fera peut-être illusion au point de croire qu'il lui est permis de parler d'inertie sans supposer aucune force, aucune énergie interne : la vérité, c'est qu'il y fera correspondre un effet toujours identique à lui-même, et cette continuité de l'effet toujours le même, du repos qui se prolonge, ou du mouvement qui ne change pas de vitesse, cette unité de manifestation équivaudra pour lui, comme d'ailleurs pour les savants qui auront plus tard à constituer la science du mouvement, à l'absence de toute force. Si bien qu'aucun critique n'a jamais songé à atténuer le caractère mécaniste de la physique de Descartes, sous prétexte qu'elle mentionne une tendance spéciale des corps à conserver leur état de repos ou de mouvement. Pourquoi en serait-il autrement du principe platonicien? Le penchant à se mouvoir toujours suivant la ligne droite qui continuerait le dernier déplacement, s'il n'y avait quelque raison extérieure de changer de route, et que Descartes exprimera par le principe d'inertie, est simplement remplacé chez Platon par le penchant qu'ont les corps à se mouvoir vers une région déterminée, tant qu'aucune impulsion, aucune περίωσις ne vient contrarier le mouvement naturel. C'est plus compliqué, puisque cela fait intervenir un élément absolu, extérieur au corps qui se meut, à savoir la région vers laquelle il se dirige ; c'est plus compliqué aussi parce qu'il y a autant de régions que d'espèces de corps, et qu'avec chaque forme que prend la matière, une force nouvelle semble naître ; mais il n'en reste pas moins que Platon a pu affirmer ce principe sans que sa physique cesse de ressembler, dans ses traits essentiels, à ce que sera plus tard celle de Descartes.

D'ailleurs si la différence spécifique des genres de corps a pu apparaître comme une complication, hâtons-nous de dire que cette différence n'est pas aussi profonde qu'on pourrait le croire. Par de pures opérations mécaniques, des substitutions d'éléments à éléments, des divisions, des séparations, ou des juxtapositions de particules matérielles, Platon essaie d'expliquer la transformation des genres les uns dans les autres. Sa théorie est des plus curieuses.

Pour des raisons sur lesquelles nous n'avons pas à nous arrêter ici, les particules des quatre espèces de corps ont la forme de polyèdres réguliers. le cube, le tétraèdre, l'octaèdre et l'icosaèdre. La plus stable de ces formes est celle du cube, à bases carrées : elle convient à la terre. Au contraire la moins stable, la plus aiguë appartiendra au feu, ce sera la forme tétraédrique, c'est-à-dire celle du solide que limitent quatre triangles équilatéraux égaux. L'eau et l'air auront pour éléments l'une l'octaèdre régulier, — obtenu par la juxtaposition de deux pyramides à base carrée, et formé par huit triangles équilatéraux égaux, — l'autre l'icosaèdre, c'est-à-dire le solide limité par vingt triangles équilatéraux égaux. Platon suppose sans doute les éléments qu'il considère assez petits pour qu'on puisse faire abstraction de leur contenu, et ne voir en chacun d'eux que la surface qui limite le solide. Dès lors il lui est facile de les faire tous dériver de deux triangles rectangles, dont l'un est le triangle isocèle (fig. 13), et l'autre le triangle dont l'hypoténuse

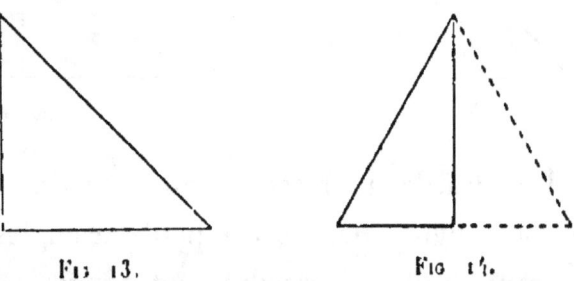

Fig. 13.   Fig. 14.

est double du petit côté, ou, si l'on veut, celui qu'on obtient en décomposant un triangle équilatéral en deux moitiés par la perpendiculaire abaissée d'un sommet sur le côté opposé (fig. 14).

Le triangle isocèle sert à former le cube. « Quatre de ces triangles furent unis ensemble de telle sorte que les angles droits se réunissent en un carré (fig. 15), et six de ces carrés unis ensemble formèrent le cube ». — Les trois autres polyèdres réguliers sont formés chacun par un certain nombre de triangles de l'autre espèce. Cela est aisé à comprendre : qu'il s'agisse du tétraèdre, de l'octaèdre ou de l'icosaèdre, toutes leurs faces sont des triangles équilatéraux ; or un triangle équilatéral peut être considéré (fig. 16) comme obtenu par la réunion autour d'un sommet commun de six triangles rectangles non isocèles, du genre de ceux qui ont été définis plus haut.

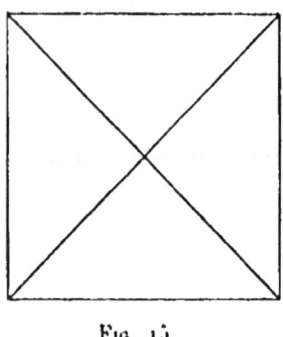
Fig. 15

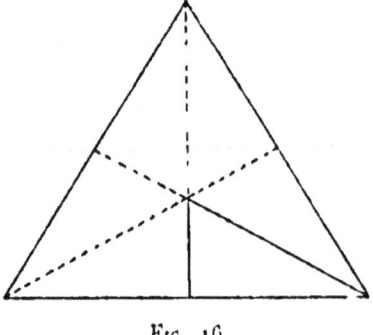
Fig. 16

Le tétraèdre représente alors pour Platon quatre fois six ou vingt-quatre de ces petits triangles ; l'octaèdre quarante-huit ; l'icosaèdre cent vingt. De sorte que finalement les particules de feu, d'air et d'eau ne sont plus que des nombres différents d'éléments identiques, qui sont entre eux comme 24, 48 et 120 ; tandis que la terre provenant du triangle rectangle isocèle a une composition spécifique qui empêche tout rapprochement avec les autres genres.

Voici alors, comme dit Platon, ce qui paraît le plus vraisemblable. La terre peut être dissociée par les pointes aiguës du feu, ou se décomposer au contact de l'air, ou se dissoudre dans l'eau, jusqu'à ce que ses parties se rejoignant de nouveau reproduisent la terre. Aucune transformation n'est possible de la terre en feu, air ou eau, ni aucune transformation inverse, puisqu'il y a irréductibilité entre les triangles primordiaux. Mais il n'en est plus de même des trois corps fluides. « L'eau divisée par le feu, et même par l'air, peut former par recomposition un corps de feu et deux d'air. » Cela est facile à comprendre et résulte simplement de ce que l'on a :

$$120 = 48 \times 2 + 24.$$

« Quant à l'air, les fragments produits par la dissolution d'une seule de ses parties peuvent former deux corps de feu. » En effet 48 est le double de 24. « Et réciproquement, lorsque du feu est renfermé dans de l'air, de l'eau ou de la terre, mais en petite quantité relativement à la masse qui le contient, si, entraîné par le mouvement de ces corps et vaincu malgré sa résistance, il se trouve rompu en morceaux, deux corps de feu peuvent se réunir en un seul corps d'air

(24 + 24 = 48) ; et si l'air est vaincu et brisé en petits fragments, de deux corps et demi d'air, un corps entier d'eau peut être formé (48 + 48 + 24 = 120)[1] ».

Aristote, dans les reproches qu'il adresse à l'atomisme, confond Démocrite et Platon : est-ce bien juste ? Faut-il dire que Platon affirme sa croyance aux atomes et pose une limite à la divisibilité de la matière, parce qu'il construit les corps à l'aide de triangles élémentaires ? Nous ne le croyons pas. L'identification de la matière première et de l'étendue rendrait d'ailleurs étrange une telle affirmation. N'est-il pas infiniment plus simple de comprendre que le substratum indéterminé qui remplit l'espace et qui est évidemment continu, revêt la forme de petits triangles qui n'ont plus qu'à se grouper de certaine façon pour faire apparaître l'eau, la terre, l'air ou le feu ? Qu'on lise dans les *Principes* de Descartes les tentatives curieuses auxquelles il se livre pour expliquer tous les phénomènes naturels à l'aide de certains mouvements de particules de matière, et l'on constatera que par instants, qu'il s'agisse des tourbillons cosmiques, ou seulement des propriétés de l'aimant, on oublie la différence essentielle qui sépare Descartes de Lucrèce : Ne sont-ce pas pour tous deux des éléments de matière qu'il faut se représenter comme se suivant les uns les autres et ayant chacun une exis-

---

1. *Timée*, 56, tr. Martin.

tence propre? Pour Descartes, comme pour Platon, on risque de soulever les plus graves difficultés si l'on oublie que les particules de matière, quelque distinctes qu'on se les représente, ne sont que des états spéciaux du réceptacle universel, au sein duquel elles ne cessent de se mouvoir.

En tous cas, sans prétendre expliquer tous les détails de la physique de Platon, puisque aussi bien il ne la donne lui-même qu'au nom de la vraisemblance et ne dissimule pas la difficulté des problèmes qu'elle soulève, il est permis de dire qu'un caractère essentiel s'en dégage avec la plus grande évidence : Platon se refuse à rendre compte des apparences sensibles par des créations spéciales, par des forces ou par des substances propres, spécifiquement définies. D'une part, en dehors d'une tendance naturelle suivant laquelle les particules de matière se réunissent dans des lieux propres, il cherche la raison de tous les phénomènes de l'univers dans l'impulsion qu'exercent les uns sur les autres les éléments de matière en contact; et d'autre part il explique la diversité des genres de corps par le simple arrangement différent des mêmes éléments de matière, essayant de rendre compte de leurs transformations réciproques par des échanges où se retrouve toujours une quantité constante d'éléments.

Par de pareils efforts Platon cherche assurément à constituer une physique qui se suffise à elle-même, ou mieux qui trouve dans une matière donnée d'abord la substance de tous les corps, et dans certains principes posés une fois pour toutes la raison de tous les phénomènes de la nature. Est-ce à dire qu'il s'abstiendra de toute considération de finalité, et que, comme Démocrite, il voudra donner l'exemple d'un déterminisme inflexible? La lecture du Timée est à cet égard fort instructive. On n'y trouve pas une page où n'apparaisse la préoccupation de chercher l'arrangement le meilleur des choses, d'approcher sans cesse du bien et de l'ordre le plus parfait, comme si l'on n'approchait de la vérité que dans la mesure où l'on réalise mieux les conditions de la plus grande perfection. La nécessité toute seule serait impuissante, aux yeux de Platon, à rendre compte du monde tel qu'il est : il faut, pour l'expliquer suivant la vraisemblance, y associer l'intelligence divine qui a eu souci de ce qui est élégant, de ce qui est simple, de ce qui est beau. « Lorsque Dieu, dit Platon, entreprit d'organiser l'univers, le feu, l'eau, la terre et l'air offraient bien déjà quelques traces de leur forme propre, mais étaient pourtant dans l'état où doit être un objet duquel Dieu est absent. Les trouvant donc dans cet état naturel, la première chose qu'il fit, ce fut de les distinguer par les formes et les nombres. Ainsi Dieu ordonna de la manière aussi excellente et aussi parfaite que possible ces choses qui étaient dans un état bien différent : considérons toujours cette doctrine comme la base de toute discussion[1]. » Un peu plus loin, à propos de la forme des quatre genres de corpuscules et du choix des triangles fondamentaux, on lit encore : « Il faut nous efforcer de constituer harmoniquement ces quatre genres de corps excellents en beauté et de vous faire voir que nous en avons suffisamment compris la nature. Des deux triangles dont nous parlions, l'isocèle n'a qu'une seule nature ; le triangle allongé en peut recevoir une infinité. Il faut donc, parmi ces derniers triangles qui varient à l'infini, choisir le plus beau, si nous voulons procéder avec ordre. Si quelqu'un en a trouvé un autre plus beau, plus propre à la formation de ces corps, que celui que nous avons choisi, son avis, reçu comme celui d'un ami et non d'un ennemi, aura la préférence. Mais nous jugeons que parmi cette multitude de triangles il y en a une espèce plus belle que toutes les autres, et pour laquelle nous les laissons toutes de côté, savoir celle dont deux forment un troisième triangle qui est équilatéral. Pourquoi, c'est ce qu'il serait trop long de dire ; mais si quelqu'un découvre et démontre que cette espèce n'a pas la supériorité, il peut compter sur

1. *Timée*, 53, b.

une récompense amicale[1]. » Et de même on retrouvera incessamment dans le Timée le souci de se conformer au choix le meilleur et le plus beau.

Faut-il voir là une façon d'échapper à la recherche de la causalité, de la raison intelligible ? Faut-il admettre chez Platon une tendance à s'en remettre à quelque volonté surnaturelle, dont les décisions seraient autant de miracles soustraits aux prises de la science ? Ce serait méconnaître absolument la pensée platonicienne que de la juger ainsi. La divinité ne s'oppose pas dans le Timée à l'ordre intelligible des choses : bien au contraire, elle n'intervient que pour personnaliser dans ce dialogue, évidemment exotérique, l'ordre, le beau, le bien, c'est-à-dire ce qui au plus haut degré caractérise le vrai. On n'est plus dans le domaine de l'intelligible et de la science pure, mais du moins le monde physique où l'on marche à tâtons n'a de chance de s'éclairer que par le reflet qui lui vient du monde des idées. Platon sent instinctivement que chercher l'ordre le meilleur et le plus beau, c'est réaliser la plus grande ressemblance possible entre ces essences idéales, si pures, si parfaites, que le géomètre connaît bien, et les apparences où se débat le physicien. Bref cette sorte de finalité esthétique, dont le Timée offre des traces si nombreuses, loin de nous écarter des raisons intelli-

---

1. *Timée*, 53, 54.

gibles des choses, doit au contraire nous conduire plus sûrement vers elles. C'est ainsi qu'en fin de compte toutes les allusions au démiurge et à l'intelligence ordonnatrice, tous les recours au bien, au beau, au parfait, incessamment renouvelés dans l'exposé des phénomènes sensibles, se résolvent dans la tendance à donner un fondement logique à la science de la nature.

Et ici encore, pour dissiper tout malentendu et faire mieux sentir que cet aspect semi-religieux donné à la physique du Timée ne fait que traduire sous une forme exotérique les tendances logiques et esthétiques de l'esprit de son auteur, il sera permis de rapprocher une dernière fois Descartes de Platon.

Comment Descartes se dit-il conduit aux lois de la nature? De même que le Timée pose en principe que Dieu a ordonné tout d'une manière aussi excellente et aussi parfaite que possible, Descartes nous dit : « Je fis voir quelles étaient ces lois de la nature, et sans appuyer mes raisons sur aucun autre principe que sur les perfections infinies de Dieu, je tâchai de démontrer toutes celles dont on eût pu avoir quelque doute[1]. » Dans la deuxième partie des *Principes* il explique comment les lois du monde dérivent de Dieu : la quantité de mouvement est constante parce que Dieu est immuable; les corps se meuvent d'eux-mêmes en ligne

1. *Disc. de la Méthode*, 5ᵉ partie

droite, parce que ce mouvement est plus simple que tout autre, et que Dieu agit toujours de la façon la plus simple; etc... M. Liard a clairement montré[1] ce qu'il faut penser de cette intervention de Dieu dans les lois de la physique cartésienne, et a mis en évidence les origines logiques de ces lois dans la pensée de Descartes. Il en est exactement de même à nos yeux pour Platon. Ce sont, pour l'un et pour l'autre, des raisons de simplicité, d'ordre, de clarté, d'intelligibilité, qui se cachent sous les apparences d'une finalité métaphysique. Qu'on parle de la méthode de l'un, ou de la dialectique de l'autre, si l'on veut : au fond, la lumière qui les guide par ses lointains reflets, même dans le monde des fantômes et de l'expérience, est celle qui leur vient à l'un comme à l'autre de ces essences idéales, absolues de clarté, de pureté et d'intelligibilité, que contemplèrent avec passion leurs âmes de géomètres.

II

En tant qu'il cherche l'ordre et l'harmonie dans le nombre discontinu et dans les rapports des nombres entiers, Platon suit l'exemple des Pythagoriciens, soit qu'il se contente de voir dans le nombre et dans la proportion une condition du bien et du beau, soit surtout qu'il lui donne une valeur intrinsèque et semble

---

[1]. *Descartes*, livre II, ch. III

y attacher quelque mystérieuse signification. Les dialogues, et le Timée particulièrement, nous permettent de relever des traces multiples de cette double attitude.

Tout d'abord, et d'une façon générale, l'admiration pour le nombre, pour la mesure et pour les proportions est exprimée par Platon dans des termes dont la clarté ne laisse rien à désirer. Le nombre est pour lui, comme pour les Pythagoriciens, une harmonie; et l'harmonie est à ses yeux tout à la fois condition de beauté et condition de stabilité et d'équilibre. Instinctivement il reconnaîtra l'ordre et le vrai, là où les éléments sont proportionnels les uns aux autres. La proportionnalité est pour lui « le plus beau des liens ». Cela se comprend aisément : elle est la permanence, la constance du rapport, c'est-à-dire la permanence, la constance de la forme. La variation qui est soumise à la proportionnalité est par là même régularisée; on peut dire jusqu'à un certain point que le même y subsiste, que l'égalité en est la loi.

Parmi les mouvements, il en est un dont la parenté avec l'intelligence apparaît à Platon particulièrement étroite, c'est le mouvement circulaire uniforme. Le rôle qu'y joue l'égalité est suffisant pour qu'il soit presque assimilable au repos idéal des essences du monde intelligible. « S'il est vrai que les mouvements et les révolutions du ciel et de tous les corps célestes ressemblent essentiellement au mouvement de l'intelligence..., on en doit conclure évidemment que l'âme pleine de bonté gouverne cet univers et que c'est elle qui le conduit comme elle le fait... Quelle est donc la nature du mouvement de l'intelligence? Entre les corps qui se meuvent, les uns se meuvent sans changer de place, les autres passent d'un lieu à un autre... De ces deux mouvements, celui qui se fait dans la même place doit nécessairement tourner autour d'un centre, à l'imitation de ces cercles qu'on travaille sur le tour, et avoir toute l'affinité et la ressemblance possible avec le mouvement circulaire de l'intelligence. — Comment cela, je te prie? — On ne nous accusera jamais de ne pas savoir faire dans nos discours de belles comparaisons propres à représenter les objets si nous disons que le mouvement de l'intelligence, et celui qui se fait dans une même place, semblables au mouvement d'une sphère sur le tour, s'exécutent selon les mêmes règles, de la même manière, dans le même lieu, gardant toujours les mêmes rapports tant à l'égard du centre que des parties environnantes, selon la même proportion et le même ordre. — A merveille. — Par la raison contraire, le mouvement qui ne se fait jamais de la même manière, suivant les mêmes règles, dans la même place... qui est sans règle, sans ordre, sans uniformité, ressemble très bien au mouvement de l'extravagance[1] ».

1. *Les Lois*, p. 897-898, trad Cousin

Dans le Timée, après que Dieu a formé l'âme du monde de l'essence indivisible toujours la même, de l'essence divisible, et d'une essence intermédiaire destinée à unir étroitement les deux premières, il dispose le mélange suivant deux cercles qui devaient être l'équateur céleste et l'écliptique. « Puis il les enveloppa dans un mouvement de rotation uniforme et sans déplacement, et fit que l'un des cercles fût intérieur et l'autre extérieur. Il appela le mouvement extérieur mouvement de la nature du même (τῆς ταὐτοῦ φύσεως), et le mouvement intérieur mouvement de la nature de l'autre... Mais il donna le pouvoir à la révolution de la nature du même et de l'invariable; car il la laissa une et non divisée, tandis qu'il divisa en six parties la révolution intérieure et forma ainsi sept cercles inégaux[1] ». On reconnaît la distinction de deux mouvements : celui de la sphère céleste dans son ensemble, qui emporte les deux cercles, mais dont la rotation est déterminée par celle de son équateur; et le mouvement des planètes. La régularité, l'uniformité, la stabilité du premier, l'identité de ses phases, tous ces caractères où se reconnaît, d'après Platon, le mouvement de l'intelligence, se rattachent ici à l'essence immuable, indivisible et toujours la même, qui est présentée comme élément fondamental de l'âme du monde.

---

1. *Timée*, 36, c, d, trad. Martin.

Remarquons la nature toute spéciale du mouvement où Platon voit l'image de l'intelligence. Dans la rotation régulière d'une sphère sur elle-même, c'est tout un ensemble d'uniformités qui nous frappe. Chaque point de la surface de la sphère décrit son cercle avec une vitesse constante; les vitesses de tous les points sont différentes, mais la loi même de cette différence se ramène à une proportionnalité uniforme: la rapidité du mouvement de chaque point sur son cercle est en effet proportionnelle à la grandeur du rayon, c'est-à-dire à la distance où il reste de l'axe de rotation. Enfin, et ces propriétés sont conséquences les unes des autres, toutes les révolutions circulaires des points en nombre infini de la surface sont accomplies en même temps : tout l'ensemble revient périodiquement. à intervalles égaux, à la même position.

Les mouvements irréguliers des astres errants s'opposent à ce qu'on puisse étendre cette uniformité et cette périodicité à tout l'univers. Mais déjà, du temps de Platon, on s'était plusieurs fois exercé à déterminer un intervalle de temps au bout duquel le soleil et la lune seraient revenus exactement aux mêmes points de la sphère céleste, et nous connaissons, par exemple, le cycle de Meton qui fixait la période à environ dix-neuf ans. Ne pourrait-on concevoir une période qui vaudrait pour tous les astres? Ce serait là pour Platon un nombre parfait. « Le nombre parfait du temps est rempli, et la grande année parfaite est révolue, lorsque les huit révolutions de vitesses différentes, venant à s'achever ensemble, se retrouvent comme au premier point de départ, après un temps mesuré sur la révolution de ce qui reste toujours le même et a une marche uniforme. C'est donc ainsi et pour ces motifs que naquirent ceux des astres qui, en voyageant dans les cieux, durent revenir sur leurs pas à certaines époques, afin que cet univers se rapprochât le plus qu'il était possible de l'animal parfait et intelligible, dans cette imitation de sa nature éternelle [1] ».

Mais Platon va plus loin, et ce n'est pas seulement pour les révolutions des astres, c'est pour l'ensemble des choses terrestres et humaines, autant que des choses célestes, qu'il sent le besoin d'un nombre marquant une période totale, c'est-à-dire un intervalle de temps après lequel tout absolument soit revenu au même point, de telle sorte que l'univers reprenne, jusqu'en ses moindres détails, un aspect identique à celui qu'il a présenté une fois déjà dans le passé. Dans le Phèdre, Platon parle d'un intervalle de dix mille ans au bout duquel toutes les âmes qui ont successivement passé par des conditions différentes reviennent à l'état primitif. Et la République met en question un nombre qui évidemment dans la pensée de Platon englobe les

---

1. *Timée*, 39, D, trad. Martin.

diverses périodes séparément mentionnées, dans le Timée et dans le Phèdre. Peu importe la valeur qui doit être assignée à ce nombre, et qui est indiquée par la République en un langage fort énigmatique[1]. Ce qui nous intéresse ici c'est la signification que Platon y attache. « Il y a, dit-il, des retours de fécondité et de stérilité pour les plantes qui naissent dans le sein de la terre comme pour l'âme et le corps des animaux qui vivent sur sa surface ; et ces retours ont lieu quand l'ordre éternel ramène sur elle-même, pour chaque espèce, sa révolution circulaire, laquelle s'achève dans un espace ou plus court ou plus long, suivant que la vie de ces espèces est plus courte ou plus longue... Les générations divines ont une période qui comprend un nombre parfait ; mais pour la race humaine il y a un nombre géométrique dont le pouvoir préside aux bonnes et aux mauvaises générations... »

Ainsi les phénomènes célestes et humains, dans leur universelle totalité, sont soumis à la loi d'un nombre. Cela ne surprend pas si l'on songe que les deux cercles primitifs qu'a formés l'âme du monde, aussi bien le cercle de l'*autre*, que le cercle *du même*, ont été construits dans des conditions qui préparent l'harmonie de l'univers. Platon en effet ne s'est pas contenté de

---

1. *Rep.*, VIII, 546. Cf. J. Dupuis, *Le Nombre de Platon*, à la fin de la *traduction de Théon de Smyrne*. Hachette, Paris, 1892.

nous dire quelles essences composent l'âme du monde, qui donneront aux mouvements plus ou moins de régularité et d'uniformité ; pour que son action soit harmonieuse, il nous montre le démiurge y découpant, pour ainsi dire, des parties dont le calcul se fait suivant certaines règles numériques déterminées, et qui finalement sont entre elles comme les nombres de la gamme musicale[1]. Ce passage exprime le sentiment très net qu'a Platon de l'intime connexité de l'harmonie musicale et de l'ordre intelligible des choses. Il se trouve confirmé par tous ceux où le rôle de la musique dans l'éducation de l'esprit est présenté avec tant d'insistance. Citons en particulier cette phrase du XII⁰ livre des Lois, par laquelle Platon, après avoir rappelé qu'il y a dans les astres « une intelligence qui préside à tous les êtres », déclare qu'on doit être versé « dans les sciences qui préparent à ces connaissances et qu'après avoir saisi le rapport intime qu'elles ont avec la musique, on doit s'en servir pour mettre de l'harmonie dans les mœurs et dans les lois ». La possibilité de comparer les rapports des nombres qui interviennent dans une circonstance quelconque à ceux que découvre l'harmonie musicale semble être pour Platon le gage le plus assuré de l'ordre et de l'équilibre. Qu'est-ce, par exemple, qui réalisera dans l'État l'équilibre idéal des

---

1. *Timée*, 35, 36. Cf. le commentaire de Th. Martin, note xxiii.

trois classes qui représentent l'une la prudence, l'autre le courage, la troisième la tempérance? Ou qu'est-ce qui unira dans l'individu, de la façon la plus solide et la plus stable les trois parties de l'âme qui répondent à ces vertus? C'est la *justice*, or la justice est une sorte d'harmonie de ces parties. « Elle veut, dit Platon (quand il la considère chez l'homme) que d'abord l'homme pose bien à chacune des parties de l'âme les fonctions qui lui sont propres, qu'il prenne le commandement de lui-même, et qu'il établisse en soi l'ordre et la concorde; qu'il mette entre les trois parties de son âme un accord parfait, comme entre les trois tons extrêmes de l'harmonie, l'octave, la basse et la quinte, et les autres tons intermédiaires, s'il en existe; qu'il lie ensemble tous les éléments qui le composent, et, malgré leur diversité, qu'il soit un, mesuré, plein d'harmonie...[1] ».

Cette sorte d'équilibre idéal que Platon trouve ainsi réalisé d'une façon toute spéciale dans l'accord parfait de l'harmonie musicale, résulte plus généralement à ses yeux d'une proportion convenable des parties. Il faut que chacune d'elles intervienne en quantité suffisante, mais qui ne dépasse pas la juste mesure. La juste mesure, le milieu entre le trop et le trop peu, c'est là une notion qui pour Platon joue partout un très grand rôle.

1. *Rep*., 443, trad. Cousin.

Il y attribue une si grande importance qu'il en arrive à lui ôter sa signification relative et à lui donner un sens absolu. « Il faut diviser l'art de mesurer, dit-il dans le Politique, en deux parties : l'une des deux considérera la grandeur et la petitesse dans leurs rapports, l'autre absolument et en elles-mêmes ». Et un peu plus loin : « Il faut reconnaître deux sortes de mesures du grand et du petit, selon qu'on les compare entre eux ou au milieu... Si on ne permettait de comparer la nature du plus grand à rien autre chose qu'au plus petit, on n'aurait jamais recours au milieu, n'est-ce pas?... Mais avec une pareille méthode ne détruirions-nous pas les arts eux-mêmes et leurs ouvrages, et n'anéantirions-nous pas aussi et la politique qui est maintenant l'objet de nos recherches, et cet art du tisserand dont nous avons parlé? Car tous les arts de cette sorte ne supposent pas que l'excès et le défaut n'ont pas d'existence : ils les admettent si bien qu'ils s'en défendent comme d'un danger dans leurs opérations : et c'est par ce moyen, en conservant la mesure, qu'ils produisent tous leurs chefs-d'œuvre ». Plus loin enfin : « Nous aurons à distinguer (dans l'art de mesurer) deux parties dont l'une contiendra tous les arts dans lesquels le nombre, la longueur, la profondeur, la largeur et l'épaisseur se mesurent par leurs contraires, et l'autre tous ceux qui prennent pour mesure le milieu, le convenable, l'à propos, le nécessaire, et tout ce qui se trouve également éloigné des deux extrêmes[1] ». — Ainsi il existe d'un côté certains ordres de connaissance, où l'on énonce des jugements purement relatifs en comparant un plus à un moins, une plus grande longueur à une plus petite, un son plus aigu à un son moins aigu, etc., sans qu'aucune différence apparaisse jamais au point de vue des convenances, de l'adaptation à telle ou telle réalité, du beau ou du laid, du bien ou du mal, de la stabilité et de l'ordre ou du désordre. Mais en outre, pour peu qu'on pénètre dans les réalités de la vie, on est vite amené à ôter au nombre cette indifférente relativité. Il y a pour les choses une valeur normale, telle que ce qui la dépasse est excessif, et ce qui reste en deçà insuffisant ; telle que, parvenues à ce terme, les choses sont bonnes ou belles, ordonnées, harmonieuses, durables, tandis qu'en deçà ou au delà elles sont laides ou mauvaises, ou manquent de stabilité. La fonction du nombre n'est pas seulement de comparer abstraitement les états mesurables des grandeurs ; elle consiste aussi, dans le monde de l'art et de l'action, dans le domaine des réalités concrètes, à fixer par une valeur absolue les conditions de validité, de bonté, d'équilibre, d'ordre, de vitalité. Et ainsi Platon est amené à concevoir la correspondance étroite d'une chose à un nombre absolu, à une mesure qui vaut par elle-même.

[1] *Le Politique*, 284-5, trad. Cousin

Le Philèbe offre des indices manifestes de cet état d'esprit. A la fin du dialogue quand arrive la fameuse classification des biens qui terminent le dialogue, « tu publieras partout, Protarque, dit Socrate, aux absents par des envoyés, aux présents par toi-même, que le plaisir n'est ni le premier, ni le second bien ; mais que le premier bien est la mesure, le juste milieu, l'à propos, et toutes les autres qualités semblables, qu'on doit regarder comme ayant en partage une nature immuable[1] ».

Cette *mesure*, qui a par elle-même une signification esthétique et morale, ne nous éloigne pas beaucoup du nombre, condition d'ordre et d'harmonie. Déjà cependant nous retrouvons dans la valeur absolue qui lui est conférée quelque chose de cette propriété mystique qui, aux yeux de Pythagore, semblait servir de lien profond entre les nombres et les choses. Si l'on veut enfin un exemple saisissant où le symbolisme du nombre ne connaisse aucune limite, il suffit de se reporter au passage du Timée où il est question des éléments des corps (terre, eau, air, feu) et auquel nous avons déjà fait allusion.

D'abord, on l'a vu, les corpuscules élémentaires revêtent la forme de quatre polyèdres réguliers, — la forme du cinquième solide parfait, du dodécaèdre, est attribuée à l'ensemble de l'univers. Il n'existe, on le

---

1. *Philèbe*, 65, trad. Cousin

sait, que cinq solides réguliers. Les Pythagoriciens les avaient déjà étudiés avec admiration ; Platon veut que chacun d'eux soit utilisé et réponde à quelque réalité concrète dans la constitution de l'univers physique. Mais ce n'est pas tout : pourquoi y a-t-il quatre genres de corps? La doctrine qui proclame leur existence remonte au moins à Empédocle ; mais le Timée va nous donner de cette existence une démonstration arithmétique.

Le feu et la terre s'imposent tout d'abord, parce que sans le feu rien ne serait visible, sans la terre rien ne serait solide, et par suite rien ne serait tangible ; or tout ce qui est né doit être nécessairement visible et tangible. « Mais, ajoute Platon, il est impossible de bien unir deux corps seuls sans un troisième ; car il faut qu'entre eux se trouve un lien qui les rapproche tous deux ; et le meilleur des liens est celui qui réunit le plus parfaitement en un seul corps et lui-même et les deux corps qu'il unit. Or il est de la nature de la proportion d'atteindre parfaitement ce but. Car lorsque de trois nombres, de trois masses, ou de trois forces quelconques, ce que le premier est au moyen, celui-ci l'est au dernier, et que réciproquement, ce que le dernier est au moyen, celui-ci l'est au premier : alors si le moyen devient le premier et le dernier, et que le premier et le dernier deviennent deux moyens, il arrivera qu'ainsi tout restera le même, et que toutes ces parties, étant les mêmes les unes par rapport aux autres, seront un seul et même tout. Si donc le corps de l'univers devait être une surface sans épaisseur, un seul moyen terme aurait suffi pour lier les deux autres parties et se lier avec elles. Mais comme au contraire il convenait que ce fût un solide, et que les solides ne peuvent jamais être unis par un seul moyen terme mais toujours par deux, Dieu a placé l'eau et l'air entre le feu et la terre, et c'est ainsi qu'il a construit par cette union ce ciel visible et tangible. C'est donc de cette manière et de telles espèces de corps au nombre de quatre qu'a été formé le corps du monde, plein de proportion et d'harmonie, et qui tient de sa composition cet amour par lequel il s'unit de manière à ne faire qu'un avec lui-même, et de telle sorte que son union ne peut être rompue par rien, si ce n'est par celui qui l'a établie[1] ». Il n'y a pas lieu de s'arrêter sur les lignes où se trouve rappelée la propriété des termes d'une proportion de pouvoir s'échanger entre eux de certaine façon. Quant aux théorèmes arithmétiques auxquels il est ensuite fait allusion, bien que nous les ayons mentionnés déjà[2], il ne sera pas inutile d'y revenir, pour donner l'explication complète de ce passage.

Deux termes A, D peuvent être liés par une proportion à l'aide d'un seul moyen B, si l'on a $\frac{A}{B}=\frac{B}{D}$.

---

1. *Timée*, 32, trad. Martin.
2. Livre I, ch. II, p. 91.

Ou bien ils sont liés à l'aide de deux moyens B, C, et l'on a alors $\frac{A}{B} = \frac{C}{D}$. Platon dit que si les termes extrêmes étaient des *plans*, un seul moyen terme suffirait, tandis que pour des *solides* il en faut nécessairement deux. Or les mots mêmes ἐπίπεδος, στερεός, employés ici sont précisément les épithètes qui caractérisent certaines catégories de nombres dans l'arithmétique des Grecs. Cette circonstance que le récit du Timée est mis dans la bouche d'un Pythagoricien peut faire penser, ainsi que la remarque en a déjà été faite, que ces dénominations remontent à l'école italique : en tous cas elles se trouvent clairement expliquées dans Euclide (L. VII, déf. 17 et 18) : « Quand deux nombres se multipliant font un nombre, celui qui est produit se nomme *plan*. — Quand trois nombres se multipliant entre eux font un nombre, celui qui est produit se nomme *solide*. »

Quel rapport y a-t-il entre ces notions arithmétiques et les éléments des corps sensibles? C'est fort simple : On peut dire d'un corps solide, quelle qu'en soit la forme, qu'il s'étend suivant toutes les dimensions de l'espace, c'est-à-dire suivant trois dimensions, tandis qu'une surface plane n'en présente que deux, et qu'une droite n'en a qu'une. Ce n'est pas que la figure d'un solide quelconque, de l'icosaèdre, par exemple, offre en évidence trois longueurs qui soient ses dimensions, et qu'il suffise de mesurer pour avoir ensuite le volume par la multiplication de trois nombres ; mais il est permis de remplacer n'importe quel corps par un solide de même volume, dont la forme idéalement simple soit caractérisée par trois dimensions extérieures, et dont la mesure soit le produit de ces trois longueurs : nous voulons parler du parallélépipède rectangle équivalent au solide considéré. Par cet intermédiaire, on peut bien faire correspondre un produit de trois nombres à un volume quel qu'il soit, comme on peut faire correspondre un produit de deux dimensions à toute surface, par l'intermédiaire du rectangle équivalent. Ajoutons encore qu'il est très naturel de voir Platon admettre, sans se justifier, que les facteurs composants, les *côtés* des nombres plans ou solides, comme dira Euclide, soient des nombres premiers, quand il s'agit de remonter aux éléments primordiaux dont sont constitués les corps ; de sorte que nous pouvons passer sans trop de peine, avec Platon, des surfaces et des solides aux nombres arithmétiques formés par la multiplication de deux ou de trois nombres premiers. Et enfin il sera permis de supposer égales pour chaque surface, ou pour chaque solide, les dimensions qui sont mesurées par des nombres premiers, toutes les fois que ce sera commode. Plus l'hypothèse est simple, plus elle a de chances de correspondre à la réalité ; or un carré pour une surface, un cube pour un volume, réaliseront évidemment le maximum de simplicité.

Toutes ces concessions faites, transportons-nous franchement dans le domaine de l'arithmétique pure. Soient deux nombres plans $a \times a$ et $b \times b$; on peut en faire les termes extrêmes d'une proportion dont $a \times b$ soit le moyen, car le carré de ce dernier nombre est égal au produit des deux premiers. Mais soient maintenant les deux nombres solides $a \times a \times a$ et $b \times b \times b$; il n'existe aucun nombre solide qui soit moyen proportionnel entre eux : cela résulte très simplement de ce que leur produit $a^3 \times b^3$ n'est pas le carré d'un nombre entier (si, bien entendu, on suppose a et b distincts, ce qui est assez naturel puisque l'une de ces dimensions appartiendra à la terre et l'autre au feu). Il faut donc deux moyens termes pour former la proportion, et l'on voit sans difficulté que $a \times a \times b$ et $a \times b \times b$ répondent à la question[1].

Ainsi le lien le meilleur, la proportion, ne peut unir les solides extrêmes feu et terre, pour la beauté, l'unité, la stabilité de l'univers, que si l'on admet l'existence de deux autres solides formant les moyens termes. Et voilà pourquoi il y a dans le monde de l'air et de l'eau.

Cette page est certainement une de celles où se mar-

---

[1] Il n'est même pas nécessaire ici de supposer égaux les côtés de chaque nombre solide. Entre les nombres $a \times a' \times a''$ et $b \times b' \times b''$, on ne pourrait insérer un seul moyen proportionnel, mais on peut toujours en insérer deux, obtenus en groupant dans deux produits les six facteurs qui composent les deux nombres.

quent le plus fortement les tendances pythagoriciennes de l'esprit de Platon. Les nombres et les corps sont si peu distingués les uns des autres qu'on a quelque peine à saisir exactement, dans la suite des idées qui constitue le raisonnement du Timée, les instants précis où l'on passe des choses concrètes aux propriétés abstraites des nombres, ou inversement de celles-ci à celles-là. La démonstration ne vaut que s'il y a plus qu'une correspondance des unes aux autres, et si l'on consent à supprimer entre elles toute ligne de démarcation : bref le passage n'est compréhensible que si les corps sont des nombres.

Platon en arrive donc à parler comme Pythagore. Serait-ce là pourtant qu'aboutit le mathématisme de l'Académie, et les progrès de la science et de la philosophie n'auraient-ils eu d'autre effet que de nous ramener à l'école italique? Qu'on se garde de le croire. Le nombre qui vient ici mettre un certain ordre et quelque harmonie dans les choses visibles et tangibles, n'est toujours que le nombre discret, la pluralité discontinue, le lien le plus extérieur entre des parties grossièrement distinctes les unes des autres : la physique est incapable, par sa nature, de soulever les problèmes de la science la plus élevée. Pour que l'œuvre philosophique s'accomplisse il faut que l'on essaie de pénétrer jusqu'au monde des idées et de les montrer enveloppées elles-mêmes dans la véritable essence du nombre.

CHAPITRE V

SYNTHÉTISME

LA PARTICIPATION : LE VRAI PROBLÈME DE L'UN ET DU MULTIPLE
LES IDÉES-NOMBRES

De quelle nature est le lien qui rattache le monde physique au monde des idées? On sent vaguement que le premier n'a de réalité qu'autant qu'il est pénétré par le second, qu'il participe de lui. Mais qu'est-ce en somme que cette participation? C'est la question même que pose le Parménide. « Tout ce qui participe d'une idée participe-t-il de l'idée entière ou seulement d'une partie de l'idée? ou bien y a-t-il encore une autre manière de participer d'une chose? — Comment cela serait-il possible? » Et déjà, par la façon même dont le problème est abordé, il semble naturel d'en chercher la solution dans des conceptions naïvement additives. La participation n'est-elle pas pour une chose sensible quelconque le fait d'en contenir une autre en totalité ou en partie? — L'effort de Platon va porter sur les difficultés qu'entraîne cette manière de voir, et sur la nécessité de rejeter décidément tout rapport de contenant à contenu, toute image claire représentative d'une participation matérielle.

Comment d'abord l'idée pourrait-elle être tout entière dans chacun des objets qui en participent tout en restant une ? Ne faudrait-il pas pour cela qu'elle fût à la fois en elle-même et hors d'elle-même ? — Il paraît d'abord à Socrate que cette contradiction peut être évitée : le jour, tout en étant un seul et même jour, n'est-il pas en même temps dans beaucoup de lieux sans être pour cela séparé de lui-même ? « C'est comme si tu disais, répond Parménide, qu'une toile dont on couvrirait à la fois plusieurs hommes est tout entière en plusieurs. » Mais la toile n'a qu'une de ses parties au-dessus de chacun, et si cette image peut convenir à l'idée, c'est donc que celle-ci est divisible et qu'une seule de ses parties est en chaque objet. Les absurdités qui en découleraient sautent aux yeux. Par exemple, « un objet qui ne participerait que d'une partie de l'égalité pourrait-il par cette petite chose, moindre que l'égalité elle-même, être égal à une autre chose ? »

Ce n'est pas tout. Si c'est le caractère commun à une série d'objets qui nous fait parler d'une idée une, nous devrons superposer une idée nouvelle à la série formée par les objets et par l'idée dont ils participent, et ainsi de suite, de telle sorte que nous devrons avoir dans chaque idée « non plus une unité, mais une multitude infinie ». — Même difficulté si dans la participation il faut voir la ressemblance, car l'idée devrait alors elle aussi ressembler aux choses qui participent d'elle et une nouvelle idée s'élèverait indéfiniment au-dessus de la dernière que l'on voudrait considérer.

Faut-il donc nier la participation et achever de séparer les deux mondes, celui des idées et celui des choses, au risque d'être conduit aux conséquences les plus ridicules : impossibilité pour nous de connaître les idées, impossibilité pour Dieu, en qui est la science idéale, de connaître les choses ? — Non, il faut avouer que le problème a été mal posé, et cesser de chercher dans des rapports extérieurs et concrets, que l'imagination représente trop aisément à l'esprit, le lien qui rattache les choses aux idées. Nous devons renoncer au grossier dualisme qui a été jusqu'ici impliqué dans toutes les conceptions, et par lequel on donnait l'être au sujet qui participe des idées en opposition aux idées elles-mêmes, comme si en dehors de celles-ci quelque réalité était saisissable : il faut résolument abandonner cette pseudo-réalité visible et tangible, qui nous entraînait nécessairement à des vues matérielles, et porter le problème de la participation dans le domaine propre des idées.

Certes la difficulté est grande d'expliquer comment les idées peuvent à la fois avoir une réalité individuelle et participer les unes des autres, comment elles sont à la fois unes et multiples ; car nous n'avons plus à notre disposition ces procédés enfantins et naïfs auxquels s'adaptaient les choses visibles. Il serait aisé de prouver que, par exemple, je suis en même temps un et multiple. « Il suffirait de montrer que la partie de ma personne qui est à droite diffère de celle qui est à gauche, celle qui est devant de celle qui est derrière, et de même pour celles qui sont en haut et en bas ; car sous ce rapport, je participe, il me semble, de la multiplicité. Et, pour prouver que je suis un, on dirait que de sept hommes ici présents j'en suis un, de sorte que je participe aussi de l'unité... Si donc on entreprend de prouver que des choses telles que des pierres ou du bois, sont à la fois unes et multiples, nous dirons qu'en nous montrant là une unité multiple et une multitude une, on ne nous prouve pas que l'un est le multiple et que le multiple est l'un, et qu'on ne dit rien qui étonne et que nous n'accordions tous. Mais si, après avoir séparé les idées mêmes, telles que la ressemblance et la dissemblance, la multiplicité et l'unité, le repos et le mouvement et toutes les autres du même genre ; si, dis-je, on venait à démontrer que les idées sont susceptibles de se mêler et de se séparer ensuite, voilà, Zénon, ce qui me surprendrait. Je reconnais la force que tu as déployée dans tes raisonnements ; mais, je te le répète, ce que j'admirerais bien davantage, ce serait qu'on pût me montrer la même contradiction impliquée dans les idées elles-mêmes, et faire pour les objets de la pensée ce que tu as fait pour les objets visibles¹. » Le Philèbe présente les mêmes réflexions. Comme Socrate vient de faire allusion à la question de l'un et du multiple, Protarque lui demande « quelles sont les merveilles dont il veut parler, qui font tant de bruit et sur lesquelles on n'est pas d'accord. — C'est, mon enfant, répond Socrate, lorsque cette unité n'est plus prise parmi les choses sujettes à la génération et à la corruption, comme celles dont nous venons de faire mention. » Et plus loin : « C'est, selon moi, un présent fait aux hommes par les dieux, apporté d'en haut avec le feu par quelque Prométhée, et les anciens qui valaient mieux que nous nous ont transmis cette tradition, que toutes les choses auxquelles on attribue une existence éternelle sont composées d'un et de plusieurs, et réunissent en elles par leur nature le fini et l'infini. »

Voilà donc le vrai problème de l'un et du multiple tel que doit souhaiter de s'y appliquer tout philosophe digne de ce nom. Il se pose pour un monde qui échappe à toute représentation d'extériorité, de contenance, d'addition ou de disjonction d'éléments juxtaposés. Les relations, si elles existent, seront de celles qui peuvent lier entre elles des essences idéales : elles ne doivent

1. *Parménide*, 129, trad. Cousin.
2. *Philèbe*, 16, trad. Cousin.

pas résulter d'une vue plus ou moins facile de l'imagination, mais être postulées comme nécessaires par la puissance de la raison.

Mais comment celle-ci s'affirmera-t-elle ? N'est-il pas entendu depuis Parménide que c'est en proclamant, dans une majestueuse immobilité, que l'être est et que le non-être n'est pas ? Le passage du même à l'autre échappe à la vue claire de l'intelligence ; l'homogène, l'identique seul peut se penser et se formuler en toute nécessité. C'est ainsi qu'une idée semble devoir exclure, aux yeux de la raison, tout ce qui n'est pas elle, et que ce serait un scandale d'y associer des contraires, le même et l'autre, le semblable et le dissemblable, le repos et le mouvement. La séparation des idées, l'exclusion des contraires apparaissent comme les premières exigences logiques de la pensée qui veut ne s'attacher qu'à des conceptions d'une réalité absolue. — Telle est pourtant l'opinion contre laquelle Platon va s'élever. Mais il aura le sentiment de combattre des idées très profondément enracinées ; il aura conscience qu'il apporte des vues véritablement nouvelles en postulant, pour lier entre elles les essences intelligibles, des relations synthétiques d'un tel genre que les contraires ne s'y excluent en aucune façon, que l'un s'y associe au multiple, l'être au non-être, le même à l'autre. Et il croira si bien traiter ainsi les questions les plus ardues et les plus inaccessibles à la masse, que ses explications en garderont quelque chose d'étrange, témoin cette discussion du Parménide, si diversement interprétée par les commentateurs. On y montre, par une dialectique des plus subtiles, toutes les absurdités qui découlent de l'un en tant qu'un, puis de l'un en tant qu'être, puis de la non-existence de l'un, etc... Il n'y a pas là un défi à la raison. En réalité c'est la démonstration par l'absurde que la pensée ne doit pas opposer radicalement les contraires et les séparer absolument l'un de l'autre, comme on est tenté de le faire ; c'est un effort vigoureux contre l'attitude analytique que semblent imposer dans le domaine des idées les principes d'identité et de contradiction. Il est clair en effet que Platon fait revenir sans cesse dans la discussion de Parménide, sous forme d'axiome évident, l'hypothèse que les contraires s'excluent. « Si l'un existe, il n'est pas multiple. — Comment en serait-il autrement ?... Le même se trouvera-t-il jamais dans l'autre ou l'autre dans le même? — Cela ne sera jamais, etc... » Au reste, tout le monde est à peu près d'accord pour trouver exposée dans le Sophiste la suite des difficultés que soulève le Parménide ; et ce qui y apparaît le plus manifestement, c'est l'embarras inextricable où l'on tombe à vouloir se renfermer comme les Éléates dans l'opposition radicale de l'être et du non-être.

Nul doute par conséquent sur ce que veut Platon. Il sent de la façon la plus profonde qu'à la séparation des essences intelligibles, à leur isolement, à notre exigence instinctive de rester avec chacune d'elles dans le même et dans l'un, à l'impossibilité d'associer l'autre au même, le non-être à l'être, le contraire à son contraire, répond fatalement le repos, l'immobilité, la mort de la pensée.

Et pourtant comment justifier la moindre liaison de deux genres spécifiquement distincts ? Cette simple proposition « l'homme est bon » est insoutenable, comme faisaient observer les disciples d'Antisthène. Tout au plus peut-on dire : l'homme est homme, et encore cette association d'humanité et d'être est-elle intelligible ?... Question troublante, beaucoup plus qu'on ne saurait croire, puisque c'est elle qui provoquera un jour chez Kant la crise profonde, d'où sortira une philosophie nouvelle. On sait en effet avec quelle insistance, durant de longues années pendant lesquelles il cherche sa voie, Kant manifeste l'inquiétude où le jette l'insuffisance du principe de contradiction, et la nécessité d'aller du même à l'autre. Dès sa dissertation sur les premiers principes de la connaissance métaphysique, il sent le besoin d'ajouter aux principes d'identité et de contradiction ceux de succession et de coexistence, qui substituent à des rapports abstraits des réalités faites de relations réciproques des choses. Mais surtout son attention appelée de bonne heure sur la causalité l'amenait peu à peu à s'éloigner de l'attitude purement logique et analytique, à chercher ailleurs que dans le principe d'identité le fondement du passage de l'un et du même à l'hétérogène. « Comment quelque chose peut résulter d'une autre chose en dehors de la règle d'identité, voilà ce que je voudrais bien qu'on m'expliquât. » Déjà d'ailleurs dans le traité des *quantités négatives* où se manifeste aussi l'inquiétude de son esprit, il prépare inconsciemment la solution qu'il apportera plus tard à ce redoutable problème. Et c'est là un détail important qui peut servir à marquer l'analogie des deux mouvements de pensée chez Platon et chez Kant : les efforts du philosophe allemand se dirigent d'instinct vers le négatif, dont ils prétendent démontrer la réalité. On commet une grave erreur, aux yeux de Kant, en ne concevant qu'un seul genre d'opposition, l'opposition logique des contradictoires ; il en est une qui n'implique nullement la non-existence du contraire, et dont les mathématiciens donnent de si nombreux exemples : l'action d'une force égale à une autre et de sens contraire, le chemin décrit par un mobile dans une direction contraire à celle d'un autre, etc. ; l'impénétrabilité est une force réelle ; il en est de même, dans le domaine psychique, de la douleur, où quelques-uns voudraient ne voir qu'une absence de plaisir, et qui est bel et bien quelque chose de positif, eine positive Empfindung. Or écoutons Platon à son tour : « Il faudra soumettre à l'examen la maxime de notre père

Parménide, et à toute force établir que le non-être existe à certains égards... » Il n'y a qu'analogie de préoccupations, mais cela même est instructif. — Ce n'est que plus tard, on le sait, que Kant apportera sa solution définitive des difficultés que laissait debout malgré tout son attachement à la règle d'identité, et l'on sait quelle remarque fondamentale éclairera tout à coup le problème d'un jour inattendu : les jugements mathématiques, qui sont pourtant *a priōri,* sont synthétiques ; ils ne se justifient pas par la règle d'identité ; leur énoncé associe le même et l'autre : de pareilles propositions sont donc possibles, et cela s'expliquera par la nécessité imposée à toute pensée de réaliser une synthèse d'éléments formels. On va voir à quel point l'attitude de Platon fait songer à celle du philosophe allemand, pour la solution du problème capital qu'ont soulevé le Parménide et le Sophiste, et il sera plus facile ensuite de faire comprendre que si, pour se justifier, Platon n'invoque pas les mathématiques à la manière de Kant, elles ont pourtant agi sur son esprit de façon à favoriser ses tendances synthétiques.

Il faut accepter comme nécessaire à toute pensée une certaine communication des idées, une participation fondamentale, primordiale, des unes aux autres. Essayer de s'en passer, « exclure toute chose quelconque de toute autre chose, établir en principe que chacune est essentiellement inalliable et ne peut participer d'aucune autre » est une tentative irréalisable et incompréhensible ; car, pour se justifier, on serait obligé d'admettre en son langage cette participation que l'on conteste. « Il faut bien à toute force qu'ils se servent des mots *être, séparément, le même, autre*, et de mille autres du même genre, incapables qu'ils sont de les mêler dans leur discours : de sorte qu'ils n'ont besoin de personne qui les réfute, mais qu'ils logent comme on dit l'ennemi avec eux, et vont portant partout en eux-mêmes leur contradicteur, comme ce pauvre fou d'Euryclès[1]. »

Laissera-t-on d'ailleurs à toutes les idées le pouvoir de communiquer entre elles? — Non assurément ; les contradictoires devront s'exclure. Mais il reste que certains genres pourront et devront se mêler « à peu près de même que pour les lettres de l'alphabet, dont les unes s'accordent et les autres ne s'accordent pas ensemble... les voyelles ont sur les autres lettres ce privilège de s'interposer entre toutes et de leur servir de lien, tellement que, sans le secours de quelques voyelles, il est impossible de faire accorder les autres lettres entre elles. » De la même façon il faut qu'il y ait des genres que leur universalité met particulièrement en évidence, des catégories en quelque sorte dont la parti-

---

[1]. *Sophiste*, p. 152, trad. Cousin.

cipation réciproque et la participation à l'égard des autres genres permettent de réaliser la synthèse nécessaire à toute pensée, à tout jugement, à tout discours. Le premier, c'est évidemment l'*être*; le *repos* et le *mouvement* peuvent se mêler avec lui, car tous deux ils sont : cela fait déjà trois. Mais par cela même qu'ils sont trois et que chacun est autre que les deux autres et le même que soi, il nous faut ajouter deux nouveaux genres à leur liste, le *même* et l'*autre*. Et, en dépit de l'ordre où Platon a fait son énumération, il n'est pas difficile de voir que l'être, le même et l'autre seront les catégories les plus universelles, les éléments primitifs essentiels qui présideront au mélange des idées, comme les voyelles au groupement des lettres.

Si toute idée participe de l'être en ce sens qu'elle est, et du même en ce sens qu'elle est la même que soi, elle participe également de l'autre. « La nature de l'autre, répandue en tout, rendant chaque chose autre que l'être en fait du non-être : et en ce sens on est en droit de dire que tout est non-être, tandis que dans un autre sens, en tant que tout participe de l'être, on peut dire que tout est être. » — « En chaque idée il y a beaucoup d'être et infiniment de non-être. » — Le non-être n'est pas le contraire de l'être mais seulement quelque chose d'autre. « Qu'on ne vienne pas nous reprocher qu'après avoir présenté le non être comme le contraire de l'être, nous osons affirmer son existence ; car, quant à un contraire de l'être, il y a longtemps que nous avons renoncé à discuter s'il y en a ou s'il n'y en a pas, si l'on peut ou non l'expliquer. Mais pour la définition que nous venons de donner du non-être, qu'on nous prouve en nous réfutant qu'elle est fausse ; ou, tant qu'on ne pourra le faire, il faut qu'on dise ce que nous avons dit, que les genres se mêlent les uns avec les autres, que l'être et l'autre pénètrent dans tous, et aussi l'un dans l'autre ; que l'autre, participant à l'être, est par cette participation, et n'est pourtant pas ce à quoi il participe, mais quelque chose d'autre : qu'étant autre que l'être, il ne peut évidemment être que le non être ; que l'être à son tour participant à l'autre est autre que tous les autres genres : qu'étant autre qu'eux tous il n'est pas chacun d'eux, ni eux tous à la fois, et n'est que lui-même : en sorte qu'incontestablement il y a mille choses que l'être n'est pas, par rapport à mille choses, et on peut dire de même de chacun des autres genres et de tous à la fois qu'ils sont de plusieurs manières, et que de plusieurs manières ils ne sont pas[1]. »

Désormais le passage du même à l'autre n'est plus en question ; l'attitude purement logique est abandonnée : et nous en arrivons à poser la question que nous avons déjà fait prévoir, et que le rapprochement avec Kant a

1. *Soph.*, tr Cousin, p. 294, t II.

rendue d'avance plus naturelle : ce synthétisme, vers lequel il y a lieu d'admettre que Platon a évolué, si l'on songe que le Parménide et le Sophiste font très probablement partie des dernières œuvres [1], n'a-t-il pas été fortement encouragé par le contact de la géométrie nouvelle, que notre philosophe semble avoir passionnément cultivée ?

Tout d'abord les géomètres du ve siècle avaient certainement rompu avec la vieille conception pythagoricienne selon laquelle la ligne n'est qu'une somme de points juxtaposés, la surface une somme de lignes, le solide une somme de surfaces. Etaient-ce les redoutables attaques des Eléates qui avaient mis fin à cet atomisme spatial, était-ce le progrès naturel de la science, il n'est pas douteux en tous cas que Platon le rejette. Le témoignage d'Aristote à cet égard est très précis : « D'où viennent les points qui seront dans les corps (ἐνυπάρξουσι)? Platon combattait lui aussi ce genre de point, comme répondant seulement à une façon de parler géométrique ; pour lui, il appelait le point *principe de la ligne* (ἀρχὴν γραμμῆς). C'est ce qu'il disait souvent quand il posait les lignes indivisibles. Il est nécessaire que celles-ci aient une limite : de sorte que les raisons d'exister de la ligne sont aussi celles du point [2]. » Si la traduction de ce passage est difficile, l'idée exprimée se

---

1. Voir plus haut, *Questions préliminaires*, p. 186.
2. *Mét.*, A, 9, 992 *a*.

dégage pourtant avec clarté. Le point n'est plus aux yeux de Platon un élément de la ligne, ce n'est plus un στοιχεῖον, c'est une ἀρχή. Le mot στοιχεῖον ne figure pas ici, il est vrai, mais l'expression même d' ἐνυπάρξουσι[1], et l'opposition de l' ἀρχή à ce genre (τούτῳ τῷ γένει) le désignent suffisamment. C· si nous nous reportons aux caractères essentiels du στοιχεῖον et de l' ἀρχή tels qu'Aristote les expose dans le IVe livre de la Métaphysique, nous remarquons que le premier est en somme une partie de la chose dont il est élément constitutif, indivisible ou divisible en éléments homogènes (ἀλλὰ κἂν διαιρεῖται, τὰ μόρια ὁμοειδῆ, οἷον ὕδατος τὸ μόριον ὕδωρ...), tandis que l' ἀρχή est quelque chose d'hétérogène par rapport à ce dont elle est le principe, soit qu'on y voie la limite, commencement ou fin, soit qu'on y voie un principe générateur et dynamique. La conception du point contre laquelle s'élève Platon, c'est donc cette vue naïve du point comme fragment de ligne, ou de la ligne comme somme de morceaux juxtaposés. S'il pouvait y voir comme un écho du langage des géomètres, c'est qu'à chaque instant ceux-ci parlent des points comme de choses composant la ligne; ils disent couramment: prenons un point sur cette ligne, prenons-en un second, un troisième, — tous les points de cette

---

1. Dans la définition du στοιχεῖον (*Mét.*, Δ, 3), Aristote se sert du verbe ἐνυπάρχειν dès les premiers mots « στοιχεῖον λέγεται ἐξ οὗ σύγκειται πρώτου ἐνυπάρχοντος... »

ligne ont telle propriété, etc... Mais il se refusait à y voir autre chose qu'une façon de voir, une façon de parler, un δόγμα ; à ses yeux ce n'était point une vérité. La ligne n'est pas ainsi divisée en éléments homogènes, et, dans ce sens, elle est ἄτομος. On fait apparaître un point en la bornant, en la limitant, en lui donnant un commencement ou une fin (ce qui est le premier sens de l'ἀρχή d'Aristote, Met., Δ, 1). Sans doute aussi Platon aurait reconnu le caractère générateur de ce principe, dont la ligne pourra être posée comme la trajectoire, ou sa nature potentielle, en ce sens qu'il est possible de faire naître sur une ligne autant de points qu'on veut, par des déterminations successives, qui donneront à la ligne une série de limites différentes. De toutes façons, le point n'est plus un élément homogène à la ligne. — Il en serait évidemment de même de la ligne par rapport à la surface, et de la surface par rapport au solide. Aristote adresse souvent aux partisans des idées le reproche de méconnaître dans leur application des idées aux choses mathématiques l'hétérogénéité évidente que présentent les volumes, les surfaces, les lignes, les points : « Comment la surface peut-elle contenir la ligne, dit-il dans cette même page de la Métaphysique à laquelle nous avons emprunté la citation précédente ; comment le solide contient-il la ligne et la surface, puisque le large et l'étroit sont des genres différents, comme le sont également l'épais et le mince ? » —

Par cette insistance Aristote nous aide à préciser l'attitude de Platon. Aux vues simplement additives des Pythagoriciens sur les êtres géométriques s'est substituée pour les savants de son temps une conception où les choses ne s'expliquent plus par le même, par l'homogène, mais par l'hétérogène, et où le passage du même à l'autre est devenu un processus normal de l'intelligence.

Mais ce n'est là qu'un des aspects de la conception nouvelle des mathématiques au ve siècle. Plus généralement portons notre attention sur les idées de continuité et de limite désormais familières au géomètre qui a fondé sur elles la méthode d'exhaustion. Quand des propriétés d'un polygone régulier on passe à celles de la circonférence, comme, par exemple, cela avait été nécessaire à Hippocrate de Chios pour ses travaux sur les lunules, on a beau présenter des raisonnements rigoureux qui s'efforcent d'aller du même au même et de ne manier que des grandeurs homogènes, l'imagination ne peut complètement renoncer à ses droits; elle ne peut s'effacer au point que nous perdions de vue la transformation d'une chose en une autre, absolument différente. Le nombre des côtés d'un polygone inscrit dans un cercle peut en effet croître indéfiniment, ces côtés peuvent ainsi devenir aussi petits qu'on voudra, jamais ils ne cesseront d'être des droites, et jamais la ligne qu'ils forment ne se confondra avec la circonférence ; celle-ci est bien véritablement quelque chose d'hétérogène au polygone. Or le géomètre s'est habitué à passer de l'un à l'autre par continuité : la circonférence lui apparaît comme la limite du polygone, et, par un processus nouveau, il se trouve en réalité avoir fait naître la ligne circulaire de la ligne droite. La méthode est d'ailleurs si naturelle et si efficace qu'elle va s'étendre à une infinité de problèmes. Quelque chose de dynamique est définitivement entré dans les concepts mathématiques avec le continu et la limite, quelque chose qui échappe aux constructions claires de l'intuition. Quelque soit l'arrangement qu'il propose après coup à la raison pour ne lui soumettre que des vues analytiques, le géomètre ne peut pas ne pas sentir que sa science est redevable de son extension et de ses progrès à des conceptions synthétiques, qui, loin de répugner au rapprochement du même et de l'autre, s'accommodent au contraire d'un élément dynamique de génération et de transformation qualitative.

Enfin ce sont les mêmes remarques qui nous frappent si nous portons notre attention sur la marche progressive qu'a suivie le concept de quantité au temps de Platon. En s'exprimant avec les Pythagoriciens par le nombre entier, la quantité s'appliquait déjà très bien aux qualités concrètes des choses, et semblait se fondre merveilleusement en particulier avec les propriétés géométriques des corps. Certes il y avait dans cette union intime du nombre et de l'étendue plus qu'il ne fallait, semblait-il, pour mettre en évidence le caractère synthétique des premières notions de la géométrie. C'est ce que diront plus tard avec tant de force Kant et ses continuateurs. Mais du moins tant que n'intervenaient avec le nombre discontinu que des sommes d'éléments juxtaposés, on sentait nettement que le rôle de la quantité était essentiellement analytique; elle décomposait, elle explicitait, elle étalait distinctement les parties dont l'addition formait les choses. Son application à l'étendue pouvait apparaître bien moins comme une fusion synthétique que comme une dissociation, par laquelle toute synthèse s'évanouissait pour laisser place à une vue claire et précise des éléments qui la formaient. Au fond ce sera toujours là le rôle primordial de la quantité; mais chaque fois qu'au contact de la qualité elle s'enrichira de quelque conception, outre qu'il faudra un temps plus ou moins long à la pensée mathématique pour renouer par une suite de propositions analytiques les nouvelles données aux anciennes, l'imagination se refusera à rejeter toute trace matérielle des conquêtes dernières. Or c'est là précisément ce qui est advenu aux contemporains de Platon. Par l'acceptation définitive des incommensurables, ils s'étaient habitués à des vues quantitatives dont ne suffirait pas à rendre compte la comparaison de sommes d'éléments juxtaposés. De deux grandeurs incommensurables dont cependant le géomètre affirme qu'il existe un rapport, il est impossible de composer la première avec des divisions de la seconde. Il y a bien encore entre elles homogénéité de nature, en ce sens que ce sont deux longueurs, deux volumes, deux surfaces, etc., mais il n'y a plus identité de composition quantitative. En établissant quand même un rapport déterminé entre les deux grandeurs, les géomètres ont décidément accepté de créer un lien entre le même et l'autre ; car cette idée de rapport implique évidemment une relation, une participation de l'un des deux termes à l'autre. Ainsi il est entendu désormais que la participation existe entre deux choses sans qu'il soit possible de voir la partie de l'une qui est dans l'autre, sans qu'elles cessent d'être irréductibles entre elles par leur composition. Il est entendu que la science la plus parfaite, la géométrie, réalise sa marche et ses merveilleux progrès en unissant par un lien déterminé, mais qui échappe à toute vue claire de l'imagination, deux états de grandeur hétérogènes.

C'est ainsi que Platon put être naturellement conduit à une tendance nouvelle qui devait l'entraîner, tout en lui laissant le sentiment qu'il atteignait de mieux en mieux la vérité, vers des préoccupations synthétiques ; et nous comprenons que la pensée mathématique à elle seule aurait suffi pour l'éloigner de l'attitude purement logique, où l'esprit s'immobilise à ne vouloir aller que du même au même, et pour l'amener à ne concevoir les Idées qu'à travers les relations qui les unissent.

Mais nous pouvons aller plus loin. Une fois entré dans cette voie nouvelle, Platon ne devait pas s'en tenir à des tendances vagues et générales. A défaut du traité du Bien, où se trouvait exposée par ses disciples une partie de son enseignement oral, les témoignages d'Aristote et quelques passages des dialogues interprétés à leur lumière, ne peuvent guère laisser de doute sur la forme dernière que dut prendre la théorie des idées, en devenant celles des Idées-Nombres. Si elle s'explique comme suite du mouvement synthétique de sa pensée, et par là déjà se rattache à l'influence de la philosophie nouvelle, elle s'y rattache encore étroitement par la nature même du concept qui la domine, et qui dérive naturellement de l'extension de l'idée de nombre.

—. Nous avons vu déjà, en étudiant l'être de l'idée, que Platon en avait trouvé le type le plus saisissant dans l'idée mathématique, c'est-à-dire dans la définition, d'où le géomètre a de mieux en mieux retiré toute donnée sensible, et qui tend à se confondre avec une relation de plus en plus épurée de tout élément matériel. Nous avons tâché, en nous aidant particulièrement de la République et du Philèbe, de mettre en évidence un mouvement ascensionnel vers l'intelligible, que cherche à réaliser la science spéculative. —

c'est-à-dire pour Platon la mathématique pure, — qui veut aboutir à un absolu d'où lui viendrait le fondement de sa réalité, et qui en tous cas marque pour le philosophe comme une étape non pas entre le monde sensible et celui des idées, mais bien entre le monde sensible et le suprême absolu, l'idée du Bien. Cette étape qui conduit aux essences mathématiques ne diffère pas de celle qui mène aux idées : et rien ne s'oppose à ce que l'être des idées soit exactement de même nature que l'être des essences mathématiques : ou encore, si l'on veut, rien ne s'oppose à ce que les essences idéales du géomètre soient des idées, au sens véritablement platonicien du mot.

Mais alors une difficulté se présente : Faut-il exclure du monde des idées tout ce qui est une qualité ? Le géomètre qui poursuit une définition intelligible élimine tout ce qui rappelle la forme concrète de la figure ; et, si le progrès qu'il réalise dans cette épuration donne la mesure de sa pénétration dans le monde des idées, n'est-ce pas que celui-ci appartient exclusivement à des sortes de schémas logiques, à des cadres vides de matière ? Si de pareilles conclusions devaient être définitives, elles seraient notre propre condamnation, car il est impossible de ne pas sentir, en lisant Platon, tout ce qu'il accorde aux idées de perfection qualitative. Mais précisément nous n'avions vu qu'un aspect de la théorie des idées, celui par lequel elles s'éloignent du sensible, du matériel, celui par lequel s'affirme l'idéalisme platonicien. Il reste à dire que cette marche ascendante vers la relation intelligible, loin d'exclure la qualité, la réalise de mieux en mieux en lui donnant les caractères de précision, de stabilité, de rigueur, qui en font une qualité idéalement parfaite. Ce n'est pas la qualité sensible qui s'écoule et qui est insaisissable à l'esprit, c'est la qualité intelligible, inséparable de la quantité. Et si l'on hésite à comprendre dans la pensée de Platon cette union intime de la qualité et de la quantité, qu'on se reporte au développement tout particulier qu'avait pris la géométrie au ve siècle.

D'une façon générale la conception nouvelle du continu de l'espace, en s'accommodant d'une pénétration de plus en plus profonde de la quantité, réalisait une synthèse étonnante où aucun des deux termes qu'allie tout naturellement la pensée du géomètre ne s'évanouit devant l'autre. L'intuition spatiale s'était enrichie d'une foule de formes nouvelles qui avaient transformé en la développant l'idée même de quantité, et réciproquement, par la notion du lieu géométrique, une infinité de lignes avaient pris naissance de la seule existence de relations quantitatives. La participation des formes spatiales à la quantité, que les Pythagoriciens avaient devinée plutôt qu'ils ne l'avaient comprise, et qu'en tous cas ils interprétaient si naïvement en projetant le nombre discret dans l'étendue continue, cette participation pouvait donc prendre désormais pour Platon un sens autrement profond. Non seulement la quantité ne risquait pas d'entrer en conflit avec le continu de l'intuition sensible, mais elle recevait de lui l'extension la plus féconde. Ce n'est pas l'arithméticien, celui qui forme le nombre par l'addition des unités, c'est le géomètre, pour lequel toute figure exprime à sa façon des rapports quantitatifs, qui seul est capable de saisir toute la signification du nombre. Ainsi les qualités de forme, de figure, de continuité, celles qui se traduiront pour telle ligne par ce fait concret, ce fait interne, dynamique, qu'elle peut donner lieu à telle construction, cet ensemble de *qualités* qui touchent à des considérations d'ordre *synthétique*, en ce sens qu'elles échappent à une vue purement analytique comme celle de l'arithméticien, loin d'exclure le nombre, ou de ne l'admettre qu'en se dissolvant elles-mêmes, comme le supposait l'école de Pythagore, semblent être au contraire les conditions les plus favorables à l'épanouissement complet de la quantité.

Celle-ci reçoit désormais un sens assez large pour que le nombre entier n'en soit qu'un cas étrangement particulier. A ce premier degré, la quantité est le total d'unités identiques, formant le nombre par simple collection, juxtaposition ou répétition. La fraction est déjà le nombre d'une grandeur qui ne résulte plus de la répétition de l'unité primitivement choisie : et c'est pour la quantité un premier bénéfice dû à la qualité spécifique de la grandeur, que de revêtir déjà une forme différant du nombre entier, et exigeant le choix d'une unité particulière. Mais au fond le nombre continue à exprimer le total, la somme d'éléments identiques juxtaposés. Il n'en est plus de même, nous y avons insisté, quand apparaît le nombre de la grandeur incommensurable. La notion du rapport de deux grandeurs, qui était au fond dans le nombre d'une grandeur (celui-ci étant le rapport de cette grandeur à une autre choisie pour unité), prend une signification assez générale pour ne plus même exiger que l'une des grandeurs soit composée par la répétition d'une fraction de l'autre. Quelle que soit leur composition, le géomètre a posé a priori l'existence d'un rapport de l'une à l'autre, d'un mode de participation, qui risque de ne pouvoir s'expliciter, s'étaler au regard de l'imagination. Et voilà déjà la quantité devenue une sorte de dépendance réciproque de deux choses, qui non seulement ne sont pas identiques, mais qui sont en un sens irréductibles l'une à l'autre. Elle garde ses qualités de précision, de rigueur, mais elle est autre chose qu'un tout, dont il suffirait d'énumérer les parties pour le faire connaître. Elle est devenue un lien, un mode de relation, de détermination réciproque, une fonction des éléments qu'elle unit. Fonctions encore, modes de participation échappant à toute représentation additive, les rapports quantitatifs que multiplie la géométrie générale des courbes, et par lesquels se traduisent leurs propriétés fondamentales. La quantité, parvenue à ce degré, peut bien d'ailleurs continuer à s'appeler le nombre, puisque celui-ci réalisait la fonction la plus simple, le cas le plus élémentaire de participation, celui qui marquait la simple dépendance du tout à l'égard des parties. Seulement le nombre désormais aura un sens assez élevé pour qu'on n'aperçoive pas de limite à la complication et à l'hétérogénéité des éléments dont il fixe le mode de dépendance.

Mais alors il existait pour Platon un domaine tout prêt à s'y adapter, le monde des Idées. N'avons-nous pas dit en effet que les Idées se pénètrent, qu'elles se mélangent, qu'elles participent nécessairement les unes des autres? Il suffit de vouloir que ces mélanges, ces pénétrations, ces dépendances réciproques se prêtent à une rigoureuse précision, à une détermination scientifique — (et comment n'en serait-il pas ainsi dans le domaine propre de la science, dans ce qui est le plus véritablement?) — pour songer à la fonction, au nombre de chaque idée, par rapport à celles dont elle dépend.

N'est-ce pas là déjà le souci qui guidait Platon quand il cherchait la définition exacte de la justice, et qu'il se préoccupait des parties de la vertu?

Les quatre premiers livres de la République aboutissent à cette conclusion que la justice se définit à l'aide de trois vertus; tempérance, courage, prudence. Mais elle n'est pas leur somme; ce n'est pas le tout dont elles seraient les parties composantes. Il se mêle ici, nous l'avons déjà vu, des considérations d'harmonie, et Platon veut que la justice soit comme le principe qui établit l'accord parfait entre les trois parties désignées. En tous cas la justice apparaît comme une sorte de fonction des éléments qu'elle unit. — Plus généralement, on sait avec quelle insistance Platon pose la question de savoir si telles vertus particulières, justice, tempérance, etc., sont les parties d'une même vertu. Dans le Protagoras déjà ne donne-t-il pas l'impression qu'à ses yeux la difficulté de la question résulte de ce qu'on essaie de voir les vertus s'ajoutant et formant un tout comme des éléments identiques juxtaposés? Le Politique y revient et rappelle que les prétendues parties de la vertu sont si peu identiques qu'elles sont opposées les unes aux autres et qu'il ne faut rien moins que le « tissage royal » pour en former le tissu qui soit vraiment la vertu. Et enfin, au livre XII des Lois, il est question de savoir ce qui justifie l'unité de la vertu, formée de quatre espèces, courage, tempérance, prudence et justice, c'est-à-dire au fond de déterminer exactement le principe de dépendance de ces quatre idées, qui les rattache à une idée unique. Et, après avoir dit qu'il est nécessaire de résoudre ce problème, Platon remarque qu'il en est de même du beau et du bon… : « est-ce assez que nos gardes connaissent que chacune de ces choses est plusieurs ? — Ne faut-il pas de plus qu'ils sachent comment et par où elles sont une[1] ? »

Avec le Parménide et le Sophiste le problème de l'un et du multiple a été définitivement écarté de toute conception extensive et additive, et le dernier mot a été cette conclusion de Platon que chaque idée participe à la fois de l'être et du non-être, du même et de l'autre. Le Philèbe nous fait faire un pas de plus, les idées « sont composées d'un et de plusieurs et réunissent en elles, par leur nature, le fini et l'infini ». A la participation nécessaire au *tissu*, que forment inévitablement les idées, s'ajoute la détermination rigoureuse et quantitative. Entre l'un et l'infini du non-être, de l'autre, du variable, il faut pouvoir fixer une limite précise qui arrête la variation, l'écoulement, et montre dans l'idée telle fonction de telles autres. Platon, pour éclaircir sa pensée, emprunte des comparaisons à la grammaire et à la musique. « La voix qui nous sort de la bouche est une et en même temps infinie en nombre pour tous et pour chacun… Nous ne sommes point encore savants par l'un ni par l'autre de ces points, ni

---

[1]. *Les Lois*, p. 965, trad. Cousin.

parce que nous savons que la voix est infinie ni parce nous savons qu'elle est une ; mais de savoir combien elle a d'éléments distincts, et quels ils sont, c'est là ce qui nous rend grammairiens .. c'est aussi la même chose qui fait le musicien ;... la voix considérée par rapport à cet art est une ;... mettons-en de deux sortes, l'une grave, l'autre aiguë, et une troisième... Si tu ne sais que cela, tu n'es point encore habile dans la musique ; et si tu l'ignores, tu n'es, pour ainsi dire, capable de rien en ce genre. — Mais, mon cher ami, quand tu connais le nombre des intervalles de la voix, tant pour le son aigu que pour le son grave, la qualité et les bornes de ces intervalles, et les systèmes qui en résultent ; systèmes que les anciens ont découverts, et qu'ils nous ont laissés, à nous qui marchons sur leurs traces. sous le nom d'harmonies, comme aussi ils nous ont appris que des propriétés semblables se trouvent dans les mouvements du corps, et qu'étant mesurées par les nombres, elles doivent s'appeler rhythmes et mesures, et en même temps que nous devons procéder de cette manière dans l'examen de tout ce qui est un et plusieurs ; oui, lorsque tu as compris tout cela, c'est alors que tu es savant ; et quand, en suivant la même méthode, tu es parvenu à comprendre quelque autre chose que ce soit, tu as acquis l'intelligence de cette chose. Mais, perdu dans l'infini, tout échappe à ta connaissance : et, pour n'avoir fait le compte précis d'aucune chose, tu n'es toi-même compté pour rien[1]. »

Quelques pages plus loin, le Philèbe est encore plus précis. Cet infini, dont les idées sont formées conjointement avec le fini, est caractérisé en somme par le plus et le moins. Il représente bien vraiment le principe de variation indéfinie et vague de multiplicité indéterminée qui doit se combiner avec le principe de fixité, d'égalité et de détermination pour que ce mélange transforme les idées en nombres, et explique leur rigoureuse perfection. Les exemples abondent encore : « N'est-il pas vrai que, dans les maladies, le juste mélange du fini et de l'infini produit la santé?... Que le même mélange, lorsqu'il se fait en ce qui est aigu et grave, vite et lent, phénomènes qui appartiennent à l'infini, imprime le caractère du fini, et donne la forme la plus parfaite à toute la musique?... Pareillement, lorsqu'il a lieu à l'égard du froid et du chaud, il en ôte le trop et l'infini, et y substitue la mesure et la proportion... Les saisons, et tout ce qu'il y a de beau dans la nature ne naît-il pas de ce mélange de l'infini et du fini... je passe sous silence une infinité d'autres choses, telles que la beauté et la force avec la santé, et dans l'âme d'autres qualités très belles et en grand nombre[2]. »

1. *Philèbe*, p. 17, trad. Cousin.
2. *Philèbe*, p. 26, trad. Cousin.

Que nous tenons bien dans ce fini et cet infini de Platon les éléments essentiels du nombre généralisé, de la fonction rigoureusement déterminée, c'est ce qui résultera avec plus de clarté encore de la lecture d'Aristote. Celui-ci insiste dans la Métaphysique sur ce que Platon, qui se rapproche beaucoup des Pythagoriciens, s'en éloigne cependant sur plusieurs points et en particulier par la substitution d'un principe double, la dyade du grand et du petit, à leur infini; il ajoute d'ailleurs que cette dyade est l'élément matériel de l'idée, et s'ajoute à l'un pour former l'idée elle-même[1]. Ce témoignage d'Aristote est des plus instructifs. Le Philèbe définissait déjà l'ἄπειρον par ses caractères propres, le plus et le moins. Dans son enseignement oral, Platon allait plus loin et substituait décidément à l'ἄπειρον la dyade indéterminée du grand et du petit. Et Aristote a soin de faire remarquer qu'en y joignant l'unité, Platon formait en somme les idées comme les nombres. Si bien que dans sa réfutation des théories platoniciennes, s'adressant à ceux qui voient dans l'idée le résultat d'une sorte de mélange de l'unité et de la dyade, il en arrive à dire: « Si les idées ne sont pas des nombres, elles ne sont plus rien. »

Cette fois le doute ne semble pas permis sur le terme où aboutissait la pensée de Platon. L'idée s'identifiait

1. *Met.*, A, VI.
2. *Met.*, M, VII, 1081 a.

au nombre par les deux principes fondamentaux dont elle se formait, le fini et l'infini, l'un et la dyade du grand et du petit, c'est-à-dire par le principe de variation et le principe de fixité, éléments qui restent seuls à constituer la notion du nombre, quand à sa première définition naïvement extensive s'est substitué peu à peu le mode général de dépendance rigoureusement déterminé. Du premier degré au dernier la distance peut sembler grande : le chemin qui a conduit Platon de l'un à l'autre a du moins quelque uniformité. La qualité a pu s'introduire de plus en plus ; l'autre, l'hétérogène, le non-être, en s'imposant et en détournant l'esprit d'une vue simplement additive, pour l'amener à une synthèse, à une participation d'un nouveau genre, ont laissé pénétrer la diversité qualitative, et, loin de détruire le nombre, en ont élargi la signification. Les idées spécifiquement distinctes continueront d'ailleurs à puiser leur être qualitatif à la source de l'idée du bien, pendant que celle-ci sera le principe d'unité qui, selon les expressions de l'Epinomis, rendra semblables les choses dissemblables par nature, expliquera leur rapport et sera le fondement de leur détermination réciproque, c'est-à-dire leur nombre.

Il reste, pour confirmer ces vues générales, à en rapprocher les critiques d'Aristote, et à montrer que tout naturellement pour n'avoir pas subi au même degré l'influence de la géométrie nouvelle, pour se refuser instinctivement à voir chez le mathématicien autre chose que l'arithméticien, et dans le nombre autre chose qu'un total d'unités juxtaposées, il devait être conduit très loin de la pensée platonicienne.

La critique des Idées-Nombres que présente déjà le premier livre de la Métaphysique, mais que reprend avec abondance d'arguments le livre XIII, sous-entend, quand elle ne l'exprime pas avec clarté, que le nombre est essentiellement une combinaison d'unités associées par addition. « Que les unités ne présentent aucune différence entre elles, ou qu'elles diffèrent chacune de chacune, il n'est pas moins nécessaire que le nombre se forme et se compte toujours par addition. Par exemple, deux se compose après un, par l'addition d'une unité nouvelle ; trois se forme par l'addition de un à deux[1], etc... » A cette notion naïve du nombre qu'Aristote ne dépasse pas une seule fois dans la longue discussion à laquelle il soumet la théorie de son maître, on peut ajouter cette sorte de postulat que le nombre mathématique ne porte que sur des unités identiques qui peuvent se combiner entre elles, tandis que les unités des idées-nombres doivent impliquer des différences qualitatives, correspondre à des ordres différents d'antériorité logique, se prêter à une certaine hiérarchie : on aura ainsi le fond de ce qui fait l'argu-

1. *Met.*, M, VII.

mentation d'Aristote et on comprendra sans peine la quantité d'absurdités qu'il mettra en évidence toutes les fois qu'il essaiera de rapprocher l'idée-nombre du nombre mathématique.

« Si l'on admet que toutes les unités peuvent se combiner ensemble et qu'elles ne présentent aucune différence, on a alors le nombre mathématique ; il n'y a que ce nombre tout seul, et il est impossible que les idées soient des nombres. En effet, quelle sorte de nombre pourrait bien être l'homme en soi, l'animal en soi, ou toute autre idée[1] ?... »

Comment ne pas songer en lisant ces lignes aux efforts faits par Platon pour expliquer que la justice ou la vertu ou le beau ou le bien sera un nombre, sans que les parties qu'on trouvera pour le composer soient identiques entre elles ? Comment oublier que cette préoccupation le poursuit jusqu'à la fin de sa vie, puisque nous en retrouvons la trace dans le XIIe livre des lois ; et comment ne pas accuser Aristote de n'avoir pu comprendre le synthétisme de Platon, quand, avec les dialogues seuls, sans les informations autrement précieuses qui nous viendraient des leçons orales, nous pouvons lui opposer la pensée méconnue de son maître?

« D'autre part si les unités sont incompatibles entre

---

1. *Met.*, M, VII, 1081 a.

elles, et incompatibles au point que chacune ne peut se combiner avec aucune autre, il n'est plus possible que ce nombre soit le nombre mathématique. — Ce ne sera pas non plus le nombre idéal, car la première dyade ne pourrait plus se composer de l'unité et de la dyade indéfinie, non plus que les nombres venant à la suite les uns des autres[1], etc... »

Aristote entend de la façon la plus naïve la composition du nombre par l'unité et la dyade. Deux se formerait par la multiplication de un par deux, c'est-à-dire par l'addition de deux unités ; trois s'obtiendrait ensuite par l'addition de l'un ; quatre se composerait de la dyade multipliée par la dyade, c'est-à-dire répétée deux fois ; et ainsi de suite. L'intervention de l'un et de la dyade n'aurait donc pas d'autre signification pour lui que celle qui leur vient de l'arithmétique toute simple.

Nous savons bien, et le témoignage d'Aristote lui-même relatif au grand et au petit nous a servi à l'établir, que l'un et la dyade sont pour Platon les principes généraux de fixité, d'égalité, de détermination, d'une part, et d'autre part de variabilité indéfinie, puisqu'ils sont les noms nouveaux du πέρας et de l'ἄπειρον. Au reste il suffirait pour répondre à ces premières objections d'Aristote, sans s'éloigner du domaine

1. *Met.*, M, VII, 1081 a.

proprement mathématique, de lui demander par quelle addition d'unités ou par quelle intervention de l'unité et de la dyade, telles qu'il les emploie dans le nombre arithmétique, il réussirait à former quelqu'une de ces irrationnelles plus ou moins compliquées dont Théétète s'était déjà exercé à dresser une classification. Les plus simples $\sqrt{2}$, $\sqrt{3}$, n'échappent-elles pas à toute combinaison additive d'un nombre fini d'éléments ? et, s'il faut y voir des états de la quantité numérique, l'un et la dyade ne les forment-ils pas autrement que par simple répétition de l'unité ?

Au milieu des innombrables objections qui dérivent du même malentendu, relevons encore les suivantes : Le nombre idéal est-il fini ou infini ? S'il est fini, comment se justifie la limite où l'on s'arrête ? les idées vont donc bientôt manquer ? S'il est infini, il n'est ni pair ni impair ; or, c'est absurde : *la formation des nombres donne toujours un nombre pair ou un nombre impair.* — Oui, s'il s'agit de la formation du nombre entier et discontinu ; non évidemment, dès qu'on dépasse cette première signification uniquement additive du nombre.

Autre objection : On ne voit plus si l'unité est antérieure au nombre, ou le nombre à l'unité. L'élément est antérieur dans le temps, mais le tout dont il est une partie est antérieur logiquement. Il serait donc naturel de voir les Platoniciens déclarer le nombre logiquement antérieur à l'unité, devenue élément matériel, tandis

qu'au contraire ils font aussi de l'un un élément formel!
— N'est-ce pas simplement que le nombre a cessé d'être pour eux le tout dont l'unité ne serait qu'une division, et que l'unité est le principe qui fait sa détermination précise et rigoureuse?

Les mêmes difficultés se présentent encore, dit Aristote, pour les genres qui viennent à la suite du nombre, la ligne, la surface, le solide. De deux choses l'une, ou bien on les rapproche par un procédé unique de formation, par des principes identiques, et alors on détruit toute différence spécifique entre eux; la surface est une ligne, le solide est une surface, ce qui est faux; ou bien on maintient leur hétérogénéité, et alors comment songer à les relier les uns aux autres par les éléments du nombre, l'unité et la dyade du grand et du petit? — Comment faire comprendre la pénétration par le nombre des figures de plus en plus complexes, l'adaptation au nombre de l'intuition spatiale sous toutes ses formes, à qui n'a pas senti profondément tout ce qu'il y a de merveilleux dans cette union de la quantité et de la qualité spécifique : union d'où celle-ci reçoit le principe de son essence, tandis que la première y trouve les conditions mêmes de son complet développement?

Quelques pages plus loin[1], Aristote marque mieux

---

1. *Met.*, V, 1.

encore peut-être la distance où il est de Platon dans sa conception des genres mathématiques, en déclarant qu'on ne saurait constituer le nombre avec des éléments tels que l'égal et l'inégal ou le grand et le petit, qui expriment des relations. Rien ne saurait aussi bien prouver qu'il n'a pas serré de près la pensée de son maître, et qu'il n'a pas saisi cette attitude synthétique par laquelle, s'éloignant des vues extensives et additives où le nombre apparaissait comme une combinaison de choses juxtaposées, Platon a été amené à voir l'essence de la quantité dans un mode spécial de participation, de dépendance réciproque, dans une *relation*.

Et maintenant que nous croyons avoir obtenu d'Aristote lui-même, à travers le malentendu manifeste qui le sépare de Platon, la preuve que nous ne nous étions pas trompés dans notre interprétation de la pensée du maître, ne nous sommes-nous pas exposé à la plus grave des objections? Est-il bien sûr que ce soit Aristote qui méconnaisse le sens des conceptions platoniciennes? N'y a-t-il pas quelque prétention ridicule à reconstruire à l'aide de son témoignage une théorie toute différente de celle que sa critique servirait à définir? — Notre réponse sera brève : d'une part, nous avons fort peu emprunté au témoignage d'Aristote qui ne puisse s'appuyer de quelque façon sur les dialogues mêmes; et d'autre part et surtout la lecture du livre XIII de la Métaphysique ne laisse le choix qu'entre ces deux alternatives : ou bien Platon a enfanté avec la théorie des idées-nombres l'absurdité la plus étonnante qui ait jamais pu germer dans le cerveau d'un homme, ou bien Aristote l'a mal compris. Si l'on songe que cette théorie plus ou moins modifiée a formé, après Platon, le fond essentiel de la philosophie de ses successeurs à l'Académie, il paraît difficile de ne pas opter pour la deuxième alternative. Aristote a recueilli l'enseignement de son maître, en restant étranger à sa pensée profonde.

CONCLUSION

Arrivé au terme de notre étude, nous avons le sentiment de n'avoir mis en évidence que quelques aspects de la philosophie grecque. En particulier, pour Platon, nous avons laissé de côté ses vues politiques et sociales. Mais, outre qu'il sera possible d'éclairer sa pensée tout entière par la lumière que nous avons voulu projeter sur quelques-unes de ses tendances les plus intimes, n'oublions pas qu'à bien des égards, Platon, comme chacun de ses prédécesseurs, porte le poids de traditions fort anciennes qui, tout en s'adaptant à son tempérament personnel, diminuent plus qu'elles ne favorisent son originalité propre. D'une façon générale, les vieilles civilisations qui avaient précédé les Grecs dans l'histoire de l'humanité leur avaient légué une foule de préoccupations pratiques d'ordre politique, économique et religieux: et, si cet ensemble d'éléments, pour s'assimiler à la vie du peuple hellène, en avait reçu des marques caractéristiques. il faut bien avouer cependant que l'originalité de ses penseurs devait se lier à quelque chose de plus nouveau, de plus inattendu, nous voulons parler de la science rationnelle. Dans l'étude des lois de Lycurgue et de Solon, des pratiques du culte et des croyances religieuses, dans l'étude des mœurs et des conditions de l'état social, on pourra chercher en Égypte ou dans l'Orient des termes de comparaison fort instructifs, et parfois même on retrouvera à l'étranger l'origine et l'explication de quelque tradition antique ; la pensée spéculative s'exprimant sous la forme de la science rationnelle est un fruit vraiment personnel du génie grec. C'est là l'œuvre capitale par laquelle il a laissé sa trace définitive dans l'histoire des idées. Tout ce qui s'y rattache plus ou moins directement doit être placé au premier rang pour qui veut voir sous son vrai jour la pensée hellène ; et c'est pourquoi nous nous sommes appliqué dans ce livre aux seules manifestations de la réflexion philosophique qui sont avec elle dans un rapport étroit.

Qu'on ne s'y trompe pas d'ailleurs : avec la spéculation rationnelle ce qui est né, c'est la philosophie elle-même. Qu'est-ce en effet que la philosophie sinon une sorte de pensée au second degré, une pensée de la pensée, une réflexion sur toute idée qui intéresse l'intelligence de l'homme ? Or, dans tous les domaines de connaissance, les peuples de l'Orient et de l'Égypte avaient transmis aux Grecs un nombre considérable de données, de règles, de procédés utiles à la vie de tous les jours. Les Grecs ne se bornèrent pas simplement à les enregistrer, sauf à en accroître indéfiniment la liste. Leur curiosité fut éveillée par ces matériaux posés devant eux: ils voulurent comprendre la raison de ce qui leur était donné comme un ensemble de procédés empiriques; ils voulurent justifier par les seules ressources de leur intelligence les règles auxquelles une lente observation avait conduit les hommes. Bref ils réfléchirent sur ce premier degré de connaissance qui leur venait d'autrui, de telle sorte que la tentative d'édifier sur ces données une science rationnelle équivalait déjà à une sorte de mouvement philosophique. Ce qui le caractérisa du premier coup, c'est qu'il fut fécond et aboutit à des affirmations si claires et si évidentes qu'elles s'imposaient d'elles-mêmes à l'universalité du genre humain. Les propositions mathématiques que sut formuler la science grecque vinrent merveilleusement prouver que l'esprit, en se repliant sur lui-même, et en s'exerçant sur les données qui lui sont apportées du dehors, est capable de créer un ordre nouveau de connaissances, se distinguant par sa précision et par son intelligibilité, par sa rigueur et par son évidence. Ces vérités, admises aussitôt qu'elles étaient formulées, devenaient bien vite à leur tour des données positives, qui s'imposaient à l'esprit, et sur lesquelles sa curiosité ne pouvait s'arrêter, sans que fût posée cette question désormais fondamentale pour les Grecs: où est la source de rigueur, de précision et de certitude, à laquelle puise l'intelligence humaine quand, à l'occasion des données des sens, elle semble en écarter son regard pour formuler plus aisément des vérités suprêmes? Quelle que soit cette source, c'est en elle que sera l'être véritable, l'être immuable. Or, de Pythagore et de Parménide à Platon, les penseurs grecs laissent entendre sous des formes variées la même réponse : cette source est dans le monde de la raison. Il y a une raison universelle dont participe toute âme humaine. Les impressions matérielles, mobiles et fuyantes nous incitent à élever les regards de notre âme vers cette lumière qui nous éclaire directement, et nous devenons capables de saisir en lui-même le vrai, l'immuable, l'éternel.

Il était naturel que dans ses premiers tâtonnements la réflexion philosophique se refusât à séparer la réalité objective et la claire vision de l'intelligence. Mais cet absolu, dont elle veut recouvrir tout ce que formule la raison, est comme un revêtement extérieur, surajouté aux vérités de la science. Son rôle est de consacrer la valeur de ces vérités; par lui-même, il ne possède aucune qualité spéciale qui influe sur la marche de la pensée. Il reflète simplement, en les fixant en une réalité extérieure, les caractères qu'offre à l'intelligence l'édifice qu'elle construit. C'est en pleine liberté que celle-ci poursuit son idéal de beauté et de vérité : aucune gêne, aucune contrainte ne lui est imposée du dehors. Les réalités se trouvent posées à mesure que sont formulées les vérités rationnelles : elles ne les dominent en aucune façon, elles ne sont que comme un aspect, comme une projection de toutes les vues qui naissent de l'activité intellectuelle de l'esprit. Dans ces conditions, le dogmatisme des philosophes grecs, si éloignés que nous en soyons, ne nous masque aucun trait essentiel à connaître dans la marche de leur pensée spéculative.

Quels sont donc les caractères dominants de cette pensée? Le premier, sans contredit, c'est sa spontanéité. Elle se met en mouvement au contact des choses, mais c'est pour les dépasser, et pour poser un concept général clair et précis, qui, loin d'être un résidu passivement retiré par l'esprit des impressions sensibles, jouera près d'elles au contraire le rôle d'un idéal. Tel est le cas du musicien qui prescrit des nombres fixes aux intervalles de la gamme, ou de l'astronome qui veut trouver, dans des mouvements circulaires convenablement combinés, l'explication des déplacements célestes : tel est, en mathématiques pures, le cas de toutes les notions définies par une série de propriétés intelligibles, auxquelles s'attachera le géomètre, et qui le guideront désormais dans sa marche. Quand l'idée est ainsi posée, et non pas seulement tirée de l'observation courante, est-elle comme une divination anticipée, comme un acompte demandé à l'expérience future? Lorsque le géomètre énonce les caractères fondamentaux de la droite et du plan, lorsqu'il déclare dans ses postulats que la droite peut se prolonger à l'infini dans les deux sens, que le plan est un lieu qui contient tous les points d'une droite, dès qu'il en contient deux, que par un point ne passe qu'une parallèle à une droite donnée ; ou bien quand l'astronome grec veut rendre compte de la position des planètes par des trajectoires exclusivement circulaires, — est-ce pour énoncer des hypothèses provisoires dont on attendra la confirmation de l'expérience? Non, c'est pour formuler des vérités par lesquelles le savant se laissera guider; c'est pour lui donner des prescriptions qui lui montrent le chemin à suivre ; c'est pour désigner dans le champ immense des recherches futures des points lumineux qui éclairent la route.

Qu'entre ces sortes d'idéaux conçus par l'intelligence et les réalités sensibles qui les ont suggérés, il n'y ait pas un lien d'étroite nécessité, qu'ils ne soient pas l'expression adéquate de choses dont la connaissance actuelle ou future peut leur apporter une justification absolument complète, c'est ce dont témoigne suffisamment déjà l'attitude d'un Parménide séparant le domaine de la vérité et celui des apparences; et plus encore celle d'un Platon, demandant à la réminiscence de rendre compte de l'activité spontanée de l'âme.

Est-ce à dire cependant qu'il y ait là comme une série de décrets arbitraires, et que les sciences théoriques se soient constituées comme un jeu fantaisiste de l'esprit? — Non certes. Nous dirons, comme les philosophes grecs, que ces sortes d'impératifs théoriques sont formulés par la raison. Et, en écartant l'absolu que ce mot impliquait à leurs yeux, qu'est-ce donc que la raison, sinon ce pouvoir de notre âme de se tendre vers le vrai, de se dégager de toute circonstance contingente et personnelle, et d'aboutir par les efforts de tout son être à une interprétation des choses si claire, si générale, et en même temps si bien adaptée aux besoins essentiels de notre intelligence, qu'aussitôt exprimée et comprise, elle devienne comme la propriété de tous les hommes? Libre dans son essor, sous la simple incitation des données extérieures, l'esprit va puiser pour ses constructions aux sources les plus intimes de la pensée, de telle sorte que sa spontanéité, loin de le conduire à l'arbitraire, l'amène à satisfaire, dans une large mesure, aux exigences les plus fondamentales de l'intelligence humaine.

Ce qui résulte sans cesse du travail continu et patient de la pensée théorique s'exerçant sur les choses est-il le meilleur possible, le plus capable de nous satisfaire, en attendant l'épreuve des vérifications futures? est-ce ce qu'il y a de plus beau, de plus simple, de plus clair, de plus vrai? Il nous suffit de constater, en laissant de côté cette chimère incompréhensible d'un maximum absolu, que les vérités présentées au nom de la raison se montraient chez les Grecs dans des conditions infiniment favorables à une acceptation universelle. Par là ils ont ouvert naturellement la voie la plus féconde à l'édification de la connaissance rationnelle; et c'est d'ailleurs ce qui apparaît d'une façon manifeste, si nous considérons que, dans ses merveilleux progrès, la science moderne n'a fait que continuer leur œuvre.

Et quoi! dira-t-on, comment songer sérieusement à rapprocher la science moderne de l'ancienne? Platon cherchait la vérité dans des types généraux, idéalement construits; nous la cherchons dans les faits particuliers que nous révèle une rigoureuse expérience. — Il faut s'entendre cependant. Si tout le monde accorde que nous nous appliquons plus patiemment que les anciens à l'examen des faits particuliers, si nous savons nous y arrêter plus longtemps, sans nous croire obligés de les rattacher de sitôt à une théorie générale, si nous sommes devenus à cet égard plus prudents, plus réservés, le modèle de la science parfaite n'est pas différent pour nous de ce qu'il fut pour les philosophes géomètres de la Grèce.

D'une part en effet quand nous parlons avec admiration de l'œuvre d'un érudit qui aura pu établir la réalité de quelque fait historique, ou qui, par exemple, aura déchiffré une inscription, ce qui nous séduit, ce qui nous fait parler du caractère vraiment scientifique de ses recherches, ce n'est pas la nature du fait auquel elles aboutissent, mais bien l'esprit dans lequel elles ont été dirigées. Le philologue ou l'historien ont fait œuvre de savants parce qu'ils ont poursuivi la vérité, c'est-à-dire parce qu'ils ont fait effort pour écarter toute circonstance accidentelle, contingente, qui aurait pu mettre leur intelligence dans un état d'exception, parce qu'ils ont laissé de côté le respect que pouvait leur inspirer telle ou telle autorité, parce qu'ils ont imposé silence à leurs sentiments personnels, à leurs désirs de proclamer telle vérité plutôt que telle autre, et qu'enfin ils n'ont puisé leurs raisons que dans un ordre de faits et d'idées tellement normaux que tout homme, dont l'entendement sera lui-même normal et sain, sera convaincu naturellement par leur simple exposé. L'œuvre qui aboutit à établir un fait particulier est scientifique parce qu'elle émane de ce fond de notre être par lequel nous sommes en communion avec l'universalité de nos semblables, parce qu'elle fait appel exclusivement à ce qui est capable de provoquer sans contrainte l'adhésion de tous, dans tous les lieux et dans tous les temps. L'œuvre est scientifique parce qu'il y jaillit comme une étincelle de vérité idéale au sens qui donne à ces mots la vision des choses *sub specie æterni*.

D'autre part, même dans les parties de la science

moderne, où il semble que le savant ne fasse que classer et décrire, croit-on qu'il manifeste quelque répugnance à l'égard des types idéaux, dont les caractères de fixité et de précision ne laisseraient pas assez de malléabilité aux modifications que prescrira une observation continue ? Croit-on que les définitions empiriques, toujours variables, toujours provisoires, rejettent décidément hors de l'esprit du naturaliste ou du chimiste les idées clairement construites et posées par la raison ? Allez dire à un chimiste que vous avez trouvé du gaz ammoniaque non soluble dans l'eau, et vous verrez quel accueil il fera à votre découverte. C'est impossible ! s'écriera-t-il. — Impossible ? et pourquoi ? sinon parce que cela contredirait une définition posée, parce que la solubilité est une des propriétés qui ont été choisies, comme paraissant essentielles, pour caractériser le gaz ammoniaque ?

Et s'il en est ainsi dans les parties du domaine scientifique qui semblent dépasser à peine les limites d'une modeste observation, que sera-ce si nous nous transportons aux sommets de la science spéculative ? Qu'il s'agisse de géométrie, d'analyse, d'optique, de thermodynamique, de mécanique céleste, les savants modernes nous apparaissent comme continuant les efforts des géomètres grecs ; les conceptions, suggérées par les faits qu'une longue expérience accumule sans cesse, sont issues, dans leur forme précise et féconde, du même fonds d'intelligence humaine que les notions théoriques de la science hellène ; elles naissent de la même source de clar*é* l'intelligibilité universelle ; elles sont de la même ... ère l'œuvre de la raison.

Que l'on songe, par exemple, à la grande loi de la gravitation, l'un des principes désormais fondamentaux de la mécanique céleste. Les observations des astronomes relatives aux planètes ont trouvé dans les énoncés de Kepler une expression très simple. Le concept de l'ellipse, jadis posé et étudié par les géomètres grecs, a permis de relier entre elles toutes les positions d'une même planète. Le choix de la rotation diurne pour type de mouvement uniforme a permis de formuler la loi des aires. Les principes posés pour définir et mesurer la force ont abouti tout naturellement à l'affirmation d'une force centrale, émanant du soleil et s'exerçant sur chaque planète. Et enfin la traduction nouvelle des relations de Kepler dans le système des concepts qui ont servi à fonder la dynamique rationnelle a conduit à l'énoncé de la loi de Newton, d'abord pour les planètes, tournant autour du soleil, puis pour la lune, satellite de la terre, et plus généralement pour tous les corps situés à la surface de la terre, puis enfin pour tous les éléments de matière répandus dans l'univers. Les théories et les conceptions que le savant a cru devoir poser pour aboutir à ce magnifique résultat sont innombrables. Ce sont d'abord toutes celles qui constituent la géométrie elle-même ; puis celles qui permettent d'indiquer avec précision la position d'un astre dans le ciel, et qui se rattachent soit à la réfraction atmosphérique, soit à la marche de la lumière dans un milieu homogène, soit à la construction ou au maniement d'instruments fort compliqués, soit à la mesure des durées ; puis enfin sont venues les notions cinématiques de vitesse et d'accélération, auxquelles se sont ajoutées celles de masse et de force. C'est à travers ce tissu si complexe d'idées, successivement adoptées, successivement posées, que l'esprit humain est parvenu à une loi, dont les qualités sont à ses yeux suffisantes pour justifier toutes ses démarches antérieures, depuis les premiers tâtonnements des géomètres grecs jusqu'à la constitution de l'astronomie moderne. Et qu'est-ce qui fait donc la valeur de la formule newtonienne ? C'est d'abord évidemment que, traduisant une foule innombrable de phénomènes passés, elle s'appliquera à l'avenir. C'est aussi sa clarté, sa précision, son degré extrême de simplicité, de commodité, l'aisance avec laquelle elle permet à l'esprit d'embrasser une infinité de choses, la joie qu'elle nous donne à fondre dans l'unité d'une vision de notre intelligence une multiplicité effrayante d'éléments divers. Il est difficile d'analyser tous les caractères par lesquels elle nous séduit et nous convainc ; mais une chose est certaine, c'est l'accueil que lui fera tout homme assez instruit pour la comprendre. Dans tous les pays où s'enseignent les mathématiques, la physique, l'astronomie, la loi de la gravitation sera proclamée avec une complète adhésion, avec une foi entière dans le progrès intellectuel qu'elle nous fait réaliser. Comme la série des conceptions qui l'ont préparée, elle porte en elle-même ce cachet spécial que donne la raison à tout idéal qu'elle formule, qui revêt à la fois plusieurs aspects, logique, esthétique, pratique, et qui vient de ce fond de l'âme qui nous est commun avec nos semblables. Elle est l'œuvre de la raison en ce sens que l'esprit qui l'énonce a le sentiment très net que par ses caractères de simplicité, de clarté et d'applicabilité aux choses, elle répond aux aspirations les plus universelles de l'intelligence humaine. Elle est l'œuvre de la raison, parce que les notions, les principes, les définitions d'où elle est déduite sont nés du libre essor de la pensée qui a instinctivement jugé leur valeur et leur fécondité, s'aidant du concours de tout ce qui fait son essence profonde. Et c'est enfin parce cet ensemble harmonieux de conceptions est spontanément sorti de l'esprit qui les a formulées, sous la suggestion des faits, c'est parce qu'il a été dans une certaine mesure comme un épanouissement normal de l'intelligence, qu'il pénètre librement aussi, sans contrainte, et comme appelé par elle, dans toute âme qui s'y est tant soit peu préparée,

Ainsi la marche de la raison édifiant la science théorique n'a pas changé de caractère depuis les Grecs du temps de Pythagore ou de Platon. Les mêmes qualités qui faisaient de leur *sphérique* et de leurs combinaisons de trajectoires circulaires des conceptions scientifiques, où l'esprit humain devait trouver pendant de longs siècles l'explication des mouvements planétaires, font depuis deux cents ans la légitimité, la valeur intrinsèque des principes qui servent de base à la mécanique céleste. Qu'on ne se hâte pas d'ailleurs de déclarer l'exemple mal choisi sous prétexte qu'une erreur a été corrigée, et que le mouvement de la terre a remplacé celui du monde. A *priori*, il n'était nullement évident que la science théorique des mouvements célestes ne trouverait pas son expression la plus simple, la plus claire, la plus commode et la plus utile, dans l'étude des mouvements apparents. Ce qui est vrai, et ce qui est un bonheur merveilleux pour la raison humaine, c'est que par son activité spontanée et toujours féconde, sans attendre les lumières de la pensée moderne, elle ait pu s'exercer dès longtemps à formuler des lois précises et claires pour la marche des corps célestes. Et aujourd'hui, en présence des dernières conquêtes, le sentiment de tout ce qu'il y a d'effort créateur dans l'œuvre de l'intelligence énonçant sous leur forme actuelle les vérités de la science théorique, ne s'accompagne-t-il pas de la vision lointaine d'un progrès toujours nouveau, toujours inattendu, dans le perfectionnement indéfini de ces vérités?

D'ailleurs, si nous sommes restés dans ces considérations générales, sur le terrain de la science pure, c'est que la démarche de la pensée y est plus manifestement saisissable. Mais dans tout autre domaine, social ou moral, la raison n'a pas une allure différente. C'est avec la même spontanéité, avec le même flair de la valeur intelligible et pratique de ses conceptions, avec le même sens de leur capacité expansive, avec le même souci de puiser aux sources profondes de notre être, à celles par où nous nous devinons le plus près possible du reste de l'humanité, que notre âme pose et perfectionne sans cesse, en des principes directeurs de la conscience individuelle et sociale, son idéal de fraternité, de charité et de justice.

C'est ainsi, par exemple, que la pensée moderne proclame la liberté de conscience, et l'inviolabilité de la personne humaine. Tous les hommes, dit-elle, participent également de cette lumière naturelle à laquelle s'éclairent les grandes notions de vérité, de beauté, de justice ; tous ont un droit égal à la vie et à la pensée. Et, par leur nature même, par la source intime dont ils émanent, par la force d'expansion universelle dont ils sont doués, ces principes s'imposent avec d'autant plus de ténacité qu'ils s'offrent sans contrainte, qu'ils s'adaptent normalement à la raison de tous. Dans les pays civilisés, et en dépit des apparences, les hommes proclament le devoir de tolérance avec autant de tranquillité qu'ils énoncent les lois de la science théorique : c'est de la même façon, dans le même accord, qu'ils veulent s'y attacher comme à un idéal directeur.

En formulant ces postulats, en les dégageant d'une réflexion qui a mûri au contact d'une longue expérience, la raison est loin de s'opposer au sentiment, à l'amour ; elle en est inséparable au contraire. Comme nous avons mis en évidence, dans un autre domaine, des éléments esthétiques qui s'associaient aux clartés de la pensée logique, il y a dans ce fond de nous-mêmes d'où les notions sortent toutes prêtes à s'universaliser, un mélange complexe de sentiments et d'idées pures, par lequel les principes moraux se relient à la vie intime de l'humanité, et la font participer, dans toutes les réalités profondes, au perfectionnement sans limite qui caractérise la marche de la raison. C'est ainsi que d'une part une direction de plus en plus morale et pratique est donnée, par les postulats rationnels, à l'amour, qui se dégage des religions comme une force sublime mais aveugle ; et c'est ainsi d'autre part que la notion même du divin se transforme et s'épure ; que nous nous éloignons sans cesse de cette conception anthropomorphique d'un Dieu qui aime, mais aussi qui châtie jusqu'à infliger des peines éternelles ; d'un Dieu qui prend parti dans les haines fratricides, d'un

Dieu des batailles, à qui ses prêtres demandent l'extermination de leurs ennemis, ou qu'on glorifie pour le mal qu'il a permis qu'on leur fît ; d'un Dieu préoccupé des hommages qui lui sont dus et de la forme matérielle dans laquelle on les lui rend. Ces vestiges de l'ancienne conception de la divinité ne résisteront pas à la poussée de la raison qui veut un idéal plus pur de justice et d'amour, sauf à détrôner celui qui reste trop encore le Roi du ciel, et à l'honorer dans cette lumière éternelle qui brille au fond de chacun de nous, nous guidant vers une perfection toujours plus achevée.

Dans la suite ascendante de principes et de notions que pose l'intelligence humaine, la question de leur vérité prend une signification qu'il faut comprendre. Que l'on envisage les définitions d'ordre mathématique ou physique, ou qu'il s'agisse des postulats proclamés indispensables à la vie morale des sociétés, la marche progressive de la pensée peut se poursuivre indéfiniment sans qu'elle ait à se contredire, au véritable sens du mot. Les conceptions succèdent aux conceptions, pour les améliorer, pour les perfectionner. Chacune d'elles est comme un échelon, sur lequel, après un tâtonnement plus ou moins long, on veut s'appuyer ensemble pour monter plus haut. Elles ne sont jamais fausses, car à tout moment elles sont posées comme répondant à des exigences universelles de l'esprit humain, et comme préparant le mieux le progrès à venir par la traduction idéale qu'elles donnent de l'expérience passée. C'est pourquoi, quand elles sont modifiées, elles ne disparaissent pas complètement, quelque chose reste de chacune d'elles, à savoir ce qu'elle contenait d'essentiel, ce qui explique qu'elle ait été suggérée à la raison, et qu'elle ait pu être utile et féconde. D'une façon générale, elles se précisent et se complètent en se succédant : et peu à peu s'élève un édifice intellectuel et moral qui grandit et s'élargit en même temps, où chaque idée nouvelle vient trouver sa place, mais où elle fixe ce qu'elle comporte d'essentiel, laissant flotter, à la surface de la construction toujours inachevée, une infinité d'éléments qui offrent aux déterminations futures la part que la raison humaine en voudra consolider : et c'est de la sorte que celle-ci continue indéfiniment son œuvre.

Si elle rencontre des obstacles sur sa route, ils viendront de ceux qui risqueront de ralentir ou de détourner son élan naturel en voulant lui imposer une direction déterminée au nom de quelque absolu d'inspiration scientifique ou religieuse.

Les uns, comme Aug. Comte, pour accorder une réalité trop objective à toute conception qui pénètre dans le champ de la science théorique, sont conduits à multiplier leurs exigences de positivité, au point d'accueillir très peu d'idées nouvelles, d'alourdir incessamment la démarche de l'esprit, et de croire trop aisément achevée l'œuvre qu'il peut accomplir. Moins préoccupés d'assurer à la pensée un progrès indéfini que d'exalter les vérités qu'elle a déjà énoncées, ils songent volontiers à tirer d'elles des principes définitifs d'organisation sociale ; et le caractère réaliste dont ils revêtent ces vérités les autorise inconsciemment à placer l'intelligence humaine sous la tyrannie la plus dangereuse qui soit, celle qui semble se légitimer par le simple respect dû à la science.

Les autres, frappés au contraire de toute la part qui revient à l'esprit dans les formules de la science théorique, et en même temps avides d'un absolu métaphysique qui échapperait à toute relativité de langage et de pensée, se hâtent trop de proclamer l'impuissance de la raison. Impuissante la raison, parce qu'elle ne trouve qu'un langage humain pour exprimer la vie de l'univers ? impuissante, parce que sur chaque point elle se sent capable d'une multiplicité indéfinie de conceptions, parmi lesquelles elle fait naître en toute liberté celle qu'elle juge la meilleure, la plus près d'être universellement adoptée, la plus simple, la plus belle, la plus claire? impuissante, parce que, au lieu d'attendre de pouvoir découvrir telle réalité extérieure, le jour où les circonstances finiraient par se montrer suffisamment favorables, elle peut toujours créer elle-même une vérité qui sans cesse se complète et se perfectionne? impuissante, parce que, en énonçant les lois les plus merveilleuses, elle se reconnaît le droit de n'y voir jamais qu'une sorte de marchepied pour s'élever à des merveilles plus admirables encore?

Et puis, si le langage de la raison est jugé imparfait, n'est-il pas du moins le seul qui soit compris à la fois de l'universalité du genre humain? Qu'on nous montre quelque part des hommes qui n'accueillent pas les postulats de la géométrie, les principes de la dynamique, les lois de la mécanique céleste, les postulats fondamentaux de la physique mathématique! Qu'on nous montre un peuple civilisé osant déclarer que la liberté de conscience est un mal, ou osant maintenir désormais l'esclavage!

Certes le sentiment religieux peut lui aussi être invoqué comme un élément de ce fonds complexe qui définit l'âme humaine, et par lequel nous sommes tous semblables; mais à la condition de ne se traduire par aucun dogme spécial: aussitôt qu'il passe de l'état de tendance vague et obscure à celui de croyance précise et ferme, il se revêt d'un caractère trop particulier et ne peut plus servir à une communion de tous les esprits. Rêver pour le genre humain l'unité de foi religieuse, quel que soit le minimum de croyance auquel on s'attache dogmatiquement, et quelle que puisse être aussi la noblesse de l'intention qui y conduit, c'est, disons-le franchement, demander aux hommes d'étouffer en eux ce qui apparaît comme l'une des plus hautes marques de leur dignité, la liberté d'examen ou la sincérité.

Nous ne connaissons encore qu'une unité qui s'établisse entre tous les esprits, c'est celle qui se fait par la raison, de quelque façon qu'il faille juger son œuvre. L'usage veut que le terme d'individualisme caractérise l'attitude de celui qui l'invoque, et quelques-uns, dupes des mots, y ont vu la preuve qu'elle conduit à l'anarchie intellectuelle et morale. Sa marche heureusement ne dépend pas de semblables interprétations, et, par la seule force d'expansion qu'elle tire de sa nature propre, elle poursuit son œuvre d'universalité, se jouant de tous les obstacles. Il reste toujours vrai, depuis le temps où avec les Grecs d'Ionie est née la liberté de penser, que s'adresser spontanément à sa raison, c'est pour chacun de nous s'efforcer d'évoquer l'âme même de l'humanité.

TABLE DES MATIÈRES

	Pages.
INTRODUCTION GÉNÉRALE : Mathématique et Philosophie.	1

LIVRE PREMIER. — Les prédécesseurs de Platon.

INTRODUCTION.	51
CHAPITRE PREMIER. — Les premiers Ioniens.	60
CHAP. II. — Les Pythagoriciens.	79
CHAP. III. — Les Éléates.	123
CHAP. IV. — Anaxagore et Démocrite.	141

LIVRE SECOND. — Platon.

INTRODUCTION. — La Géométrie au temps de Platon.	157
QUESTIONS PRÉLIMINAIRES : les écrits de Platon ; l'enseignement oral ; la tradition platonicienne.	185
CHAPITRE PREMIER. — Dogmatisme.	201
CHAP. II. — Idéalisme. — La connaissance.	222
CHAP. III. — Idéalisme (suite). — L'être.	257
CHAP. IV. — Mécanisme et Pythagorisme. — La Physique.	288
CHAP. V. — Synthétisme. — La participation ; le vrai problème de l'un et du multiple ; les Idées-Nombres.	327
CONCLUSION.	367

FÉLIX ALCAN, ÉDITEUR
108, BOULEVARD SAINT-GERMAIN, PARIS

OCTOBRE 1899

BIBLIOTHÈQUE
DE
PHILOSOPHIE CONTEMPORAINE

Liste des ouvrages par ordre de matières

Anthropologie criminelle	1	Philosophie scientifique	8
Esthétique	2	Psychologie expérimentale	9
Histoire et Systèmes philosophiques	3	Psychologie générale	10
Logique	5	Psychologie infantile. — Éducation	12
Métaphysique	5	Psychologie pathologique	13
Morale	6	Science sociale	13
Philosophie religieuse	7	Varia	15
Revue philosophique			16

ANTHROPOLOGIE CRIMINELLE

AUBRY (le D' Paul). — **La contagion du meurtre.** 1896, 3ᵉ édit. 1 vol. in-8, préface de M. le docteur CORRE.................................... 5 fr.

FERÉ (Ch.), médecin de Bicêtre. — **Dégénérescence et criminalité.** 2ᵉ éd., 1895. 1 vol. in-18 avec 21 graphiques................................ 2 fr. 50

FERRI (E.), professeur à l'Université de Rome. — **Les Criminels dans l'art et la littérature.** 1897. 1 vol. in-18.................................... 2 fr. 50

FLEURY (D' M. de). — **L'Ame du Criminel.** 1899. 1 vol in-18....... 2 fr. 50

GAROFALO, conseiller à la cour d'appel et professeur agrégé à l'Université de Naples. — **La criminologie.** 1 vol. in-8, 4ᵉ édit., 1895......... 7 fr. 50

LOMBROSO (Cesare), professeur à l'Université de Turin. — **Nouvelles recherches de psychiatrie et d'anthropologie criminelle.** 1892. 1 vol. in-18.. 2 fr. 50

— **Les applications de l'anthropologie criminelle.** 1892. 1 vol. in-18. 2 fr. 50

— **L'anthropologie criminelle et ses récents progrès.** 1 vol. in-18, 3ᵉ édit., 1896.. 2 fr. 50

— **L'homme criminel** (*criminel-né fou-moral, épileptique*). 2ᵉ édit., 1895. 2 vol. in-8 avec atlas.. 36 fr.

LOMBROSO et FERRERO. — **La Femme criminelle et la Prostituée.** 1 vol. in-8, avec 13 planches hors texte, 1896.............................. 15 fr.

LOMBROSO et LASCHI. — **Le Crime politique et les Révolutions.** 2 vol. in-8 avec planches hors texte, 1892................................... 15 fr.

PROAL (Louis), président à la cour d'appel de Riom, lauréat de l'Institut. —
La criminalité politique. 1895. 1 vol. in-8...................... 5 fr.
— Le crime et la peine. 3ᵉ édit., 1899. 1 vol. in-8............... 10 fr.
SIGHELE. — La foule criminelle. 1892. 1 vol. in-18................ 2 fr. 50
TARDE (G.). — La criminalité comparée. 4ᵉ édit., 1898. 1 vol. in-18. 2 fr. 50

ESTHÉTIQUE

ARRÉAT (Lucien). — La morale dans le drame. 2ᵉ éd., 1889. 1 vol. in-18. 2 fr. 50
— La psychologie du peintre. 1892. 1 vol. in-8.................... 5 fr.
— Mémoire et imagination (*Peintres, Musiciens, Poètes, Orateurs*). 1895.
1 vol. in-18.. 2 fr. 50
BOUTMY (E.), de l'Institut. — Philosophie de l'architecture en Grèce.
1870. 1 vol. in-18, papier vélin................................ 5 fr.
DAURIAC (L.), professeur à l'Université de Montpellier. — La psychologie
dans l'opéra français (Auber, Rossini, Meyerber). 1897. 1 vol. in-18. 2 fr. 50
FIERENS-GEVAERT. — Essais sur l'art contemporain. 1 v. in-18. 1897. 2 fr. 50
GAUCKLER (Ph.). — Le beau et son histoire. 1873. 1 vol. in-18... 2 fr. 50
GUYAU. — Les problèmes de l'esthétique contemporaine. 1884. 1 v. in-8. 5 fr.
— L'art au point de vue sociologique. 2ᵉ éd., 1895. 1 vol. in-8 7 fr. 50
HIRTH. — Physiologie de l'art. 1892. 1 vol in-8, traduit de l'allemand par
L. Arréat.. 5 fr.
JAELL (Mme Marie). — La musique et la psycho-physiologie. 1896. 1 vol.
in-18... 2 fr. 50
LAUGEL (Aug.). — L'optique et les arts 1869. 1 vol. in-18......... 2 fr. 50
LÉVÊQUE (Ch.), de l'Institut. — Le spiritualisme dans l'art. 1864. 1 vol.
in-18... 2 fr. 50
LICHTENBERGER (H.), professeur à la Faculté des lettres de Nancy. — Richard
Wagner, poète et penseur. 2ᵒ éd., 1899. 1 vol. in-8............. 10 fr.
MARGUERY (E.). — L'œuvre d'art et l'évolution. 1899. 1 vol. in-18. 2 fr. 50
PÉRÈS (Jean), agrégé de philosophie, docteur ès lettres. — L'Art et le Réel.
Essai de métaphysique fondée sur l'esthétique. 1898. 1 vol. in-8. 3 fr. 75
PILO (Mario), professeur au lycée Tiziano de Bellune. — La psychologie du
beau et de l'art, traduit de l'italien par Auguste Dietrich. 1895. 1 vol.
in-18... 2 fr. 50
RICARDOU, docteur ès lettres, professeur au lycée Charlemagne. — De
l'idéal, *étude philosophique.* 1891. 1 vol. in-8................ 5 fr.
SÉAILLES (G.), professeur à la Faculté des lettres de Paris. — Essai sur le
génie dans l'art. 2ᵉ édit., 1897. 1 vol. in-8.................... 5 fr.
SELDEN (Camille). — La musique en Allemagne, *étude sur Mendelssohn*
1867. 1 vol in-18... 2 fr. 50
SOURIAU, professeur à la Faculté des lettres de Nancy. — L'esthétique du
mouvement. 1889. 1 vol. in-8.................................... 5 fr.
— La suggestion dans l'art. 1892. 1 vol. in-8..................... 5 fr.
STRICKER (S.). — Du langage et de la musique, *études psychologiques*,
trad. de l'allem. par Schwiedland. 1885. 1 vol. in-18........... 2 fr. 50
TAINE, de l'Académie française. — Philosophie de l'art dans les Pays-Bas.
2ᵉ édit., 1883. 1 vol. in-18..................................... 2 fr. 50

HISTOIRE ET SYSTÈMES PHILOSOPHIQUES

ADAM (Ch.), recteur de l'Académie de Dijon. — **La philosophie en France** (*première moitié du XIXᵉ siècle*). 1894. 1 vol. in-8.................. 7 fr. 50
ALAUX, professeur à la Faculté des lettres d'Alger. — **Philosophie de M. Cousin.** 1864. 1 vol. in-18....................... 2 fr. 50
ALLIER (Raoul), agrégé de philosophie. — **La philosophie d'Ernest Renan.** 1895. 1 vol. in-18............................. 2 fr. 50
BEAUSSIRE (Emile), de l'Institut. — **Antécédents de l'hégélianisme dans la philosophie française.** 1865. 1 vol. in-18................... 2 fr. 50
BOUTROUX (G.), de l'Institut, professeur à la Faculté des lettres de Paris. — **Études d'histoire de la philosophie.** 1897. 1 vol. in-8........ 7 fr. 50
BRUNSCHWICG (E.), professeur au lycée de Rouen. — **Spinoza.** 1894. 1 vol. in-8... 3 fr. 75
CHALLEMEL-LACOUR, de l'Académie française. — **La philosophie individualiste**, étude sur Guillaume de Humboldt. 1864. 1 vol. in-18.... 2 fr. 50
COLLINS (H.). — **Résumé de la philosophie de Herbert Spencer**, avec préface de Herbert Spencer, traduit de l'anglais par H. de Varigny. 1 vol in-8, 2ᵉ éd., 1895.................................. 10 fr.
DEWAULE, docteur ès lettres. — **Condillac et la psychologie anglaise.** 1892. 1 vol. in-8..................................... 5 fr.
FERRI, professeur à l'université de Rome. — **Histoire critique de la psychologie de l'association, depuis Hobbes jusqu'à nos jours**, 1883. 1 v. in-8. 7 fr. 50
FLINT, professeur à l'université d'Edimbourg. — **La philosophie de l'histoire en Allemagne**, trad de l'anglais par Ludovic Carrau. 1878. 1 vol. in-8 7 fr. 50
FOUILLÉE (Alf.), de l'Institut. — **La morale, l'art et la religion d'après M. Guyau.** 2ᵉ éd., 1893. 1 vol. in-8....................... 3 fr. 75
— **Le mouvement idéaliste et la réaction contre la science positive.** 1896. 1 vol. in-8... 7 fr. 50
— **Le mouvement positiviste et la conception sociologique du monde.** 1896. 1 vol. in-8.. 7 fr. 50
FRANCK (Ad.), de l'Institut. — **La philosophie mystique en France au XVIIIᵉ siècle.** 1866. 1 vol. in-18...................... 2 fr. 50
HUXLEY, de la Société royale de Londres. — **Hume, sa vie, sa philosophie**, trad. de l'anglais et précédé d'une introduction par G. Compayré, recteur de l'Académie de Lyon. 1880. 1 vol. in-8................. 5 fr.
JANET (P.), de l'Institut. — **Saint-Simon et le saint-simonisme**, 1878. 1 vol. in-18... 2 fr. 50
— **La philosophie de Lamennais.** 1890. 1 vol. in-18........... 2 fr. 50
— **Victor Cousin et son œuvre**, 1 vol. in-8, 2ᵉ éd., 1893......... 7 fr. 50
LEMOINE (Albert), maître de conférences à l'École normale supérieure. — **Le vitalisme et l'animisme.** 1864. 1 vol. in-18........... 2 fr. 50
LEVY-BRUHL (L.), maître de conférences à la Faculté des lettres de Paris. — **La philosophie de Jacobi.** 1894. 1 vol. in-8.............. 5 fr.
LIARD, de l'Institut, directeur de l'enseignement supérieur au Ministère de l'Instruction publique. — **Descartes.** 1882. 1 vol. in-8........ 5 fr.
LICHTENBERGER (H.), professeur à la Faculté des lettres de Nancy. — **La philosophie de Nietzsche.** 4ᵉ éd., 1899. 1 vol. in-18........ 2 fr. 50

LICHTENBERGER (H.) (suite). — Aphorismes et fragments choisis de Nietzsche. 1899. 1 vol. in-18.................................... 2 fr. 50
LYON (Georges), maître de conférences à l'École normale supérieure. — **L'idéalisme en Angleterre au XVIII° siècle.** 1888. 1 fort vol. in-8. 7 fr. 50
— **La philosophie de Hobbes.** 1893. 1 vol. in-18.................. 2 fr. 50
MARIANO. — La philosophie contemporaine en Italie, essais de philosophie hégélienne. 1868. 1 vol. in-18.................................. 2 fr. 50
MARION (H.), professeur à la Faculté des lettres de Paris. — **Locke, sa vie et ses œuvres.**, 2ᵉ édit., 1893. 1 vol. in-18.................... 2 fr. 50
OLDENBERG (H.), professeur à l'Université de Kiel. — **Le Bouddha, sa vie, sa doctrine, sa communauté.** Trad. de l'allemand par P. Foucher, avec préface de Sylvain Lévi, professeur au Collège de France. 1894. 1 vol. in-8. 7 fr. 50
OSSIP-LOURIE. — La philosophie de Tolstoï. 1899. 1 vol. in-18.... 2 fr. 50
— **Pensées de Tolstoï.** 1899. 1 vol. in-18......................... 2 fr. 50
PAULHAN (F.). — Joseph de Maistre et sa philosophie. 1893. 1 vol. in-18... 2 fr. 50
PICAVET, docteur ès lettres, professeur au collège Rollin. — **Les idéologues.** 1891. 1 vol. in-8.. 10 fr.
PILLON (F.). — L'année philosophique. 9 années parues (1890, 1891, 1892, 1893 (*épuisée*), 1894, 1895, 1896, 1897, 1898). Vol. in-8, chaque année. 5 fr.

1ʳᵉ Année (1890) — Renouvier : De l'accord de la méthode phénoméniste avec les doctrines de la création et de la réalité de la nature. — F. Pillon : La première preuve cartésienne de l'existence de Dieu et la critique de l'infini. — L. Dauriac : Philosophes contemporains : M. Guyau. — F. Pillon : Bibliographie philosophique française de l'année 1890.

2ᵉ Année (1891). — Renouvier : La philosophie de la règle et du compas. Théorie logique du jugement dans ses applications aux idées géométriques et à la méthode des géomètres — F. Pillon : L'évolution historique de l'atomisme — L. Dauriac : Du positivisme en psychologie à propos des « Principes de psychologie » de W. James. — F. Pillon : Bibliographie philosophique française de l'année 1891.

3ᵉ Année (1892). — Renouvier : Schopenhauer et la métaphysique du pessimisme. — L. Dauriac : Nature de l'émotion. — F. Pillon : L'évolution historique de l'idéalisme, de Démocrite à Locke. — Bibliographie philosophique française de l'année 1892.

4ᵉ Année (1893). — (*Épuisée*).

5ᵉ Année (1894). — Renouvier : Étude philosophique sur la doctrine de saint Paul. — L. Dauriac : Le phénomène neutre. — F. Pillon : L'évolution de l'idéalisme au xviiiᵉ siècle Spinozisme et Malebranchisme. — Bibliographie philosophique française de l'année 1894.

6ᵉ Année (1895). — Renouvier : Doute ou croyance. — L Dauriac : Pour la philosophie de la contingence Réponse à M. Fouillée. — F. Pillon : L'évolution de l'idéalisme au xviiiᵉ siècle L'idéalisme de Lanion et le scepticisme de Bayle. — Bibliographie philosophique française de l'année 1895.

7ᵉ Année (1896). — Renouvier : Les catégories de la Raison et la métaphysique de l'Absolu. — L Dauriac : La doctrine et la méthode de J. Lachelier. — F. Pillon : L'évolution de l'idéalisme au xviiiᵉ siècle : La critique de Bayle. — Bibliographie philosophique française de l'année 1896.

8ᵉ Année (1897). — Renouvier : De l'idée de Dieu. — L. Dauriac : La philosophie de M. Paul Janet — F. Pillon : La critique de Bayle : critique de l'atomisme épicurien. — Bibliographie philosophique française de l'année 1897.

9ᵉ Année (1898). — Renouvier : Du principe de la relativité. — O. Hamelin : La philosophie analytique de l'histoire de M. Renouvier. — L. Dauriac : L'esthétique criticiste. — F. Pillon : La critique de Bayle : critique du panthéisme spinoziste. — Bibliographie philosophique française de l'année 1898.

PILLON (F.), directeur de l'*Année philosophique*. — **La philosophie de Charles Secrétan.** 1898. 1 vol. in-12.................................. 2 fr. 50

RIBOT (Th.), professeur au Collège de France. — **La philosophie de Schopenhauer.** 6ᵉ édit., 1897. 1 vol. in-18.. 2 fr. 50
— **La psychologie anglaise contemporaine.** 5ᵉ édit. 1893. 1 vol. in-8. 7 fr. 50
— **La psychologie allemande contemporaine** (école expérimentale). 4ᵉ edit., 1892. 1 vol. in-8... 7 fr. 50
ROBERTY (E. de). — **L'ancienne et la nouvelle philosophie.** 1887. 1 vol. in-8.. 7 fr. 50
— **Auguste Comte et Herbert Spencer,** *contribution à l'histoire des idées philosophiques au XIXᵉ siècle.* 1894, 1 vol. in-18..................... 2 fr. 50
STUART MILL — **Mes mémoires,** *histoire de ma vie et de mes idées,* traduit de l'anglais par M. Cazelles. 2ᵉ edit., 1885. 1 vol. in-8............ 5 fr.
— **Auguste Comte et la philosophie positive.** 6ᵉ édit., 1898. 1 vol. in-18. 2 fr. 50
ZELLER. — **Christian Baur et l'École de Tubingue,** trad. de l'allemand par M. Ch. Ritter. 1883. 1 vol. in-18................................. 2 fr. 50

LOGIQUE

BAIN (Alex.), professeur à l'Université d'Aberdeen (Écosse). — **La logique inductive et déductive,** traduit de l'anglais par G. Compayré. 2ᵉ édit., 1881. 2 vol. in-8.. 20 fr.
BROCHARD (V.), professeur à la Faculté des lettres de Paris. — **De l'erreur.** 1 vol. in-8, 2ᵉ edit., 1897... 5 fr.
BRUNSCHVICG (L.), docteur ès lettres. — **La Modalité du jugement.** 1897. 1 vol. in-8... 5 fr.
LACHELIER, de l'Institut, inspecteur général de l'Instruction publique. — **Du fondement de l'induction,** suivi de *Psychologie et Métaphysique,* 3ᵉ éd., 1898. 1 vol. in-18... 2 fr. 50
LIARD, de l'Institut, directeur de l'enseignement supérieur au ministère de l'Instruction publique. — **Les logiciens anglais contemporains.** 3ᵉ édit., 1890, 1 vol. in-18... 2 fr. 50
MILHAUD (G.), professeur à la Faculté des lettres de Montpellier. — **Essai sur les conditions et les limites de la certitude logique.** 1898. 2ᵉ ed. 1 vol. in-18... 2 fr. 50.
— **Le Rationel.** 1898. 1 vol. in-18.................................... 2 fr. 50
REGNAUD (P.), professeur à la Faculté des lettres de Lyon. — **Précis de logique évolutionniste.** — *L'entendement dans ses rapports avec le langage.* 1897. 1 vol. in-18.. 2 fr. 50
STUART MILL. — **Système de logique déductive et inductive,** traduit de l'anglais par M. Louis Peisse. 4ᵉ édit., 1896. 2 vol. in-8............ 20 fr.

MÉTAPHYSIQUE

BARTHÉLEMY-SAINT-HILAIRE, de l'Institut. — **De la métaphysique.** 1879. 1 vol. in-18... 2 fr. 50
BERGSON, maître de conférences à l'École normale supérieure. — **Sur les données immédiates de la conscience.** 1898, 2ᵉ éd. 1 vol. in-8.... 3 fr. 75
— **Matière et mémoire,** *essai sur le rapport du corps à l'esprit.* 1897. 1 vol. in-8... 5 fr.

CARUS (P.). — **Le problème de la conscience du moi.** 1893. 1 vol. in-18, traduit de l'anglais par A. Monod.................................. 2 fr. 50
CONTA (Basile). — **Le fondement de la métaphysique**, traduit du roumain par M. Tescanu. 1890. 1 vol. in-18................................. 2 fr. 50
FONSEGRIVE, professeur au lycée Buffon. — **La causalité efficiente.** 1893. 1 vol. in-12.. 2 fr. 50
— **Essai sur le libre arbitre.** *Théorie, histoire.* 2ᵉ éd., 1896. 1 vol. in-8. 10 fr.
FOUILLÉE (Alf.), de l'Institut. — **L'avenir de la métaphysique fondée sur l'expérience.** 1889. 1 vol. in-8.............................. 5 fr.
— **La liberté et le déterminisme.** 9ᵉ édit., 1895. 1 vol. in-8....... 7 fr. 50
JAURÈS, ancien professeur à la Faculté des lettres de Toulouse. — **De la réalité du monde sensible.** 1892. 1 vol. in-8.................. 7 fr. 50
LAUGEL (Aug.). — **Les problèmes de la vie.** 1867. 1 vol. in-18.... 2 fr. 50
— **Les problèmes de l'âme.** 1868. 1 vol. in-18.................... 2 fr. 50
LIARD (L.), de l'Institut, directeur de l'enseignement supérieur au Ministère de l'Instruction publique. — **La Science positive et la Métaphysique.** 4ᵉ édit., 1898. 1 vol. in-8.................................... 7 fr. 50
PIAT (Abbé C.), professeur à l'école des Carmes. — **Destinée de l'homme.** 1898. 1 vol. in-8... 5 fr.
SCHOPENHAUER. — **Le libre arbitre**, traduit par M. S. Reinach. 7ᵉ édit., 1896. 1 vol. in-18.. 2 fr. 50
SPENCER (Herbert). — **Premiers principes**, trad. par M. Cazelles. 8ᵉ édit., 1897. 1 vol. in-8... 10 fr.
THOUVEREZ (Émile), chargé d'un cours à la Faculté des lettres de Toulouse. — **Le réalisme métaphysique.** 1896. 1 vol. in-8.............. 5 fr.

MORALE

ARRÉAT (Lucien). — **La morale dans le drame.** 2ᵉ éd., 1889. 1 vol. in-18. 2 fr. 50
BERSOT (Ernest), de l'Institut. — **Libre philosophie.** 1868. 1 vol. in-18... 2 fr. 50
CHABOT (Ch.), professeur adjoint à la Faculté des lettres de Lyon. — **Nature et Moralité.** 1896. 1 vol. in-8................................. 5 fr.
CRESSON (A.), professeur agrégé de l'Université. — **La Morale de Kant.** — Étude critique. 1897. 1 vol. in-18............................... 2 fr. 50
DELBOS (Victor), professeur de philosophie au lycée Henri IV. — **Le problème moral dans la philosophie de Spinoza et dans l'histoire du spinozisme.** 1893. 1 vol. in-8.................................. 10 fr.
FOUILLÉE (Alf.), de l'Institut. — **Critique des systèmes de morale contemporains.** 1899. 1 vol. in-8, 4ᵉ édit....................... 7 fr. 50
FULLIQUET (G.), docteur ès sciences, licencié en théologie. — **Essai sur l'obligation morale.** 1898. 1 vol. in-8.................... 7 fr. 50
GUYAU. — **La morale anglaise contemporaine.** 3ᵉ édit., augmentée. 1895. 1 fort vol. in-8... 7 fr. 50
— **Esquisse d'une morale sans obligation ni sanction.** 1896, 4ᵉ édit. 1 vol. in-8... 5 fr.
HERCKENRATH (C.F.), professeur au lycée de Groningue (Hollande). — **Problèmes d'esthétique et de morale.** 1897. 1 vol in-18......... 2 fr. 50

LANESSAN (J.-L. de), ancien gouverneur général de l'Indo-Chine. — La morale des philosophes chinois. 1896. 1 vol. in-18.................. 2 fr. 50
LEFÈVRE (G.), maître de conférences à la Faculté des lettres de Lille. — Obligation morale et Idéalisme. 1895. 1 vol. in-18................ 2 fr. 50
LUBBOCK (John), de la Société royale de Londres. — Le bonheur de vivre. 5ᵉ édit., 1898. 2 vol. in-18. Chaque volume...................... 2 fr. 50
— L'emploi de la vie, traduit de l'anglais par M. Hovelaque, agrégé de l'Université. 2ᵉ édit., 1897. 1 vol. in-18........................ 2 fr. 50
MARION (H.), professeur à la Sorbonne. — De la solidarité morale. 5ᵉ édit., 1899. 1 vol. in-8... 5 fr.
PAYOT (Jules), inspecteur d'Académie. — L'éducation de la volonté. 10ᵉ édit., 1900. 1 vol. in-8... 5 fr.
ROBERTY (E. de). — Le bien et le mal. 1896. 1 vol. in-18......... 2 fr. 50
— Les fondements de l'éthique. 1898. 1 vol in-12................ 2 fr. 50
SCHOPENHAUER. — Le fondement de la morale, trad. A. Burdeau. 4ᵉ édit., 1891. 1 vol. in-18. .... 2 fr. 50
— Aphorismes sur la sagesse dans la vie, traduit par M. J.-A. Cantacuzène. 6ᵉ édit., 1897. 1 vol. in-8.................................... 5 fr.
SULLY (James). — Le pessimisme, traduit de l'anglais, par MM. Bertrand et Gérard. 2ᵉ édit., 1893. 1 vol. in-8.......................... 7 fr. 50

PHILOSOPHIE RELIGIEUSE

ARNOLD (Matthew). — La crise religieuse. 1876. 1 vol. in-8....... 7 fr. 50
ARRÉAT (L.). — Les croyances de demain. 1898. 1 vol. in-18...... 2 fr. 50
BOST. — Le protestantisme libéral. 1865. 1 vol. in-18............ 2 fr. 50
CARRAU (L.), professeur adjoint à la Faculté des lettres de Paris. — La philosophie religieuse en Angleterre. 1888. 1 vol. in-8............ 5 fr.
COQUEREL, fils (Athanase). — Premières transformations historiques du christianisme. 2ᵉ édit., 1881. 1 vol. in-18...................... 2 fr. 50
FONTANÈS. — Le christianisme moderne. 1867. 1 vol. in-18....... 2 fr. 50
GRASSERIE (Raoul de la), lauréat de l'Institut. — De la psychologie des religions. 1899. 1 vol. in-8.................................... 5 fr.
GUYAU. — L'irréligion de l'avenir. 6ᵉ édit., 1895. 1 vol. in-8..... 7 fr. 50
HARTMANN (E. de). — La religion de l'avenir, trad. de l'allemand. 3ᵉ édit., 1881, 1 vol. in-18.. 2 fr. 50
JANET (P.), de l'Institut. — Le matérialisme contemporain. 5ᵉ édit., 1888. 1 vol. in-18.. 2 fr. 50
LANG (A.). — Mythes, cultes et Religion, traduit de l'anglais et précédé d'une introduction par Léon Marillier, maître de conférences à l'École des hautes études, agrégé de philosophie, 1896. 1 vol. in-8........... 10 fr.
LEVALLOIS (Jules). — Déisme et christianisme. 1866. 1 vol. in-18. 2 fr. 50
MULLER (Max), prof. à l'Université d'Oxford. — Nouvelles études de mythologie, trad. de l'anglais par L. Job, agrégé de l'Université. 1898. 1 vol. in-8. 10 fr.
RÉCÉJAC (E.), docteur ès lettres. — Essai sur les fondements de la connaissance mystique. 1897. 1 vol in-8.......................... 5 fr.
REGNAUD (P.), professeur à la Faculté des lettres de Lyon. — Comment naissent les mythes. 1897. 1 vol. in-12................................ 2 fr. 50

RÉMUSAT (Charles de), de l'Académie française. — **Philosophie religieuse.** 1864. 1 vol. in-18.. 2 fr. 50

STUART MILL. — **Essais sur la religion**, traduit par M. Cazelles. 2ᵉ édit., 1884. 1 vol. in-8... 5 fr.

VACHEROT (Ét.), de l'Institut. — **La religion.** 1869. 1 vol. in-8..... 7 fr. 50

PHILOSOPHIE SCIENTIFIQUE

AGASSIZ. — **De l'espèce et des classifications en zoologie**, traduit de l'anglais par Vogeli. 1869. 1 vol. in-8................................. 5 fr.

BARTHÉLEMY SAINT-HILAIRE, de l'Institut. — **La philosophie dans ses rapports avec les sciences et la religion.** 1889. 1 vol. in-8........ 5 fr.

BOIRAC (Émile), recteur de l'Académie de Grenoble. — **L'idée de phénomène.** 1894. 1 vol. in-8... 5 fr.

BOURDEAU (Louis). — **Le problème de la mort et ses solutions imaginaires.** 2ᵉ édit., 1896. 1 vol. in-8................................... 5 fr.

BOUTROUX (Ém.), de l'Institut, professeur à la Faculté des lettres de Paris. — **De la Contingence des lois de la nature**, 3ᵉ édition, 1898. 1 vol. in-18... 2 fr. 50

CONTA (Basile). — **Théorie de l'ondulation universelle.** — *Essai sur l'évolution.* Traduction du roumain et notice biographique par D. Rosetti Tescanu, preface du professeur Louis Buchner. 1894. 1 vol. in-8... 3 fr. 75

DELBŒUF, professeur à l'Université de Liège. — **La matière brute et la matière vivante.** 1887. 1 vol. in-18.................................. 2 fr. 50

DUNAN, professeur au collège Stanislas — **La théorie psychologique de l'espace.** 1895. 1 vol. in-18.. 2 fr. 50

DURAND DE GROS. — **Aperçus de Taxinomie générale.** 1899. 1 vol. in-8. 5 fr.

ESPINAS (A.), professeur à la Sorbonne. — **La philosophie expérimentale en Italie.** 1880. 1 vol. in-18.. 2 fr. 50

FAIVRE (E.), professeur à la Faculté des sciences de Lyon. — **De la variabilité des espèces.** 1868. 1 vol. in-18.............................. 2 fr. 50

FÉRÉ (Ch.), médecin de Bicêtre. — **Sensation et mouvement.** 1887. 1 vol. in-18 avec gravures... 2 fr. 50

FONVIELLE (W. de). — **L'astronomie moderne.** 1869. 1 vol. in-18. 2 fr. 50

GOBLOT (E.), professeur à la Faculté des lettres de Caen. — **Essai de classification des sciences.** 1898. 1 vol. in-8............................. 5 fr.

GUYAU. — **La genèse de l'idée de temps.** 1890. 1 vol. in-18...... 2 fr. 50

HANNEQUIN (H.), professeur à la Faculté des lettres de l'Université de Lyon. — **Essai critique sur l'hypothèse des atomes dans la science contemporaine.** 2ᵉ édition, 1899. 1 vol. in-8.................................. 7 fr. 50

HARTMANN (E. de). — **Le darwinisme.** *Ce qu'il y a de vrai, ce qu'il y a de faux dans cette doctrine.* Traduit de l'allemand, par M. G. Guéroult. 6ᵉ édit., 1898. 1 vol in-18.. 2 fr. 50

LECHALAS, ingénieur en chef des Ponts et Chaussées. — **Etude sur l'espace et le temps.** 1896. 1 vol. in-18..................................... 2 fr. 50

LE DANTEC, chargé du cours d'embryogénie à la Faculté des sciences de Paris. — **Le déterminisme biologique, et la personnalité consciente.** 1896. 1 vol. in-18... 2 fr. 50

LE DANTEC. — **L'individualité et l'erreur individualiste.** Préface de A. GIARD, professeur à la Sorbonne. 1898. 1 vol. in-18 .... 2 fr. 50
— **Lamarckiens et Darwiniens.** 1900. 1 vol in-18.................. 2 fr. 50
LIARD, de l'Institut, directeur de l'enseignement supérieur au Ministère de l'Instruction publique. — **Des définitions géométriques et des définitions empiriques.** 2ᵉ édit., 1888. 1 vol. in-18.................. 2 fr. 50
— **La science positive et la métaphysique.** 3ᵉ édit., 1893. 1 vol in-8. 7 fr. 50
MARTIN (F.), professeur au lycée de Douai. — **La perception extérieure et la science positive,** *essai de philosophie des sciences*. 1894. 1 vol. in-8. 5 fr.
NAVILLE (E.), correspondant de l'Institut. — **La logique de l'hypothèse.** 2ᵉ édit., 1894. 1 vol. in-8................................ 5 fr.
— **La physique moderne.** 2ᵉ édit., 1890. 1 vol. in-8.................. 5 fr.
PIOGER (Dʳ Julien). — **Le monde physique,** *essai de conception expérimentale*. 1892. 1 vol. in-18.................................. 2 fr. 50
PREYER, professeur à l'Université de Berlin. — **Éléments de physiologie générale,** traduits de l'allemand par M. Jules Soury. 1884. 1 vol. in-8....... 5 fr.
ROISEL. — **De la substance.** 1881. 1 vol. in-18.................... 2 fr. 50
SAIGEY (Émile). — **Les sciences au dix-huitième siècle.** *La physique de Voltaire*. 1873. 1 vol. in-8.................................. 5 fr.
— **La physique moderne.** 2ᵉ tirage, 1879. 1 vol. in-18.............. 2 fr. 50
SCHMIDT, professeur à l'Université de Strasbourg. — **Les sciences naturelles et la théorie de l'inconscient,** traduit de l'allemand, par MM. J. Soury et S. Mayer. 1879. 1 vol. in-18........................ 2 fr. 50
SPENCER (Herbert). — **Classification des sciences,** traduct. Rethoré. 6ᵉ édit., 1897. 1 vol. in-18................................ 2 fr. 50
— **Principes de biologie,** traduit par M. Cazelles. 2ᵉ édit., 1889. 2 forts vol. in-8.. 20 fr.
— **Essais scientifiques,** traduit par M. A. Burdeau. 3ᵉ édit., 1898. 1 vol. in-8.. 7 fr. 50
VIANNA DE LIMA. — **L'homme selon le transformisme.** 1888. 1 volume in-18.. 2 fr. 50

PSYCHOLOGIE EXPÉRIMENTALE

ARRÉAT (Lucien). — **La psychologie du peintre.** 1892. 1 vol. in-18. 2 fr. 50
BINET (Alfred), directeur du laboratoire de psychologie physiologique à la Sorbonne. — **La psychologie du raisonnement,** *recherches expérimentales par l'hypnotisme*. 2ᵉ édit., 1896. 1 vol. in-18.............. 2 fr. 50
CREPIEUX-JAMIN (J.). — **L'Écriture et le caractère.** 4ᵉ édit., 1896. 1 vol. in-8.. 7 fr. 50
DANVILLE (Gaston). — **Psychologie de l'amour.** 1894. 1 vol. in-18. 2 fr. 50
DUMAS (Georges), agrégé de philosophie, docteur en médecine. — **Les états intellectuels dans la mélancolie.** 1895. 1 vol. in-18........ 2 fr. 50
FERRERO (Guillaume). — **Les lois psychologiques du symbolisme.** 1895. 1 vol. in-8.. 5 fr
GERARD-VARET (L.), chargé de cours à la Faculté des lettres de l'Université de Dijon. — **L'ignorance et l'irréflexion,** *essai de psychologie objective*. 1899. 1 vol. in-8.. 5 fr.

GODFERNAUX (A.), docteur ès lettres. — **Le sentiment et la pensée** *et leurs principaux aspects physiologiques.* 1894. 1 vol. in-8............ 5 fr.
JAELL (Mme Marie). — **La musique et la psycho-physiologie.** 1896. 1 vol. in-18.. 2 fr. 50
JANET (Pierre), chargé d'un cours à la Faculté des lettres de Paris. — **L'automatisme psychologique.** 3e édit., 1899. 1 vol. in-8............... 7 fr. 50
LANGE (Dr), professeur à l'Université de Copenhague. — **Les émotions,** *Étude psycho-physiologique,* traduite par le Dr Georges Dumas, agrégé de philosophie, 1895. 1 vol. in-18................. 2 fr. 50
MALAPERT (P.), docteur ès lettres, professe à au lycée Louis-le-Grand. — **Les éléments du caractère** *et leurs lois de combinaison.* 1897. 1 vol. in-8... 5 fr.
MOSSO, professeur à l'Université de Turin. — **La peur,** *étude psycho-physiologique,* traduite de l'italien par M. F. Hément. 2e édit., 1892. 1 vol. in-18 avec figures dans le texte......... 2 fr. 50
— **La fatigue intellectuelle et physique.** Traduit de l'italien par P. Langlois. 2e édit., 1896. 1 vol. in-12, avec grav. dans le texte............... 2 fr. 50
PIDERIT. — **La mimique et la physiognomonie,** trad. de l'allemand par M. Girot. 1888. 1 vol in-8, avec 100 grav................... 5 fr.
RAUH (F.), professeur à la Faculté des lettres de Toulouse. — **De la méthode dans la psychologie des sentiments.** 1899. 1 vol. in-8............. 5 fr.
RIBOT (Th.), professeur au Collège de France. — **La psychologie de l'attention.** 4e édit., 1898. 1 vol. in-18........................ 2 fr. 50
— **L'hérédité psychologique.** 5e édit., 1897. 1 vol. in-8........... 7 fr. 50
— **La psychologie des sentiments.** 3e édit., 1899. 1 vol. in-8....... 7 fr. 50
SERGI, professeur à l'Université de Rome. **Éléments de psychologie.** 1888. 1 vol. in-8, avec grav.................................. 7 fr. 50
THOMAS (P.-F.), docteur ès lettres, agrégé de philosophie. — **La suggestion,** *son rôle dans l'éducation.* 1895. 1 vol. in-18................. 2 fr. 50
TISSIE. — **Les rêves,** physiologie et pathologie, avec préface de M. le prof. Azam. 2e édit., 1898. 1 vol. in-8,........................ 2 fr. 50
WUNDT, professeur à l'Université de Leipzig. — **Éléments de psychologie physiologique,** traduits de l'allemand par M. le docteur Elie Rouvier. 1886. 2 vol. in-8, avec 180 figures dans le texte, précédés d'une préface écrite par l'auteur pour l'édition française et d'une introduction par M. D. Nolen................................. 20 fr.
— **Hypnotisme et suggestion,** traduit de l'allemand par E. Keller. 1893. 1 vol. in-18.................................. 2 fr. 50

PSYCHOLOGIE GÉNÉRALE

BAIN (Alex.), professeur à l'Université d'Aberdeen (Écosse). — **Les émotions et la volonté.** 1884. 1 fort vol. in-8, traduit de l'anglais par P. L. Le Monnier................................... 10 fr.
— **Les sens et l'intelligence,** traduit par M. Cazelles. 3e édit., 1895. 1 vol. in-8...................................... 10 fr.
BALLET (Gilbert), professeur agrégé à la Faculté de médecine de Paris. — **La parole intérieure et les diverses formes de l'aphasie.** 2e édit., 1888. 1 vol. in-18................................... 2 fr. 50

BERTRAND, professeur à la faculté des lettres de Lyon. — **La psychologie de l'effort.** 1889. 1 vol. in-18.................................. 2 fr. 50
BOURDON, professeur à la Faculté des lettres de Rennes. — **De l'expression des émotions et des tendances dans le langage.** 1892. 1 vol. in-8..... 7 fr. 50
BROCHARD (Em.), professeur à la Faculté des lettres de Paris. — **De l'erreur.** 2e édit., 1897. 1 vol. in-8.................................. 5 fr.
CLAY (R.). — **L'alternative,** *contribution à la psychologie,* traduit de l'anglais par M. A. Burdeau, 2e édit., 1892. 1 vol. in-8.................. 10 fr.
DUGAS (L.), docteur ès lettres, agrégé de philosophie. — **Le psittacisme et la pensée symbolique.** 1896. 1 vol. in-18.................. 2 fr. 50
FIERENS-GEVAERT (H.). — **La Tristesse contemporaine,** *essai sur les grands courants moraux et intellectuels du XIXe siècle.* 1899, 2e éd. 1 v. in-16. 2 fr. 50
FOUILLÉE (Alf.), de l'Institut. — **L'évolutionnisme des idées-forces.** 1890. 1 vol. in-8.. 7 fr. 50
— **La psychologie des idées-forces.** 1893. 2 vol. in-8.............. 15 fr.
— **Tempérament et caractère, selon les individus, les sexes et les races.** 1895. 1 vol. in-8.. 7 fr. 50
— **Psychologie du peuple français.** 1898. 1 vol. in-8,............. 7 fr.
JANET (P.), de l'Institut. — **Les causes finales.** 1 vol. in-8, 3e édit., 1894.. 10 fr.
LE BON (Dr Gustave). — **Les lois psychologiques de l'évolution des peuples.** 3e édit., 1898. 1 vol. in-18.......................... 2 fr. 50
— **Psychologie des foules.** 4e édit., 1899. 1 vol. in-18........... 2 fr. 50
NAVILLE (E.), Correspondant de l'Institut. — **La définition de la philosophie.** 1894. 1 vol. in-8.......................... 5 fr.
NORDAU (Max). — **Paradoxes psychologiques,** traduit de l'allemand par Aug. Dietrich. 1898. 3e édit. 1 vol. in-18.................. 2 fr. 50
— **Psycho-physiologie du génie et du talent.** 2e édit., 1898. 1 vol. in-18. 2 fr. 50
PAULHAN (F.). — **L'activité mentale et les éléments de l'esprit.** 1889. 1 vol. in-8.. 10 fr.
— **Les types intellectuels : esprits logiques et esprits faux.** 1896. 1 vol. in-8.. 7 fr. 50
— **Les phénomènes affectifs et les lois de leur apparition.** 1887. 1 vol. in-18... 2 fr. 50
PAYOT (J.). inspecteur d'Académie. — **De la croyance.** 1896. 1 vol. in-8... 5 fr.
PIAT (Abbé C.), professeur à l'école des Carmes. — **La Personne humaine.** 1897. 1 vol. in-8.. 7 fr. 50
PIOGER (Julien), docteur. **La vie et la pensée,** *essai de conception expérimentale.* 1894. 1 vol. in-8.................................. 5 fr.
RICHET (Ch.), professeur à la faculté de médecine de Paris. — **Essai de psychologie générale.** 3e édit., 1898. 1 vol. in-18.......... 2 fr. 50
ROBERTY (E. de). — **L'agnosticisme.** 1892. 1 vol. in-18............ 2 fr. 50
— **L'inconnaissable.** *sa métaphysique, sa psychologie.* 1889. 1 vol. in-18 2 fr. 50
— **La philosophie du siècle.** 1891. 1 vol. in-8.................. 5 fr.
— **La recherche de l'unité.** 1893. 1 vol. in-18.................. 2 fr. 50
— **Le psychisme social.** 1897. 1 vol. in-12.................... 2 fr. 50
ROMANÈS. — **L'évolution mentale chez l'homme,** *origines des facultés humaines.* 1891. 1 vol. in-8.................................. 7 fr. 50

RIBOT (Th.), professeur au Collège de France. — L'évolution des idées générales. 1897. 1 vol. in-8.. 5 fr.
SAISSET (Emile), de l'Institut. — L'âme et la vie, *suivi d'une étude sur l'esthétique française*. 1864. 1 vol. in-18................................ 2 fr. 50
SCHOEBEL. — Philosophie de la raison pure. 1865. 1 vol. in-18, papier vélin. 5 fr.
SCHOPENHAUER. — De la quadruple racine du principe de la raison suffisante, suivi d'une *Histoire de la doctrine de l'idéal et du réel*, traduit par M. J.-A. Cantacuzène. 1882. 1 vol. in-8............................ 5 fr.
— Le monde comme volonté et comme représentation, traduit par M. A. Burdeau. Tome I. 3ᵉ éd., 1898. 1 vol. in-8............... 7 fr. 50
Tome II. 2ᵉ éd., 1889. 1 vol. in-8............................. 7 fr. 50
Tome III. 2ᵉ éd., 1896. 1 vol. in-8............................ 7 fr. 50
— Pensées et fragments, traduits par M. J. Bourdeau, 13ᵉ édit., 1899. 1 vol. in-18... 2 fr. 50
SPENCER (Herbert). — Principes de psychologie, trad. par MM. Ribot et Espinas, nouv. édit., 1898. 2 vol. in-8........................... 20 fr.

PSYCHOLOGIE INFANTILE. — ÉDUCATION

BALDWIN (J.-M.), professeur à l'Université de Princeton (États-Unis). — Le développement mental chez l'enfant et dans la race, traduit de l'anglais par M. Nourry et précédé d'une préface de M. L. Marillier. 1897. 1 vol. in-8.. 7 fr. 50
BERTRAND (A.), correspondant de l'Institut, professeur à l'Université de Lyon. — L'enseignement intégral. 1898. 1 vol. in-8............. 5 fr.
DUPROIX (P.), professeur à l'Université de Genève. — Kant et Fichte et le problème de l'éducation. 1897. 1 vol. in-8...................... 5 fr.
GUYAU. — Éducation et hérédité. 1898, 5ᵉ édit. 1 vol. in-8........ 5 fr.
PEREZ (Bernard). — Les trois premières années de l'enfant, précédée d'une préface de M. James Sully. 1892, 5ᵉ édit 1 vol in-8........ 5 fr.
— L'enfant de trois à sept ans. 1896, 3ᵉ édit. 1 vol in-8........... 5 fr.
— L'éducation morale dès le berceau. 3ᵉ édition. 1896. 1 vol. in-8... 5 fr.
— L'éducation intellectuelle dès le berceau 1896. 1 vol. in-8....... 5 fr.
PREYER, professeur à l'Université de Berlin. — L'âme de l'enfant, *développement psychique des trois premières années*, traduit de l'allemand, par A. de Varigny. 1887. 1 vol. in-8.................................. 10 fr.
QUEYRAT, professeur de l'Université. — L'Imagination et ses variétés chez l'enfant. 2ᵉ édit., 1896. 1 vol. in-18............................ 2 fr. 50
— L'abstraction, *son rôle dans l'éducation intellectuelle*. 1894. 1 vol. in-18.. 2 fr. 50
— Les caractères et l'éducation morale. 1896. 1 vol. in-18......... 2 fr. 50
SPENCER (Herbert). — De l'éducation intellectuelle, morale et physique. 10ᵉ édit., 1897. 1 vol. in-8..................................... 5 fr.
SULLY (James). — Études sur l'enfance, traduit de l'anglais par A. Monod. Préface de G. Compayré, recteur de l'Académie de Lyon. 1898. 1 vol. in-8.. 10 fr
THAMIN (R.), professeur au lycée Condorcet. — Éducation et positivisme. 2ᵉ édit., 1896. 1 vol. in-18...................................... 2 fr. 50

THOMAS (P.-F.), docteur ès lettres, agrégé de philosophie. — **La suggestion, son rôle dans l'éducation.** 2ᵉ édit., 1898. 1 vol. in-18............... 2 fr. 50
— **L'éducation des sentiments.** 1899. 1 vol. in-8................. 5 fr.
— **Morale et éducation.** 1899. 1 vol. in-18................ 2 fr. 50

PSYCHOLOGIE PATHOLOGIQUE

DUPRAT (G.-L.), docteur ès lettres. — **L'Instabilité mentale.** — *Essai sur les données de la psycho-pathologie.* 1899. 1 vol. in-8................ 5 fr.
FLEURY (Dʳ M. de). — **Introduction à la medecine de l'esprit.** 1898. 5ᵉ édit., 1 fort vol. in-8.................. 7 fr. 50
GURNEY, MYERS et PODMORE. — **Les hallucinations télépathiques**, adaptation de l'anglais par L. Marillier, avec préface de M. Ch. Richet. 3ᵉ édit., 1899. 1 vol. in-8................ 7 fr. 50
NORDAU (Max). — **Dégénérescence.** 1898. 2 vol. in-8, 5ᵉ édit..... 17 fr. 50
— **Psycho physiologie du génie et du talent**, traduit de l'allemand par A. Dietrich. 2ᵉ édit., 1898. 1 vol. in-12................ 2 fr. 50
RIBOT (Th), professeur au Collège de France. — **Les maladies de la mémoire.** 12ᵉ édit., 1898. 1 vol. in-18................ 2 fr. 50
— **Les maladies de la volonté** 13ᵉ édit., 1899. 1 vol. in-18....... 2 fr. 50
— **Les maladies de la personnalité.** 8ᵉ édit., 1899. 1 vol. in-18.... 2 fr. 50

SCIENCE SOCIALE

BERTAULD, sénateur, professeur à la Faculté de droit de Caen. — **L'ordre social et l'ordre moral.** 1874. 1 vol. in-18.................. 2 fr. 50
— **De la philosophie sociale.** 1877. 1 vol. in-18................ 2 fr. 50
BOUGLÉ, maître de conférences à l'université de Montpellier. — **Les sciences sociales en Allemagne**, *Les Méthodes actuelles.* 1896. 1 vol. in-18. 2 fr. 50
COMTE (Auguste). — **La sociologie**, resumée par E. Rigolage. 1897. 1 vol. in-8.................. 7 fr. 50
COSTE (Adolphe). — **Les conditions sociales du bonheur et de la force.** 3ᵉ édit., augmentée d'une préface nouvelle. 1885. 1 vol. in-12 .... 2 fr. 50
— **Les Principes d'une sociologie objective.** 1899. 1 vol. in-8....... 3 fr. 75
DURKHEIM, professeur à la Faculté des lettres de Bordeaux. — **De la division du travail social.** 1893. 1 vol. in-8................... 7 fr. 50
— **Les règles de la méthode sociologique.** 1895. 1 vol. in-18....... 2 fr. 50
— **Le suicide.** — *Étude sociologique.* 1897. 1 vol. in-8........... 7 fr. 50
— **L'Année sociologique** : 2 années parues, chaque vol. in-8......... 10 fr.

   1ʳᵉ Année (1896-1897). — Durkheim : La prohibition de l'inceste et ses origines. — G. Simmel. Comment les formes sociales se maintiennent. — *Analyses* des travaux de sociologie générale, etc.
   2ᵉ Année (1897-1898) — Durkheim : De la définition des phénomènes religieux. — Hubert et Mauss : Essai sur la nature et la fonction du sacrifice. — *Analyses* de travaux de sociologie générale, etc.

EICHTHAL (E. d'). — **Les problèmes sociaux et le socialisme.** 1899. 1 vol. in-18.................. 2 fr. 50
ESPINAS (A.), professeur à la Sorbonne. — **La philosophie sociale au XVIIIᵉ siècle et la Révolution.** 1898. 1 vol. in-8................ 7 fr. 50

FRANCK (Ad.), de l'Institut. — **Des rapports de la religion et de l'État.** 2ᵉ édit., augmentée d'une préface nouvelle. 1885. 1 vol. in-18., 2 fr. 50
— **Philosophie du droit civil.** 1886. 1 vol. in-8.................. 5 fr.
— **Philosophie du droit pénal.** 5ᵉ édit., 1899. 1 vol. in-18........ 2 fr. 50
GAROFALO, conseiller à la cour d'appel et professeur agrégé à l'université de Naples. — **La superstition socialiste**, traduit de l'italien par A. Dietrich. 1895. 1 vol. in-8................................... 5 fr.
GREEF (de), professeur à la Nouvelle Université libre de Bruxelles. — **Les lois sociologiques.** 2ᵉ édit., 1896. 1 vol. in-18............ 2 fr. 50
— **Le Transformisme social**, *Essai sur le progrès et le regrès des sociétés*. 1895. 1 vol. in-8.. 7 fr. 50
GUYAU (M.). — **L'art au point de vue sociologique.** 2ᵉ édit., 1895. 1 vol. in-8.. 7 fr. 50
IZOULET (Jean), professeur au Collège de France. — **La cité moderne**, *Métaphysique de la sociologie*. 4ᵉ édit., 1897. 1 vol. in-8.......... 10 fr.
JANET (P.), de l'Institut. — **Histoire de la science politique dans ses rapports avec la morale.** 3ᵉ édit., 1887. 2 vol in-8................ 20 fr.
— Les origines du socialisme contemporain. 3ᵉ éd., 1896. 1 vol. in-18. 2 fr. 50
— Philosophie de la Révolution française. 4ᵉ édit., 1892. 1 vol. in-18. 2 fr. 50
LAMPERIER. (Mᵐᵉ A.). — Le rôle social de la femme. 1898. 1 vol. in-12. 2 fr. 50
LAPIE (P.), maître de conférences à la Faculté des lettres de Rennes. — **La justice par l'État.** *Étude de morale sociale*. 1899. 1 vol. in 12 ... 2 fr. 50
LAVELEYE (E. de), correspondant de l'Institut. — **La propriété et ses formes primitives.** 4ᵉ édit. refondue. 1891. 1 vol. in-8............ 10 fr.
— **Le gouvernement dans la démocratie.** 3ᵉ éd., 1896. 2 vol. in-8.. 15 fr.
LE BON (Dʳ Gustave). — **Psychologie du socialisme.** 1899, 2ᵉ édit. 1 vol. in-8.. 7 fr. 50
LOMBROSO (Cesare). — **L'homme criminel.** *Criminel-né. Fou moral. Épileptique. Criminel fou. Criminel d'occasion. Criminel par passion*. 2ᵉ édition française traduite sur la 5ᵉ édition italienne, refondue. 1895. 2 vol. in-8 accompagnés d'un atlas de 64 planches...................... 36 fr.
LOMBROSO et FERRERO. — **La femme criminelle et la prostituée.** 1896. 1 vol. in-8 avec planches hors texte........................... 15 fr.
LOMBROSO et LASCHI. — **Le crime politique et les révolutions.** 1892. 2 vol. in-8... 15 fr.
MARION, professeur à la Faculté des lettres de Paris. — **De la solidarité morale.** 5ᵉ édit., 1899. 1 vol. in-8................................ 5 fr.
MAUS. — **De la justice pénale.** *Étude philosophique sur le droit de punir*. 1894. 1 vol. in-18.. 2 fr. 50
NORDAU (Max). — **Paradoxes sociologiques**, traduit de l'allemand par Aug. Dietrich. 2ᵉ édit., 1898. 1 vol. in-18...................... 2 fr. 50
— Les mensonges conventionnels de notre civilisation, traduit de l'allemand par Aug. Dietrich. 1897. 1 vol. in-8......................... 5 fr.
NOVICOW (J.). — **Les luttes entre sociétés humaines et leurs phases successives.** 1893. 1 vol. in-8.................................. 10 fr.
— Les gaspillages des sociétés modernes, contribution à l'étude de la question sociale. 1894. 1 vol. in-8................................ 5 fr.
PIOGER (Julien), docteur. — **La vie sociale, la morale et le progrès**, essai de conception expérimentale. 1894. 1 vol. in-8.................... 5 fr.

RENARD (G.), professeur à l'Université de Lausanne. — **Le régime socialiste.** — *Principes de son organisation politique et économique.* 1898, 2ᵉ édit. 1 vol. in-12.. 2 fr. 50
RICHARD, docteur ès lettres. — **Le socialisme et la science sociale.** 2ᵉ édit., 1899. 1 vol. in-18... 2 fr. 50
SANZ Y ESCARTIN (E.), membre de l'Académie royale des sciences morales et politiques de Madrid. — **L'individu et la réforme sociale,** traduit de l'espagnol par A. Dietrich. 1898. 1 vol. in-8..................... 7 fr. 50
SPENCER (Herbert). — **Principes de sociologie,** traduits par MM. Cazelles et Gerschell. 4 vol. in-8............................. 36 fr. 25

On vend séparément :

Tome I, traduit par M. Cazelles. 6ᵉ édit., 1896. 1 vol. in-8....... 10 fr.
Tome II, traduit par MM. Cazelles et Gerschell. 4ᵉ édit., 1891. 1 vol. in-8... 7 fr. 50
Tome III, traduit par M. Cazelles. 3ᵉ édit., 1897. 1 vol. in-8........ 15 fr.
Tome IV, traduit par M. Cazelles. 1887. 1 vol. in-8.............. 3 fr. 75
— **Essais politiques,** trad. par M. A. Burdeau. 4ᵉ éd., 1893. 1 vol. in-8. 7 fr. 50
— **Essais sur le progrès,** traduit par M. A. Burdeau. 4ᵉ édit., 1898. 1 vol. in-8... 7 fr. 50
— **L'individu contre l'État,** traduit par M. J. Gerschell. 4ᵉ édit., 1894. 1 vol. in-18.. 2 fr. 50
STUART MILL (J.). — **L'utilitarisme,** traduit par M. P.-L. Le Monnier. 2ᵉ édit., 1890. 1 vol. in-18... 2 fr. 50
TARDE (G.). — **Les transformations du droit.** 2ᵉ édition, 1893. 1 volume in-18... 2 fr. 50
— **Les lois de l'imitation,** *étude sociologique.* 2ᵉ édit., 1895. 1 vol. in-8. 7 fr. 50
— **La logique sociale.** 2ᵉ édit., 1898. 1 vol. in-8.................... 7 fr. 50
— **Les lois sociales.** — *Esquisse d'une sociologie.* 2ᵉ édit., 1893. 1 vol. in-18... 2 fr. 50
— **L'opposition universelle.** — *Essai d'une théorie des contraires.* 1897. 1 vol. in-8.. 7 fr. 50
— **La criminalité comparée.** 4ᵉ édit., 1898. 1 vol. in-18........... 2 fr. 50
ZIEGLER, professeur à l'Université de Strasbourg. — **La question sociale est une question morale,** traduit de l'allemand par M. Palante. 2ᵉ edit., 1895. 1 vol. in-18.. 2 fr. 50

VARIA

LEVY-BRUHL, maître de conférences à la Sorbonne. — **Lettres inédites de J. Stuart Mill à Auguste Comte,** publiées *avec les réponses de Comte* et une introduction. 1899. 1 vol. in-8........................ 10 fr.
NOVICOW (J.). — **L'avenir de la race blanche.** — *Critique du pessimisme contemporain.* 1897. 1 vol in-12................................ 2 fr. 50
STUART MILL (J.). — **Correspondance inédite avec Gustave d'Eichthal (1828-1842 — 1864-1871).** — Avant-propos et traduction par Eugène d'Eichthal. 1898. 1 vol. in-12.. 2 fr. 50
VACHEROT (Ét.), de l'Institut. — **Essais de philosophie critique.** 1864. 1 vol. in-8.. 7 fr. 50

Félix Alcan, éditeur, 108, boulevard Saint-Germain, Paris.

REVUE PHILOSOPHIQUE
DE LA FRANCE ET DE L'ÉTRANGER
Dirigée par Th. Ribot, Professeur au Collège de France

VINGT-QUATRIÈME ANNÉE, 1899

La Revue Philosophique paraît tous les mois, par livraisons de 7 à 8 feuilles grand in-8, et forme ainsi à la fin de chaque année deux forts volumes d'environ 680 pages chacun.

CHAQUE NUMÉRO DE LA *REVUE PHILOSOPHIQUE* CONTIENT :

1° Plusieurs articles de fond; 2° des analyses et comptes rendus des nouveaux ouvrages philosophiques français et étrangers; 3° un compte rendu, aussi complet que possible, des *publications périodiques* de l'étranger, allemandes, anglaises, américaines, italiennes, russes, pour tout ce qui concerne la philosophie; 4° des notes, des documents, des observations pouvant servir de matériaux ou donner lieu à des vues nouvelles.

PRIX D'ABONNEMENT :

Un an, pour Paris, 30 francs. — Pour les départements et l'étranger, 33 francs.
La livraison............ 3 francs.
Les années écoulées se vendent séparément 30 francs et par livraisons de 3 francs.

TABLE GÉNÉRALE DES MATIÈRES

Table des matières contenues dans les douze premières années (1876-1887), 3 fr.
— — les huit années suivantes (1888-1895), 3 fr.

La Revue Philosophique n'est l'organe d'aucune secte, d'aucune école en particulier.
Tous les articles de fond sont signés et chaque auteur est responsable de son opinion. Sans professer un culte exclusif pour l'expérience, la direction, bien persuadée que rien de solide ne s'est fondé sans cet appui, lui fait la plus large part et n'accepte aucun travail qui la dédaigne.
Elle ne néglige aucune partie de la philosophie, tout en s'attachant cependant à celles qui, par leur caractère de précision relative, offrent moins de prise aux désaccords et sont plus propres à rallier toutes les écoles. La *psychologie*, avec ses auxiliaires indispensables, l'*anatomie* et la *physiologie du système nerveux*, la *pathologie mentale*, la *psychologie des races inférieures et des animaux*, les *recherches expérimentales des laboratoires*; — la *logique*; — les *théories générales fondées sur les découvertes scientifiques*; — l'*esthétique*; — les *hypothèses métaphysiques*, tels sont les principaux sujets dont elle entretient le public.
Plusieurs fois par an paraissent des *Revues générales* qui embrassent dans un travail d'ensemble les travaux récents sur une question déterminée : sociologie, morale, psychologie, linguistique, philosophie religieuse, philosophie mathématique, psychophysique, etc.
La Revue désirant être, avant tout, un organe d'information, a publié depuis sa fondation le compte rendu de plus de quinze cents ouvrages. Pour faciliter l'étude et les recherches, ces comptes rendus sont groupés sous des rubriques spéciales: anthropologie criminelle, esthétique, métaphysique, théorie de la connaissance, histoire de la philosophie, etc., etc. Ces comptes rendus sont, autant que possible, impersonnels, notre but étant de faire connaître le mouvement philosophique contemporain dans toutes ses directions, non de lui imposer une doctrine.
En un mot, par la variété de ses articles et par l'abondance de ses renseignements, elle donne un tableau complet du mouvement philosophique et scientifique en Europe.
Aussi a-t-elle sa place marquée dans les bibliothèques des professeurs et de ceux qui se destinent à l'enseignement de la philosophie et des sciences ou qui s'intéressent au développement du mouvement scientifique.

On s'abonne sans frais dans tous les bureaux de poste de la France et de l'Union postale et chez tous les libraires.

Coulommiers. — Imp. Paul BRODARD.

LIBRAIRIE FÉLIX ALCAN

COLLECTION HISTORIQUE DES GRANDS PHILOSOPHES
PHILOSOPHIE ANCIENNE

ARISTOTE (Œuvres d'), traduction de J. BARTHÉLEMY-SAINT-HILAIRE, de l'Institut. Rhétorique. 2 vol. in-8............ 16 fr.
— Politique. 1 vol. in-8............ 10 fr.
— La Métaphysique d'Aristote. 3 vol. in-8............ 30 fr.
— De la Logique d'Aristote, par M. BARTHÉLEMY-SAINT-HILAIRE. 2 vol. in-8............ 10 fr.
— Table alphabétique des matières de la traduction générale d'Aristote, par M. BARTHÉLEMY-SAINT-HILAIRE, 2 forts vol. in-8. 1892...... 30 fr.
— L'Esthétique d'Aristote, par M. BÉNARD. 1 vol. in-8. 1889.... 5 fr.
SOCRATE. La Philosophie de Socrate, par Alf. FOUILLÉE. 2 vol. in-8. 16 fr.
— Le Procès de Socrate, par G. SOREL. 1 vol. in-8............ 3 fr. 50
PLATON. Études sur la Dialectique dans Platon et dans Hegel, par Paul JANET. 1 vol. in-8............ 6 fr.
— Platon, sa philosophie, sa vie et de ses œuvres, par Ch. BÉNARD. 1 vol. in-8............ 10 fr.
— La Théorie platonicienne des Sciences, par Élie HALÉVY. in-8. 5 fr.
PLATON. Œuvres, traduction VICTOR COUSIN revue par J. BARTHÉLEMY-SAINT-HILAIRE : Socrate et Platon ou le Platonisme — Eutyphron — Apologie de Socrate — Criton — Phédon. 1 vol. in-8....... 7 fr. 50
ÉPICURE. La Morale d'Épicure et ses rapports avec les doctrines contemporaines, par M. GUYAU. 1 vol. in-8. 3ᵉ édit......... 7 fr. 50
BÉNARD. La Philosophie ancienne, histoire de ses systèmes. La Philosophie et la Sagesse orientales. — La Philosophie grecque avant Socrate. — Socrate et les socratiques. — Études sur les sophistes grecs. 1 vol. in-8............ 9 fr.
FAVRE (Mᵐᵉ Jules), née VELTEN. La Morale des stoïciens, in-18. 3 fr. 50
— La Morale de Socrate, in-18............ 3 fr. 50
— La Morale d'Aristote. In-18....... 3 fr. 50
MILHAUD (G.). Les origines de la science grecque. 1 vol. in-8.. 5 fr.
OGEREAU. Système philosophique des stoïciens. In-8......... 5 fr.
RODIER (G.). La Physique de Straton de Lampsaque. In-8...... 3 fr.
TANNERY (Paul). Pour l'histoire de la science hellène (de Thalès à Empédocle). 1 vol. in-8............ 7 fr. 50

PIAT. Socrate. 1 vol. in-8............ 5 fr.
RUYSSEN. Kant. 1 vol. in-8....... 5 fr.
COUTURAT. De l'Infini mathématique, 1 vol. in-8.

www.ingramcontent.com/pod-product-compliance
Lightning Source LLC
Chambersburg PA
CBHW051831230426
43671CB00008B/911